Otto Rauh

Objektorientierte Programmierung in JAVA

Die leicht verständliche Einführung für das aktive Lernen

3. Auflage

Die Deutsche Bibliothek – CIP-Einheitsaufnahme
Ein Titeldatensatz für diese Publikation ist bei
Der Deutschen Bibliothek erhältlich.

3. Auflage August 2002

Umschlaggestaltung: Ulrike Weigel, www.CorporateDesignGroup.de

Gedruckt auf säurefreiem und chlorfrei gebleichtem Papier.

ISBN 978-3-528-25721-7   ISBN 978-3-663-12264-7 (eBook)
DOI 10.1007/978-3-663-12264-7

Vorwort zur dritten Auflage

Wie bei den ersten beiden Auflagen auch war mein wichtigstes Ziel, eine leicht verständliche Einführung in das nicht ganz einfache Gebiet der objektorientierten Programmierung (OOP) zu geben, ohne auf die Präzision des Ausdrucks zu verzichten.

Bei der Arbeit mit meinen Studenten habe ich selbst in den beiden Jahren seit dem Erscheinen der ersten Auflage viel über die speziellen Probleme beim Erlernen der OOP hinzugelernt. Aus diesen Erfahrungen heraus habe ich den größten Teil des Buchs stark überarbeitet. Neben dem Hauptziel der guten Verständlichkeit ging es mir dabei vor allem um drei Dinge:

1. moderne aktive Lernformen, einschließlich des Selbstunterrichts, genauso zu unterstützen wie wie die klassische Kombination aus Vorlesung und Übung,

2. Leser mit unterschiedlichen Ansprüchen hinsichtlich der Breite und der Tiefe der Stoffvermittlung anzusprechen,

3. ein Buch anzubieten, das ohne zusätzliche Lektüre und Nachschlagewerke einen ganzen Einführungskurs über benutzt werden kann.

Bei meinem Bestreben, dies alles möglich zu machen, ist die Seitenzahl etwas angewachsen. Zusätzliche Themen, Beispiele und Analogien wurden aufgenommen, einige optionale Einheiten ergänzen nun die Basiseinheiten, und der Referenzteil ist auf das Sechsfache angewachsen.

Das erste Kapitel enthält eine ausführliche Gebrauchsanweisung für das Buch. Deshalb will ich hier keine langen didaktischen Erläuterungen bringen. Nur soviel vorweg: der Lernprozess wird von den sorgfältig ausgewählten Beispielen und Aufgaben getragen. Man lernt OOP nämlich nicht, indem man sich in kürzester Zeit alle Fachbegriffe „hineinzieht", sondern nur durch das Studium geeigneter Exempel und eigenes Tun.

Klaus-Georg Deck und Ursula Rauh haben vorab das Manuskript gelesen und mich vor vielen kleinen und einigen schlimmen Fehlern bewahrt. Auch viele Leser der ersten beiden Auflagen haben durch ihre Hinweise zur Verbesserung beigetragen. Dafür möchte ich ihnen herzlich danken. Wenn Sie, lieber Leser, Anregungen, Hinweise oder Kritik zu diesem Buch haben sollen, nehmen Sie bitte Kontakt mit mir auf (Email: rauh@fh-heilbronn.de).

Und nun viel Spaß beim Programmieren!

Heilbronn, im Juli 2002   Otto Rauh

Inhalt

Anhang

1

Vorbereitungen

Dieses Kapitel soll Ihnen die ersten Schritte mit Java und der objektorientierten Programmierung (OOP), die erfahrungsgemäß nicht einfach sind, erleichtern. Bitte überfliegen Sie es nicht nur, sondern lesen Sie es aufmerksam durch.

1.1 Weshalb objektorientiert?

Es gibt einige recht verschiedene Arten des Programmierens. Die Informatiker sprechen von **Programmierparadigmen** (Paradigma = Musterbeispiel, Grundmuster). Grundsätzlich kann jede Aufgabenstellung in jeder dieser Arten gelöst werden, vorausgesetzt, sie ist überhaupt mit Programmierung lösbar. In der Sprache der Informatiker kann man sagen: die Paradigmen sind gleich mächtig. Neben der Mächtigkeit sind für die Praxis aber noch andere Dinge wichtig, insbesondere

- Wie übersichtlich sind die Programme?
- Welcher Aufwand ist nötig, ein Programm an neue Wünsche der Benutzer anzupassen?
- Wie schwierig ist es, Ursachen von Fehlern zu finden?
- Ist es leicht möglich, Programmteile in anderen Programmen wieder zu verwenden?
- Kann man gut im Team an einem Programm arbeiten?

Die OOP schneidet besonders in den letzten vier Punkten sehr gut ab. Deshalb wird dieses Paradigma heute bevorzugt.

1.2 Weshalb Java?

Die klassische Sprache der Programmierausbildung ist Pascal. Pascal war zwar ursprünglich keine objektorientierte Sprache, ist aber vor einigen Jahren um Möglichkeiten zur OOP erweitert worden. Heute kann man mit Pascal auf ganz unterschiedliche Weisen programmieren. Pascal-Programme, die von einem sachverständigen Entwickler geschrieben wurden, sind gewöhnlich leicht verständlich und übersichtlich. Leider hat Pascal in der Praxis nie so große Verbreitung gefunden wie in der Ausbildung.

Java ist im Gegensatz zu Pascal ganz auf das objektorientierte Programmieren zugeschnitten. Für die Ausbildung ist dies eher günstig, weil einige Irrwege von vornherein ausgeschlossen werden. Hinsichtlich der Einfachheit und Übersichtlichkeit kann Java mit

Pascal wohl nicht ganz mithalten, jedoch ist mit Java erheblich einfacher zu programmieren als mit einigen anderen objektorientierten Sprachen, wie z.B. C++. Ein entscheidendes Argument zugunsten von Java und gegen Pascal ist die Relevanz für die Praxis. Wer heute Java lernt, hat gute Chancen, auch später im Beruf damit zu arbeiten oder sich sogar als Student mit dem Schreiben von Programmen ein kleines Zubrot verdienen zu können.

1.3   Wie lernt man das Programmieren?

Sie haben sich nun ein zwar preiswertes, aber doch nicht ganz billiges Buch zugelegt, und hoffen natürlich, mit seiner Hilfe möglichst schnell Java-Programme schreiben zu können. Was können Sie selbst dazu tun, damit dieser Wunsch in Erfüllung geht?

Ein Buch zu lesen ist schon besser, als nur einer Vorlesung zuzuhören. Denn Lesen erfordert mehr eigene Aktivität, ist eine bewusste Hinwendung zum Stoff. Aber auch das Lesen ist nur ein kleiner Teil Ihres Wegs zum Programmiermeister. Mir ist niemand bekannt, der das Programmieren alleine durch Zuhören oder Lesen gelernt hätte.

Der Schlüssel zum Erfolg ist das Lösen von Aufgaben. Wenn Sie das Gelesene oder Gehörte nicht möglichst schnell anzuwenden versuchen, wird Ihnen bald der Kopf von neuen Begriffen nur so schwirren und brummen. Sie werden unleidlich, unkonzentriert und ungeduldig, Sie vergraulen Ihre Freunde, und vielleicht werden Sie sich sogar mit Ihrem Partner überwerfen oder Ihre Kinder grundlos kränken.

Lösen Sie also unmittelbar nach dem Durchlesen eines Abschnitts die Aufgaben, die Sie jeweils an dessen Ende finden. Noch besser ist es, wenn Sie sich ab und zu selbst ein kleines Programmierproblem ausdenken und dieses dann mit Hilfe dieses oder anderer Bücher lösen.

Besonders am Anfang kostet das Bearbeiten von Aufgaben viel Zeit. Seien Sie nicht entmutigt, wenn Sie sich hin und wieder an einem Problem festbeißen und zu seiner Lösung mehr Zeit benötigen, als Sie erwarteten. Geben Sie nicht zu schnell auf! Auch das Kämpfen mit einem Problem hat seinen Wert. Häufig kommt auch nach einiger Zeit des Nachdenkens die Lösung am nächsten Tag "zugeflogen". Lassen Sie sich auch nicht dazu verleiten, schnell mal einen Blick in den Lösungsteil Ihres Buchs zu werfen, um zu sehen, wie die Lösung ungefähr aussieht. Sie werden danach keine eigenständige Lösung mehr zustande bringen.

Programmieren ähnelt in gewisser Hinsicht dem Radfahren. Man begreift es erst durch eigenes Tun. Hat man es aber einmal erfasst, dann behält man es auch ohne Übung für lange Zeit.

1.4   Zum Gebrauch des Buchs

Dieses Buch ist so angelegt, dass es moderne aktive Lernformen und den Selbstunterricht genauso unterstützt wie das klassische Lehrkonzept, bestehend aus Vorlesung und Übung. Es besteht aus zwei Hauptteilen und einem umfangreichen Anhang. Der erste Hauptteil **Einführung in die objektorientierte Programmierung mit Java** führt in sehr behutsamer und anschaulicher Weise in die objektorientierte Programmierung ein. Natürlich wird dabei auch die Programmiersprache selbst behandelt, aber sie steht nicht im Mittelpunkt, sondern ist nur Hilfsmittel bei der Behandlungen der Prinzipien der OOP. So ist auch nicht zu erwarten, dass in diesem Teil die Sprache Java annähernd vollständig behandelt werden kann. Stattdessen wird ein Ausschnitt aus der Sprache vermittelt, der für die angesprochenen Programmierprobleme ausreicht.

Dieser erste Teil kann in unterschiedlicher Breite und Tiefe durchgearbeitet werden. Möglich wird das durch die Unterscheidung von Abschnitten, die zur **Grundausstattung** gehören, und **zusätzlichen Lerneinheiten**, die besonders gekennzeichnet sind. Die Zusatzeinheiten sind nicht Voraussetzung für die folgenden Einheiten, so dass man sie ganz nach Belieben und Bedarf angehen kann.

Der zweite Hauptteil, die **Referenz** ist zwar dem Namen nach ein Nachschlagewerk, unterscheidet sich von gewöhnlichen Nachschlagewerken aber dadurch, dass die einzelnen Einträge nicht isoliert voneinander stehen, sondern in einer didaktisch motivierten Reihenfolge. Man kann man diesen Teil deshalb auch separat lesen und sich hierdurch einen schnellen Überblick über die Sprache verschaffen. Es werden in dieser Referenz auch einige Bestandteile der Sprache behandelt, welche im ersten Teil nicht benutzt werden. Vollständigkeit ist aber auch hier nicht möglich. Wer die Sprache etwas kennt, weiß, dass man für eine vollständige Darstellung ein erheblich dickeres Werk benötigen würde.

Zielgruppen

In erster Linie ist dies ein Buch für Anfänger ohne jegliche Vorkenntnisse in der OOP und ohne Programmiersprachenkenntnisse. Es ist aber auch geeignet für Lernende mit Kenntnissen in einer anderen Programmiersprache, wie z.B. Pascal, C oder C++, welche diese Sprachen noch nicht objektorientiert angewendet haben und sich nun die Prinzipien der OOP aneignen wollen. Wer schon längere Zeit objektorientiert programmiert und sich nun in Java einarbeiten möchte, ist mit anderen Büchern besser bedient. Die ausgezeichneten Werke von Horstmann/Cornell und Eckel sind hier erste Wahl (s. Lesetipps im Anhang).

Ich selbst setze das Buch in der Informatikausbildung für angehende Wirtschaftsingenieure ein. Es ist natürlich genauso geeignet für angehende Ingenieure anderer Ausrichtung, für Naturwissenschaftler, die eine Grundausbildung in Programmierung benötigen, und für Schüler an Gymnasien oder Berufsfachschulen, die einen speziellen Informatikkurs belegt haben. Ob Sie als Informatikstudent im Hauptfach auf dieses Buch zurückgreifen wollen, hängt vor allem von Ihren Vorkenntnissen ab. Meiner Erfahrung nach ist auch unter Informatikstudenten eine Nachfrage nach behutsamen Einführungen vorhanden. Je schneller Sie dann über das Buch hinauswachsen, umso besser.

Aktives Lernen

Das Buch kann ohne begleitende Vorlesung durchgearbeitet werden, jedoch ist eine zusätzliche Hilfestellung sehr nützlich. Die Studenten können z.B. einen Abschnitt zunächst lesen und einige Übungen lösen. Dann könnten im Plenum oder Gruppen im Beisein des Dozenten offene Fragen geklärt und Lösungen diskutiert werden. Anschließend wird dann eine größere Aufgabe bearbeitet oder es wird zum nächsten Abschnitt übergegangen.

Zusätzlich kann man nach einigen Wochen kleinere Projekte in Gruppenarbeit angehen. Wählt man das Thema geschickt, so kann man gleichzeitig schnelle erste Ergebnisse produzieren (wichtig für die Motivation) und bis zum Ende des Kurses daran arbeiten, indem man die im Verlauf des Kurses gewonnenen neuen Erkenntnisse sofort wieder in die Projektarbeit einfließen lässt. Im Anhang finden Sie einige Vorschläge für solche Projekte.

Aufgaben und Programmtexte

Machen Sie erst die Aufgaben am Ende eines Abschnitts, bevor Sie den nächsten beginnen. Für einen Teil der Aufgaben finden Sie im Anhang Beispiellösungen, zum Teil werden auch mehrere unterschiedliche Lösungen diskutiert. Aufgaben mit Lösungen sind in der Aufgabenüberschrift durch ein (L) gekennzeichnet. Das Kennzeichen (H) weist darauf hin, dass es zu der betreffenden Aufgabe einen Lösungshinweis im Anhang gibt. Zusätzliche Aufgaben und weiteres Lernmaterial finden Sie unter

```
http://mitarbeiter.fh-heilbronn.de/~rauh/
```

Dort stehen auch die ganzen Programmbeispiele aus dem Buch zum Herunterladen bereit, so dass Sie sie ausprobieren können, ohne die Text selbst eingeben zu müssen (s. auch unten den Abschnitt „Die ersten Schritte").

Typographische Hinweise

Die Abschnitte des Buchs, die über die notwendigen Grundkenntnisse hinausgehen, sind in der Gliederung und in den Überschriften durch das Symbol ⋈ gekennzeichnet. Wie bereits oben dargelegt, kann man diese Abschnitte beim ersten Lesen weglassen und später aufgreifen, oder aber man kann sie ganz weglassen, wenn Kenntnisse in diesem Umfang nicht angestrebt werden.

Hin und wieder werden Sie auf das Symbol ☹ stoßen, besonders in der Java-Referenz. Obwohl Java eine tolle Sprache ist, gibt es darin Bestandteile, die unglücklich gewählt sind. Glücklicherweise kann man sie fast alle durch andere, passendere Konstrukte ersetzen. Ein ☹ weist Sie darauf hin, dass Sie das so ausgezeichnete Java-Konstrukt (oder andere Dinge) besser nicht verwenden sollten. Anwendungsempfehlungen sind dagegen mit einem ☺ hervorgehoben.

Ein großer Teil des Texts besteht aus **Programmbeispielen**. Sie sind zur Unterscheidung vom übrigen Text in äquidistanter Schrift geschrieben und etwas eingerückt, also etwa so:

```
if (durst) aktion = "trinken";
else       aktion = "essen";
```

1.5   Was man zum Programmieren mit Java alles braucht

Bevor wir auf die konkrete Ausstattung zu sprechen kommen, die Sie zum Programmieren benötigen, wollen wir die einzelnen Schritte des Programmiervorgangs betrachten.

Es geht dabei nicht um das Ausdenken des Programmtexts, sondern um die mehr mechanischen Schritte, die Sie am Rechner vornehmen müssen, um das Programm zum Laufen zu bringen.

Wie Bild 1-1 zeigt, spielen in diesem Zusammenhang drei Hilfsprogramme eine Rolle: der Editor, der Java-Compiler und der Java-Interpreter.

Editor

Im ersten Schritt wird der Programmtext mit Hilfe eines Editors eingegeben. Ein **Editor** ist ein Programm zum Eingeben, Bearbeiten und Speichern von Texten beliebiger Art, also nicht nur von Programmen. Das klingt sehr nach einem Textverarbeitungsprogramm, und in der Tat ist zwischen den beiden Programmarten eine große Übereinstimmung vorhanden.

Anders als bei einem Textverarbeitungsprogramm wie Word oder Word Pro kommt es beim Editor aber nicht darauf an, dass die Texte schön formatiert werden können. Programmtexte werden ausschließlich von Programmierern und dem Übersetzungsprogramm (dem Compiler) gelesen. Während Formatierungen wie verschiedene Schriftgrößen, fette Schrift oder Unterstreichungen die Programmierer nicht stören würden, bringen sie einen Compiler aber hoffnungslos durcheinander. Er ist auf Text ohne alle Formatierungsmerkmale eingestellt, und deshalb muss ein Editor den Programmtext (den sogenannten **Quelltext**) auch ohne Formatierungsmerkmale abspeichern.

Für menschliche Leser des Programms kann man dennoch etwas für die Lesbarkeit tun: man arbeitet mit passenden Zeilenumbrüchen und Einrückungen.

Um die Textdateien, die Java-Quelltext enthalten, von anderen Textdateien unterscheiden zu können, versieht man sie mit der Endung ".java".

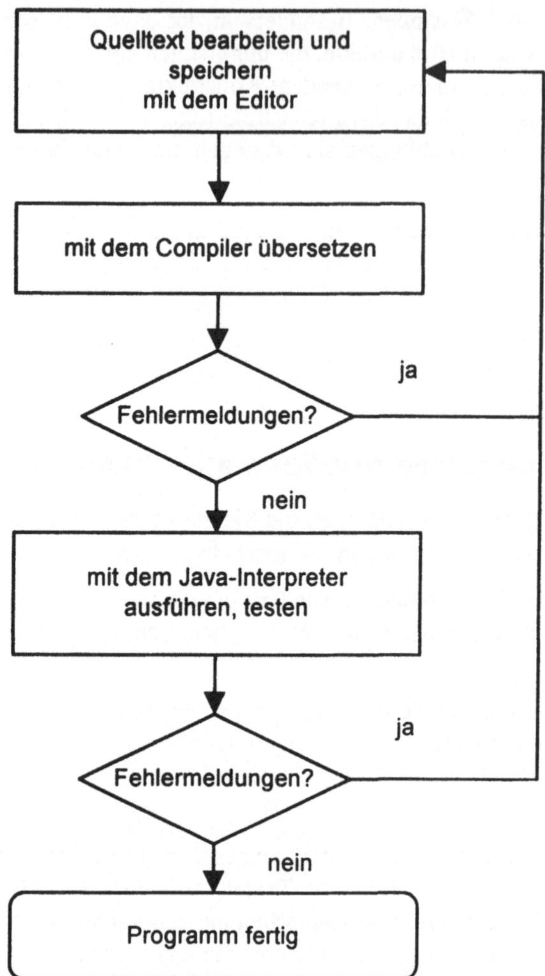

Bild 1-1: Der Ablauf der Programmentwicklung

Java-Compiler

Hat man den Quelltext vollständig eingegeben und gespeichert, so kann man den **Compiler** beauftragen, das Programm in eine ablauffähige Form zu übersetzen, den sogenannten **Byte-Code**. Der Compiler legt den Byte-Code in einer Datei ab, die genau so heißt wie die Quelldatei, anstelle der Endung ".java" aber die Endung ".class" hat.

Das Übersetzen geht sehr schnell, wenn man beim Entwerfen des Quelltexts keine Fehler gemacht hat. Leider kommt das nur sehr selten vor. Besonders am Anfang, wenn Sie die Sprache Java noch nicht so gut kennen, werden Ihre Programme häufig unzulässige Formulierungen enthalten. Dann kann der Compiler aus Ihrem Quelltext kein funktionierendes Programm machen. Er bricht die Übersetzung ab und gibt mehr oder weniger nützliche

Fehlerhinweise aus, die Ihnen helfen sollen, die Fehler zu finden und Ihr Programm zu korrigieren.

Diese Abfolge, bestehend aus Quelltext bearbeiten, Übersetzen und Fehlermeldungen lesen, müssen Sie unter Umständen mehrmals durchlaufen, bis der Compiler Ihr Programm widerspruchslos übersetzt. Sie können dann erst einmal aufatmen, sollten aber nicht gleich alle Freunde zum Sekt einladen. Denn Ihr Programm kann immer noch Fehler enthalten.

Der Compiler findet nämlich nur Verstöße gegen die Regeln der **Syntax**. Wenn die Syntaxvorschriften beispielsweise verlangen, dass eine Anweisung stets mit einem Semikolon abgeschlossen werden muss, und Sie vergessen bei einer Anweisung dieses Semikolon, dann wird der Compiler Sie wahrscheinlich darauf aufmerksam machen.

Inhaltliche Fehler kann der Compiler aber nicht finden. Ob Ihr Programm solche Fehler enthält, merken Sie erst beim **Testen**. Testen heißt, dass Sie das Programm wiederholt ausführen lassen und dabei systematisch verschiedene Eingaben ausprobieren. Treten dabei keine Fehler auf, so können Sie guter Hoffnung sein, dass es korrekt arbeitet. Dessen sicher sein können Sie sich allerdings nicht; auch nach längerem Gebrauch eines Programms können noch Fehler auftauchen.

Java-Interpreter

Zum Ausführen des Programms benutzt man den **Java-Interpreter**, der im Informatikerslang auch die **virtuelle Java-Maschine** (Java Virtual Machine, JVM) genannt wird. Der Interpreter liest die Datei, welche der Compiler abgelegt hat, und sorgt für die Ausführung der darin enthaltenen Anweisungen, indem er selbst Befehle an den Rechner und dessen Betriebssystem gibt.

Mögliche Ausstattungen

Bei der Programmierausstattung haben Sie die Wahl zwischen drei Alternativen mit unterschiedlichem Komfort und unterschiedlichen Kosten:

Minimalausstattung

Hierzu müssen Sie sich nur den kostenlosen **Java Development Kit (JDK** bzw. **SDK)** von Sun besorgen. Sun ist das Unternehmen, das die Sprache Java entwickelt hat und auch für deren Weiterentwicklung sorgt. Der JDK enthält den Compiler, den Interpreter und einige andere nützliche Programmierwerkzeuge, die im Anhang dieses Buchs kurz beschrieben sind. Man kann die neueste Version von der Sun-Homepage herunterladen (s. Lesetipps im Anhang). Die Datei ist, obwohl komprimiert, doch recht umfangreich, so dass Modembenutzer lieber versuchen sollten, sie auf andere Weise zu bekommen. Wegen der weiten Verbreitung von Java ist es sehr wahrscheinlich, dass Bekannte von Ihnen schon den JDK besitzen, oder, wenn Sie Student sind, Sie ihn an der Hochschule bekommen können.

Einen Editor brauchen Sie nicht unbedingt zu erwerben, weil zur Zusatzausstattung Ihres Betriebssystems sicher bereits ein Editor gehört (manchmal auch mehrere). Im nächsten Abschnitt wird gezeigt, wie man mit dem Editor von Windows98 und dem JDK Programme entwickeln kann.

Komfortabler Editor

Die beschriebene Minimalausstattung hat zwei Nachteile: Manche Editoren (der von Windows98 gehört dazu) sind nicht besonders gut auf das Schreiben von Programmen eingerichtet. Ein wesentlicher Punkt ist das automatische **Einrücken** unter den Anfangspunkt der vorherigen Zeile, wenn man eine neue Zeile beginnt. Einrücken ist die wichtigste Technik, mit der Programmierer ihre Quelltexte leserlich gestalten können. Besorgt nicht der Editor das Einrücken, dann müssen Sie selbst manuell mit Hilfe von Leerzeichen die Einrückungen vornehmen. Wenn man viel programmiert, kann das schon auf die Nerven gehen.

Der zweite Nachteil ist, dass Sie ständig zwischen Editor, Compiler und Interpreter wechseln müssen. Haben Sie Ihren Quelltext gespeichert, so müssen Sie den Compiler für die Übersetzung aufrufen. Kommen Fehlermeldungen, so kehren Sie zum Editor zurück und verbessern den Quelltext. Dann speichern Sie wieder ab, rufen den Compiler auf, lesen die Fehlermeldungen, gehen wieder in den Editor ... So geht das weiter, bis der Compiler keine Fehlermeldungen mehr ausgibt. Nun müssen Sie zum Testen den Interpreter aufrufen. Stellt sich heraus, dass Ihr Programm nicht fehlerfrei läuft, gehen Sie wieder in den Editor und verbessern das Programm, dann rufen Sie den Compiler auf, usw.

Ein komfortabler, auf das Programmieren zugeschnittener Editor bietet Lösungen für beide beschriebenen Probleme. Er macht auf Wunsch die Einrückungen automatisch. Er erspart das Wechseln zwischen Editor, Compiler und Interpreter, indem er Ihnen erlaubt, Compiler und Interpreter direkt aus dem Editor heraus aufzurufen. Deren Fehlermeldungen werden dann in einem Fenster des Editors ausgegeben, so dass Sie diesen gar nicht verlassen müssen. Sie arbeiten während des ganzen Entwicklungsprozesses nur mit dem Editor.

Ein weiterer wichtiger Vorteil komfortabler Editoren ist, dass sie erlauben, mehrere Quelltextdateien gleichzeitig offen zu halten und zwischen ihnen hin und her zu wechseln. Gerade für Java-Programmierer ist diese Eigenschaft sehr wichtig, weil Java-Programme häufig aus vielen einzelnen Dateien bestehen.

Komfortable Editoren mit den beschriebenen Eigenschaften gibt es mittlerweile einige. Manche sind kostenlos (Freeware), andere werden als Shareware vertrieben, und man muss nach der Erprobung etwas dafür bezahlen, allerdings gewöhnlich nur eine bescheidene Summe. Mein Lieblingseditor ist **TextPad**. Er ist speziell auf die Arbeit mit Java zugeschnitten und sehr leicht zu installieren. Die Bezugsadresse und die Adressen weiterer Anbieter finden Sie in den Lesetipps im Anhang.

Programmierumgebung

Diese Möglichkeit ist für den erfahrenen Entwickler und für Entwickler, die innerhalb eines großen Projekts mit anderen zusammenarbeiten, die komfortabelste. Neben den bereits beschriebenen Möglichkeiten eines komfortablen Editors werden hier noch weitere Hilfen geboten: Ein „Debugger" soll die Suche nach Fehlern im Programm erleichtern, umfangreiche **Softwarebibliotheken** ersparen dem Entwickler, viele Dinge selbst zu programmieren, eine **Projektverwaltung** fasst die Dateien, die zu einem Projekt gehören, zusammen und erlaubt, zusätzliche Dokumentationen zu schreiben.

Manche Entwicklungsumgebungen, wie der JBuilder oder Visual Cafe, bieten dazu noch die Möglichkeit der **visuellen Programmierung**. Hierbei stellt man sich mit der Maus graphische Oberflächen aus bereits vorhandenen Softwarebausteinen zusammen. Die Entwicklungsumgebung generiert dann das dazu gehörige Java-Programm.

Die meisten Entwicklungsumgebungen kosten etwas, manche sind sehr teuer. Eine in der Grundversion kostenlose Umgebung, Forté, wird von Sun angeboten.

Obwohl das alles sehr verlockend klingt, rate ich Programmieranfängern entschieden davon ab, eine solche Entwicklungsumgebung zu installieren. Die vielen Optionen dieser Programme erschweren Ihnen die Übersicht und provozieren viele Fehler im Umgang mit Dateien. Ein Debugger könnte hin und wieder nützlich sein, aber unbedingt notwendig ist er nicht. Die beste Vorsorge gegen hartnäckige Fehler ist eine saubere Programmierung. Die visuelle Programmierung schließlich ist für Sie als Anfänger überhaupt nicht nutzbar. Sie erzeugt unübersichtliche, für Sie kaum lesbare Programme, und nicht einmal dem dümmsten Professor könnten Sie eine generierte Anwendung als Ihre eigene unterschieben.

1.6 Die ersten Schritte

In diesem Abschnitt lesen Sie, wie Sie die oben beschriebene Minimalausstattung Installieren und benutzen können. Die Angaben beziehen sich auf das Betriebssystem Windows98.

Installation

Sie müssen lediglich den JDK bzw. SDK (ist dasselbe) von Sun installieren. Für einen Programmieranfänger ist es nicht besonders wichtig, die neueste Version zu haben. Es genügt, wenn Sie darauf achten, dass Sie **Version 1.2 oder eine spätere Version** installieren. Die aktuelle Version können Sie von der Sun-Homepage herunterladen, deren Adresse in den Lesetipps im Anhang aufgeführt ist. Zu der Zeit, als dieser Abschnitt geschrieben wurde, war die aktuelle Version 1.4 beta3.

Wenn Sie eine vollständige Installation durchführen, brauchen Sie gute 200 MB auf Ihrer Festplatte. Haben Sie nicht so viel Platz, können Sie auf einige Teile verzichten, wie z.B. die Demobeispiele und die Dokumentation und kommen dann mit rund 70 MB aus. Ältere Version brauchen etwas weniger Platz.

Zunächst müssen Sie sich also die Installationsdateien besorgen oder von der Sun-Homepage herunterladen. Es handelt sich um zwei Dateien, eine ausführbare Datei für den eigentlichen SDK (`j2sdk-1_4_0-beta3-win.exe` für die oben genannten aktuelle Version, Größe 35 375 KB) und eine komprimierte Datei im Winzip-Format für die Dokumentation (`j2sdk-1_4_0-beta3-doc.zip`, Länge 30 550 KB).

SDK (JDK) installieren

Die Installation des SDK ist recht einfach. Sie starten einfach die ausführbare Datei mit einem Doppelklick im Windows Explorer und folgen dann der straffen Führung. Die einzige wesentliche Entscheidung, die von Ihnen verlangt wird, ist die über den Installationsumfang. Sie sollten sich also schon vorher überlegt haben, wie viel Platz Sie auf der Festplatte für das Javasystem erübrigen können. Das Installationsprogramm wird Ihnen ein Verzeichnis vorschlagen, in dem das System installiert werden soll (`c:\j2sdk1.4.0-beta3` für die oben genannte Version). Wir wollen im Folgenden annehmen, dass Sie diesen Vorschlag akzeptieren.

Nach Abschluss des Installationsprogramms sollte das neue Verzeichnis auf Ihrer Festplatte angelegt sein. Es enthält einige Unterverzeichnisse, auf die wir später zu sprechen kommen.

Dokumentation installieren

Sie können nun mit Hilfe des Programms Winzip die Datei mit der Dokumentation entpacken. Die entpackten Dateien sind in einem Ordner zusammengefasst, der einen Unterordner mit dem Namen docs enthält. Diesen Unterordner verschieben Sie einfach in das Verzeichnis des SDK (s. oben)

Überblick über das Verzeichnis mit dem SDK

Wenn Sie alles wie beschrieben durchgeführt haben, befindet sich jetzt auf Ihrer Festplatte ein Verzeichnis j2sdk1.4.0-beta3, dessen Inhalt Sie nun mit dem Explorer erkunden können (Bild 1-2).

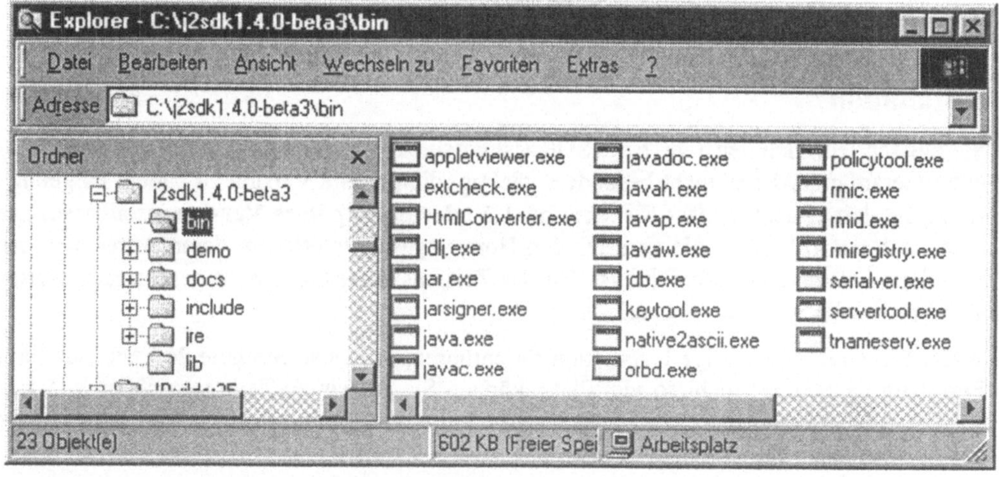

Bild 1-2: Die Verzeichnisstruktur des SDK/JDK im Windows-Explorer

Das Unterverzeichnis **bin**, das im Bild gerade markiert ist, enthält den Kern des SDK, die Programmierwerkzeuge. Am Anfang werden Sie davon nur zwei benutzen, den Compiler javac.exe und den Interpreter java.exe.

Das Verzeichnis **docs** haben Sie selbst hineinkopiert. Wenn Sie dieses Verzeichnis öffnen finden Sie eine Datei index.html, die Sie mit einem Browser betrachten können. Von dieser Datei aus können Sie in alle Einzeldokumente der Dokumentation gelangen.

Das Verzeichnis **demo** enthält viele Programmierbeispiele, die Ihnen später von Nutzen sein können. Ganz am Anfang werden Sie damit aber noch nichts anfangen können.

Interessant für Sie ist noch das Verzeichnis **lib**. Es enthält die vielen **Bibliotheken**, die mit Java mitgeliefert werden. Für viele Dinge gibt es in Java schon fertig programmierte Lösungen, so dass nicht jeder Entwickler ständig das Rad neu erfinden muss. Wie Sie diese Bibliotheken benutzen können, erfahren Sie noch. Für fortgeschrittene Entwickler gibt es zusätzlich noch die Möglichkeit, selbst Bibliotheken im Verzeichnis `lib` abzulegen, die dann allen Programmen zur Verfügung stehen.

Den Suchpfad setzen

Nach dem Abschluss der Installation müssen Sie noch einen Suchpfad-Eintrag in der Datei `Autoexec.bat` machen. Der Suchpfad dient dem Betriebssystem als Hinweis, in welchen Verzeichnissen eine ausführbare Datei gesucht wird, wenn der Benutzer des Rechners nur deren Namen eingibt.

Öffnen Sie die Datei `Autoexec.bat` mit dem Editor oder mit Nodepad und fügen Sie am Ende folgenden Eintrag hinzu:

```
set path=%path%;c:\j2sdk1.4.0-beta3\bin
```

Dieser Eintrag erweitert die bereits vorhandenen Suchpfadangaben (%path%) um das Verzeichnis, in dem sich der Compiler, der Interpreter und die übrigen Java- Programmierwerkzeuge befinden. Wenn Sie den SDK in einem anderen Verzeichnis als `c:\j2sdk1.4.0-beta3` installiert haben, müssen Sie in der Suchpfadangabe dieses Verzeichnis an die Stelle von `c:\j2sdk1.4.0-beta3` setzen.

Speichern Sie `Autoexec.bat` in der geänderten Fassung. Damit das Betriebssystem von der Änderung Kenntnis nimmt, müssen Sie den Rechner neu starten. Beim Hochlaufen wird `Autoexec.bat` automatisch ausgeführt.

Damit ist die Installation vorerst komplett, und Sie können mit dem Programmieren beginnen. Später, wenn Sie die ersten Hürden übersprungen haben und Programme schreiben wollen, die auf eine Datenbank zugreifen oder andere tolle Dinge machen sollen, müssen Sie die Installation noch etwas erweitern. Lesen Sie hierzu das Kapitel 16 (Bibliotheksklassen benutzen und anlegen), wenn es soweit ist.

Die Dateien zum Buch aus dem Internet holen und auf der Festplatte installieren

Unter der Adresse `http://mitarbeiter.fh-heilbronn.de/~rauh` finden Sie das Zusatzmaterial zum Buch in Form einer gepackten, selbstextrahierenden Datei mit dem Namen `jprogramme.exe`. Laden Sie diese Datei herunter und starten Sie sie, z.B. mit einem Doppelklick auf das Dateisymbol im Windows-Explorer. Die Datei wird dann entpackt, und Sie erhalten einen Ordner mit dem Namen `jprogramme`, der einige Unterordner enthält. Im Unterordner `oop3` sind wiederum Unterordner enthalten, die nach den Nummern der Kapitel dieses Buchs benannt sind. Darin befinden sich die Programmbeispiele und, soweit vorgesehen, auch die Lösungen zu den Übungen. In diesen Unterverzeichnissen können Sie später auch Ihre eigenen Lösungen zu den Übungen ablegen.

Verschieben Sie den ganzen Ordner `jprogramme` so, dass er sich direkt im Hauptverzeichnis Ihrer Festplatte befindet, also im Verzeichnis c:. Für das Funktionieren der Beispiele ist das zwar nicht unbedingt nötig, aber im weiteren Verlauf des Buchs werde ich mich hin und wieder auf diese Verzeichnisstruktur beziehen.

Testen der Installation

1. Legen Sie sich zunächst ein Verzeichnis an, in dem Sie Ihre ersten Java-Programme speichern möchten. Wir wollen annehmen, dieses Verzeichnis sei `c:\jprogramme\ oop3\ first`. Wenn Sie schon die Dateien zum Buch installiert haben, wie oben beschrieben, so verfügen Sie bereits über dieses Verzeichnis und brauchen nichts weiter zu tun.

2. Starten Sie nun den Editor, indem Sie im Menü `Start` den `Optionen Programme | Zubehör | Editor` folgen.

3. Geben Sie nun den Quelltext ein, wie auf dem unten stehenden Bild 1-3 dargestellt. Achten Sie genau auf die Schreibweise, insbesondere Groß- und Kleinschreibung.

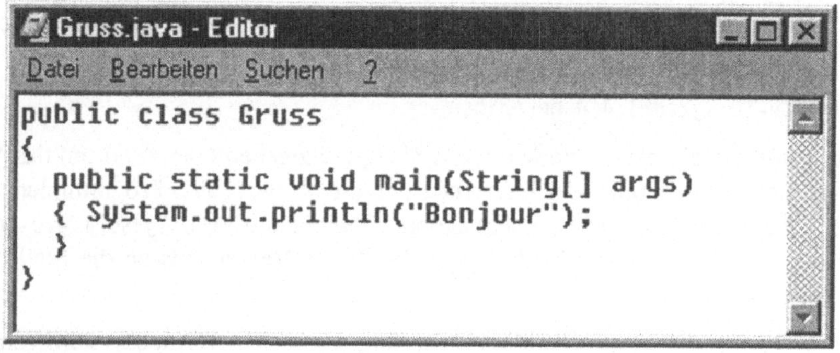

```
public class Gruss
{
   public static void main(String[] args)
   { System.out.println("Bonjour");
   }
}
```

Bild 1-3

4. Speichern Sie dann den Text unter dem Namen `Gruss.java` im Verzeichnis `c:\ jprogramme \ oop3 \ first` ab.

5. Öffnen Sie dann die MS-DOS-Eingabeaufforderung über das Menü Start. Ist sie dort nicht verzeichnet gehen Sie im Menü Start zu Ausführen und geben ein:

   `c:\windows\command.com`

6. Es erscheint nun ein (gewöhnlich schwarzes) Eingabefenster, in das Sie Kommandos eintippen können (Bild 1-4). Den notwendigen Dialog sehen Sie unten abgebildet. Er besteht aus mehreren Schritten: einem Wechsel in das Verzeichnis, in dem sich die Quelldatei befindet, dem Aufruf des Compilers, wobei der Name der zu übersetzenden Datei als Parameter mitgegeben wird, und schließlich der Aufruf des Interpreters, ebenfalls mit dem Dateinamen als Parameter, hier jedoch ohne Endung.

Nach dem Aufruf des Compilers kommt keine Rückmeldung, wenn Sie den Quelltext korrekt im Editor eingegeben haben. Erscheint eine Fehlermeldung, so müssen Sie im Editor den Quelltext korrigieren und nochmals abspeichern. Danach können Sie den zweiten Übersetzungsversuch machen.

Der Gruß „Bonjour" nach dem Aufruf des Interpreters ist keine der vielen willkürlichen und obskuren Meldungen des Betriebssystems Windows, sondern das Ergebnis der Programmausführung.

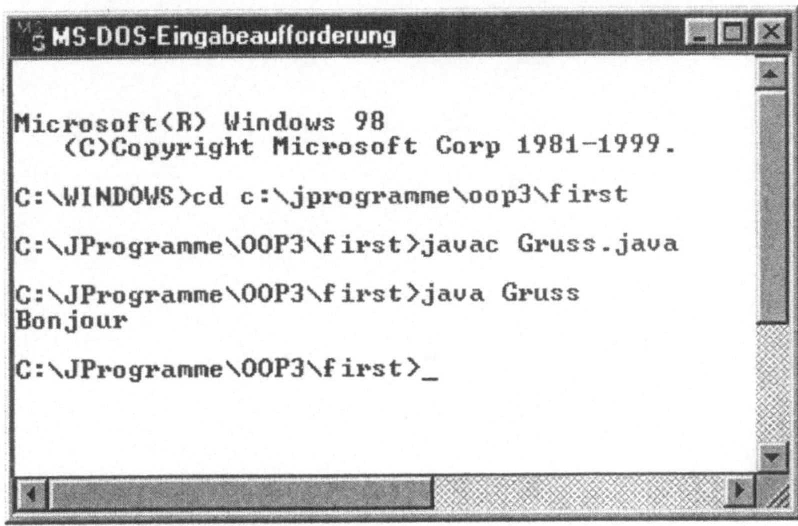

Bild 1-4: Dialog zum Übersetzen und Ausführen des Testprogramms

2

Was ist Programmierung?

In diesem Kapitel wollen wir der Frage „Was ist Programmieren?" auf den Grund gehen. Sie werden im ersten Abschnitt mit dem Begriff des Algorithmus Bekanntschaft machen, der für die Programmierung und für die gesamte Informatik von zentraler Bedeutung ist. Außerdem werden Sie Gelegenheit haben, auf ganz unverbindliche Weise bereits einen Blick auf einige Anweisungen in der Sprache Java zu werfen.

Im zweiten Abschnitt wird ein anderer Aspekt der Programmierung angesprochen, das Denken in Systemen. Wir betrachten dabei noch nicht Softwaresysteme, sondern Systeme, die Ihnen aus dem täglichen Leben bekannt sind. Die Übertragung der Erkenntnisse auf Softwaresysteme vollzieht dann der dritte Abschnitt, der sich speziell mit dem Innenleben solcher Systeme beschäftigt.

2.1 Programmieren heißt, Algorithmen zu entwerfen

Ein **Algorithmus** ist eine detaillierte Vorschrift zur schrittweisen Lösung einer Aufgabe. Viele Algorithmen sind schon sehr alt und ursprünglich nicht mit der Absicht geschrieben worden, sie auf einem Computer auszuführen. Das Wort Algorithmus selbst wird auf den Namen des mittelalterlichen persischen Mathematikers Abu Ja'far Mohammed ibn Mûsâ *al-Khowârizm* zurückgeführt, der um das Jahr 825 ein einflussreiches mathematisches Lehrbuch schrieb.[1] Aber unabhängig von dieser Namensgebung waren bereits weit vorher Algorithmen bekannt.

Der Algorithmus des Euklid

Ein berühmter Algorithmus ist der des Euklid zur Errechnung des größten gemeinsamen Teilers (ggT) zweier positiver ganzer Zahlen. Er wurde um das Jahr 300 vor unserer Zeitrechnung entwickelt. Der ggT ist die größte ganze Zahl, die jede der beiden Zahlen ohne Rest teilt.

Um die Formulierung nicht zu umständlich werden zu lassen, wollen wir die beiden Zahlen mit z1 und z2 bezeichnen. Außerdem brauchen wir drei ganzzahlige Variablen m, n und r, um darin Zwischenergebnisse abzulegen. Die einzelnen Schritte nummerieren wir durch:

---

[1] Die Angaben zum Namen dieses Mathematikers schwanken beträchtlich. Der hier zitierte stammt aus einem sehr empfehlenswerten Buch von Roger Penrose. Penrose, R.: Computerdenken. Des Kaisers neue Kleider oder Die Debatte um künstliche Intelligenz, Bewusstsein und die Gesetze der Physik, Heidelberg: Spektrum-der-Wissenschaft-Verlagsgesellschaft, 1991.

1. Falls $z1$ größer als $z2$ ist, so
      weise der Variablen m den Wert von $z1$ und der Variablen n den Wert von $z2$ zu,
    andernfalls
      setze m auf den Wert von $z2$ und n auf den Wert von $z1$.

2. Weise r den Wert zu, der sich als Rest bei der Division von m durch n ergibt.

3. Führe aus, so lange $r \neq 0$:

    3.1. weise m den Wert von n zu,
    3.2. weise n den Wert von r zu,
    3.3. weise r den Wert des Rests bei der Division von m durch n zu.

Anschließend trägt n den Wert des ggT.

Typische Eigenschaften von Algorithmen

Bevor wir den Algorithmus anhand eines Beispiels testen, wollen wir ihn genauer betrachten und einige Dinge herausarbeiten, die alle Algorithmen gemeinsam haben.

Fast schon trivial ist die Feststellung, dass die einzelnen Schritte in einer **bestimmten Reihenfolge** ausgeführt werden müssen, wenn etwas Sinnvolles herauskommen soll. Es hätte z.B. keinen Zweck, den Rest der Division von m durch n zu ermitteln, wenn m und n noch keine Werte zugewiesen bekommen hätten. Die Reihenfolge lässt sich leicht festlegen, indem man, wie oben, die Schritte durchnummeriert. Man kommt auch ohne Nummerierung aus, wenn man sich an die Übereinkunft hält, dass die Schritte stets von oben nach unten ausgeführt werden müssen.

Typisch für Algorithmen sind weiterhin Formulierungen, die **den Fortgang der Ausführung steuern**. Der Algorithmus soll ja nicht immer den ggT desselben Zahlenpaars berechnen, sondern für beliebige Zahlenpaare herangezogen werden. Und je nachdem, wie die Werte dieser Zahlen sind, ergibt sich ein anderer Fortgang der Bearbeitung. Im ersten Schritt wird z.B. geprüft, ob $z1$ größer als $z2$ ist. Ist dies der Fall, wird im Anschluss daran $z1$ der Variablen m zugewiesen, $z2$ der Variablen n. Falls $z1$ nicht größer als $z2$ ist, wird genau anders herum verfahren. Man nennt so etwas eine **Verzweigung**; je nach Lage der Dinge muss einmal der eine Weg, ein andermal der andere beschritten werden.

Im Schritt 3 finden wir eine weitere wichtige Art von Anweisung, nämlich eine **Wiederholung**. Die Unterschritte 3.1 bis 3.3 werden so lange wiederholt, bis die Prüfung zu Beginn von Schritt 3 ergibt, dass r den Wert 0 hat. Offensichtlich können je nach den Werten von $z1$ und $z2$ unterschiedlich viele Wiederholungen notwendig werden. Hat beispielsweise $z1$ den Wert 10, $z2$ den Wert 5, so müssen die Teilschritte 3.1 bis 3.3 kein einziges Mal ausgeführt werden. Für andere Werte können vier oder mehr Wiederholungen notwendig sein.

Beispieldurchlauf

Die Durchführung dieses Algorithmus lässt sich gut mit Hilfe einer kleinen Tabelle verfolgen. Wir wollen als Beispiel den ggT der Zahlen 34 und 354 errechnen:

m	n	r	
354	34	14	Dies ist das Resultat der Schritte 1 und 2
34	14	6	Erster Durchlauf von Schritt 3
14	6	2	Zweiter Durchlauf von Schritt 3
6	2	0	Dritter Durchlauf von Schritt 3

Für unser Zahlenpaar musste der dritte Schritt also dreimal durchlaufen werden. Kann es Fälle geben, in denen die Berechnung überhaupt nicht abbricht? Eine kleine Überlegung zeigt uns, dass dies nicht passieren kann. Bei der fortgesetzten Division werden die ganzen Zahlen m, n und r immer kleiner, ohne jemals negativ zu werden. Die Rechnung kommt spätestens dann zum Ende oder **terminiert**, wie die Informatiker sagen, wenn n den Wert 1 angenommen hat, denn durch 1 ist jede ganze Zahl ohne Rest teilbar.

Was nützt ein Algorithmus?

Wenn viele Algorithmen schon so alt sind, müssen sie auch vor dem Computerzeitalter von Nutzen gewesen sein. Beim Euklidschen Algorithmus lag der Nutzen darin, dass jeder, der einen ggT errechnen wollte, dies ohne große geistige Anstrengung und besonders ohne großen Zeitaufwand tun konnte, indem er einfach den Anweisungen Euklids folgte. Die Rolle des Ausführenden, die heute meist der Computer übernimmt, wurde damals vom Menschen ausgefüllt. Dies ist durchaus nichts Ehrenrühriges. Stellen Sie sich nur vor, Sie müssten jetzt einen ggT bestimmen, ohne den Euklidschen Algorithmus zu kennen und ohne einen Computer mit einem entsprechenden Programm zu besitzen. Sicherlich bräuchten Sie einige Zeit, um ein geeignetes Verfahren zu bestimmen.

Diesen ganzen Zeitaufwand hat uns Euklid abgenommen, indem er die wesentliche Denkleistung ein für alle Male erbracht hat. Wer heute einen ggT ermitteln will, kann sich diese Vorleistung zu Nutze machen und seine eigene Zeit und Intelligenz für andere Dinge einsetzen. Und hat man einen Computer zur Verfügung, geht es noch ein bisschen schneller als mit Papier und Bleistift.

Als **Resümee** halten wir fest:

> *Ein Algorithmus verkörpert eine generelle Lösung für eine bestimmte Aufgabenart. Alle Aufgaben dieser Art sind damit prinzipiell gelöst.*

Vom Algorithmus zum Programm

Die von uns verwendete Formulierung des Euklidschen Algorithmus wäre als Anleitung für einen Computer allerdings nicht zu gebrauchen. Dies liegt zum einen daran, dass natürliche Sprachen **vieldeutig** sind. Ein und derselbe Satz kann unter verschiedenen Umständen ganz verschiedene Bedeutungen haben. Bei einem menschlichen Kommunikationspartner kann man gewöhnlich davon ausgehen, dass er diese Umstände kennt. Man braucht deshalb nicht jedes Detail zu erwähnen, das zum Verständnis einer Nachricht wichtig ist. Ein Computer verfügt jedoch nicht über diese Kenntnis der Umstände und ihrer Bedeutung. Man muss ihm deshalb alles ganz genau und unmissverständlich sagen.

Ein zweiter Grund für die Untauglichkeit unserer Formulierung ist, dass sie sehr viel Hintergrundwissen voraussetzt. Wenn man sie ausführen will, muss man wissen, was eine Division ist, was man unter dem Divisionsrest versteht, was es bedeutet, einer Variablen eine Zahl zuzuweisen und was die Ausdrücke größer und kleiner bedeuten. Wenn man bedenkt, wie viele Wörter es in der deutschen Sprache gibt, wird man leicht einsehen, dass man von einem Rechner schlecht erwarten kann, dass er von allen die Bedeutung kennt.

Deshalb hat man spezielle Sprachen geschaffen, mit denen man Rechnern sagen kann, was man von ihnen erwartet: die **Programmiersprachen**. Eine Programmiersprache ist im Vergleich zu einer natürlichen Sprache wie Deutsch oder Englisch nur mit sehr wenigen Wörtern ausgestattet und verfügt nur über primitive grammatikalische Möglichkeiten. Jeder Ausdruck hat nur eine mögliche Bedeutung, es gibt weder gewollte noch ungewollte Mehrdeutigkeiten und keinen Sinn „zwischen den Zeilen". Gerade die Armut einer solchen Sprache ermöglicht aber, einem Rechner beizubringen, was ihre „Sätze" bedeuten, damit er sie ausführen kann.

Programmiersprachen sind also lange nicht so ausdrucksfähig wie natürliche Sprachen, dafür erlauben sie aber, dem Computer exakt mitzuteilen, was er tun soll. Bekannte Programmiersprachen sind z.B. Cobol, C, C++, Smalltalk, Ada, Basic, Pascal und natürlich Java, das wir in diesem Kurs verwenden wollen.

Maschinensprache

Nur am Rande soll angemerkt werden, dass die Hardware eines Computers gewöhnlich nur eine Sprache versteht, die noch viel primitiver ist als die schon reichlich primitiven Programmiersprachen wie Pascal und Java. Der Computer versteht nur wenige einfache Befehle, die zudem noch in binärer Darstellung vorliegen müssen. Dabei sind alle Zeichen als Folgen von Nullen und Einsen ausgedrückt oder, wie die Informatiker sagen, binär codiert.

Damit ein Programm ausgeführt werden kann, müssen daher noch einige Voraussetzungen gegeben sein (s. Exkurs am Ende des Abschnitts). Fürs Erste genügt jedoch die Feststellung, dass der Computer Programmiersprachen versteht.

Der Euklidsche Algorithmus in Java

Sie sind nun soweit, dass Sie den Euklidschen Algorithmus in Java betrachten können, ohne Schaden an Leib und Seele zu nehmen. Wir kommen mit wenig Erläuterungen dazu aus, weil die Formulierung eng unserer natürlich-sprachlichen Formulierung folgt.

```
if (z1 > z2)
{ m = z1;              // das wird ausgeführt, wenn die Bedingung
  n = z2;              // z1 > z2 erfüllt ist
}
else
{ m = z2;              // das wird ausgeführt, wenn die Bedingung
```

```
    n = z1;                 // nicht erfüllt ist
  }

  r = m % n;                // m % n ergibt den Rest bei Division von m durch n

  while (r != 0)            // while leitet eine Wiederholung ein;
  { m = n;                  // != steht für „ungleich"
    n = r;
    r = m % n;
  }
```

Die **Kommentare** rechts sind durch // vom eigentlichen Programm abgetrennt. Sie dienen nur dem Verständnis des menschlichen Lesers und werden vom Computer „übersehen".

Es ist nicht nötig, dass Sie sich die Einzelheiten des Programms merken. Sie sollten nur einen ersten Eindruck von Java bekommen. Im Übrigen wird das Programm in dieser Form nicht vom Computer akzeptiert. Um es ablauffähig zu machen, müssen wir noch einige Zeilen hinzusetzen. Doch dazu später.

Aufgaben

Aufgabe 2-1 (L)

Führen Sie den **Euklidschen Algorithmus** für die Zahlen 333 und 693 durch.

Aufgabe 2-2 (L)

Wenden Sie nun den Euklidschen Algorithmus auf die Zahlen 2574 und 1092 an.

Aufgabe 2-3 (L)

Unsere Formulierung des Euklidschen Algorithmus ist länger als notwendig. Man braucht nämlich anfangs gar nicht zu prüfen, welche Zahl die größere ist, sondern kann die beiden Zahlen z1 und z2 den Variablen m und n unabhängig von ihrer Größe zuweisen. Ändern Sie die Java-Formulierung des Algorithmus auf diese einfachere Form ab.

Aufgabe 2-4 (L)

Verfassen Sie einen Algorithmus in natürlicher Sprache zur Ermittlung des **größten Werts** in einer Zahlenfolge. Stellen Sie sich hierzu vor, jede Zahl der Folge stünde auf einem separaten Blatt, und für die gesamte Folge würde man einen ganzen Stapel solcher Blätter benötigen. Sie haben außerdem nur einen kleinen Zettel zum Notieren einer einzigen Zahl, einen Bleistift und einen Radiergummi als Hilfsmittel..

Aufgabe 2-5 (L)

Eine Aufgabe, die von Rechner sehr häufig zu erledigen ist, ist das Sortieren. Formulieren Sie einen Algorithmus in natürlicher Sprache zum Sortieren von Spielkarten.

Anleitung: Malen Sie sich zehn Karten, die mit den Zahlen von 1 bis 10 beschriftet sind. Legen Sie die Karten ungeordnet vor sich auf den Tisch. Bringen Sie dann die Karten in aufsteigende Reihenfolge. Versuchen Sie danach, Ihr Vorgehen in einem Algorithmus zu formulieren. Testen Sie Ihre Formulierung, indem Sie einen Bekannten die Karten damit sortieren lassen.

Studieren Sie die Lösung im Anhang. Versuchen Sie noch weitere Methoden zum Sortieren zu finden!

Aufgabe 2-6 (L)

Ein magisches Quadrat ist eine $n \times n$ - Matrix, in der jede der ganzen Zahlen 1, 2, ..., n^2 genau einmal vorkommt, und in der alle Spaltensummen, Zeilensummen und Diagonalsummen gleich sind.

Beispiel ($n = 5$):

17	24	1	8	15
23	5	7	14	16
4	6	13	20	22
10	12	19	21	3
11	18	25	2	9

Mit Hilfe des folgenden Algorithmus kann ein magisches Quadrat für eine beliebige ungerade und positive Ganzzahl n angelegt werden:

Setze die 1 in die Mitte der ersten Zeile.

Bei jeder der folgenden Zahlen gehe so vor:

Die vorher gesetzte Zahl sei k. Um $k + 1$ zu setzen, gehe eine Zeile nach oben und eine Spalte nach rechts, wenn nicht einer der folgenden Fälle vorliegt:

a. Falls die Bewegung über die oberste Zeile hinausführen würde, setze $k + 1$ in die betreffende Spalte der untersten Zeile.

b. Falls die Bewegung über den rechten Rand hinausführen würde, setze $k + 1$ in die betreffende Zeile der ersten Spalte.

c. Falls die Bewegung zu einem bereits besetzten Feld hinführt oder über die rechte obere Ecke der Matrix hinaus, so setze $k + 1$ unmittelbar unter k.

Führen Sie den Algorithmus für $n = 3$ und $n = 7$ durch.

Aufgabe 2-7 (L)

Eine Primzahl ist eine natürliche Zahl größer 1, die nur durch sich selbst und durch 1 ohne Rest teilbar ist.

Formulieren Sie einen Algorithmus in natürlicher Sprache, mit dem man prüfen kann, ob eine gegebene natürliche Zahl eine Primzahl ist.

Exkurs:
Virtuelle Maschinen oder: Wie spreche ich mit meinem Computer?

In der Optik bezeichnet man unter einem virtuellen Bild eines, das nur scheinbar vorhanden ist. Es mag Sie überraschen, dass der Rechner, den Sie sich von Ihrem sauer verdienten Geld gekauft haben, für die Informatiker ebenfalls nur etwas Virtuelles ist. Sicher, Sie können den Computer anfassen, es muss also auch etwas Reales vorhanden sein. Aber das, was Sie beim Anfassen spüren, die Hardware, ist für sich alleine nur eine sehr unvollkommene Maschine.

Würden Sie den Rechner so verwenden, wie er vom Band des Herstellers kommt, könnten Sie sehr wenig damit anfangen. Er würde nicht einmal Eingaben über die Tastatur von Ihnen entgegennehmen. Da viele Leute mit Computern arbeiten und damit auch nützliche Dinge tun, stellt sich die Frage, wie diese Fähigkeiten zustande kommen.

Der Benutzer eines Rechners arbeitet gewöhnlich mit **Anwendungsprogrammen**, z.B. zur Buchführung oder zum Zeichnen von Grafiken. Zur Kommunikation mit dem Rechner bedient er sich der Befehle, die im Anwendungsprogramm vorgesehen sind. Er gibt sie entweder mit der Tastatur ein oder mit Hilfe von Mausklicks.

Dem Rechnerbenutzer steht dieses Programm nur zu Verfügung, weil ein Softwareentwickler es geschrieben hat. Dieser Entwickler hat das Programm in einer **Programmiersprache** verfasst. Wir wollen annehmen, in Java. Aber obwohl die Sprache Java schon erheblich besser zur maschinellen Durchführung geeignet ist als natürliche Sprache, wird sie von der Computerhardware nicht verstanden.

Die einzige Sprache, welche die Hardware versteht, ist ihre Maschinensprache. Deshalb wird das Java-Programm mit Hilfe eines Compilers in eine Form übersetzt, welche der Maschinensprache näher ist, den sogenannten **Bytecode**. Das in Bytecode formulierte Programm wird mit Hilfe des Java-Interpreters, der sog. virtuellen Java-Maschine, gestartet.

Der Java-Interpreter vollzieht den letzten Übersetzungsschritt vom Bytecode in die **Maschinensprache** und stellt gleichzeitig fest, welche Dienste des **Betriebssystems**, z.B. Dateizugriffe oder Ausgaben, bei der Ausführung in Anspruch genommen werden müssen. Das Betriebssystem stellt diese Dienste bereit und sorgt gleichzeitig dafür, dass das Programm ausgeführt wird.

Die Maschine, wie sie der Endbenutzer erlebt, ist also real nicht in dieser Form vorhanden. Und auch eine Maschine, die Java versteht, ist nicht wirklich vorhanden, genauso wenig wie eine Maschine, die den Bytecode versteht. Alle diese Möglichkeiten beruhen nur auf Software.

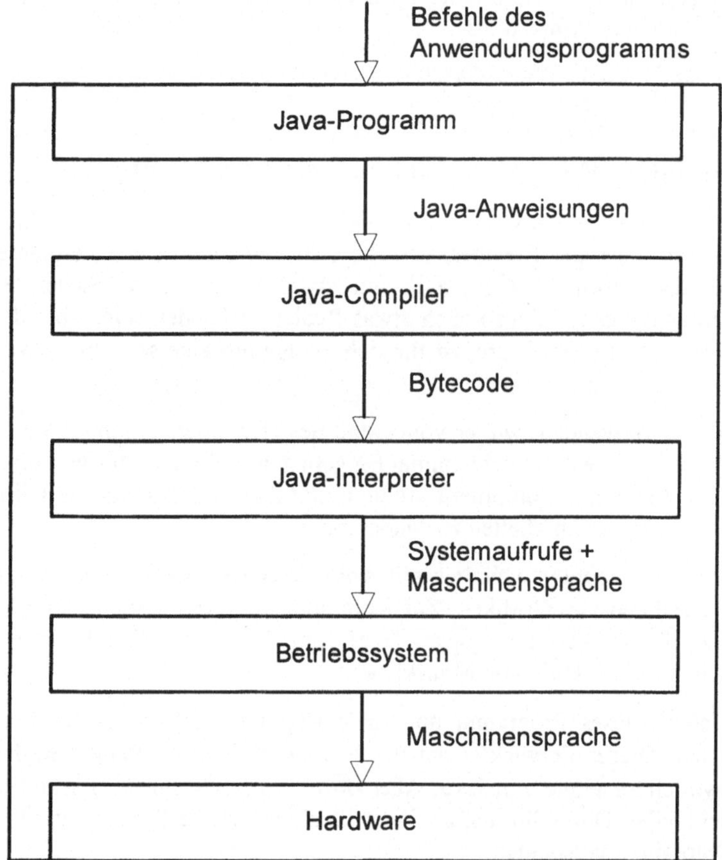

Bild 2-1: Der Computer als virtuelle Maschine

Bild 2-1 macht deutlich, wie die reale Maschine, die Hardware, durch übereinandergelegte Schichten von Software zu der Maschine wird, die der Benutzer sieht. Jede dieser Schichten oberhalb der Hardware stellt eine virtuelle Maschine dar, mit der man auf eine ganz spezifische Weise verkehren muss. Der Benutzer sieht gewöhnlich nur die äußerste, komfortabelste dieser Maschinen.

Es wäre prinzipiell möglich, dem Benutzer eine Buchführungsmaschine oder eine Zeichenmaschine hinzustellen, die nicht nur virtuell, sondern real ist. Grundsätzlich kann man die Funktionen, die bei der virtuellen Maschine die Software ausübt, auch in die Hardware einbauen ("fest verdrahten"). Ein solche Lösung wäre unter Umständen sogar erheblich schneller als die mit Software realisierte. Sie hätte jedoch zwei entscheidende Nachteile:

- Ihr Einsatzspektrum wäre auf die Funktionen beschränkt, die in die Hardware eingebaut sind.

- Sie könnte nicht an geänderte Anforderungen der Benutzer angepasst werden.

2.2 Programmieren heißt, Systeme zu bauen

Im ersten Abschnitt wurde Programmieren als Formulieren von Algorithmen in Programmiersprachen dargestellt. Das war allerdings nur die halbe Wahrheit. Wir ergänzen deshalb das bisher Gesagte.

Weshalb Programmieren mehr ist, als Algorithmen zu schreiben

Für eine relativ kleine Aufgabe, wie das Errechnen eines größten gemeinsamen Teilers, braucht man tatsächlich nur ein Programm, das aus einem einzigen Algorithmus besteht. Viele der Aufgaben, die in der Praxis mit dem Computer gelöst werden sollen, sind jedoch sehr viel umfangreicher.

Industriebetriebe planen und steuern z.B. die gesamte Produktion mit Computerprogrammen, sogenannten Produktionsplanungs- und -steuerungssystemen (PPS). Software dieser Art besteht aus mehreren Hunderttausenden, manchmal sogar Millionen von Programmzeilen. Selbst wenn hundert oder mehr Personen an der Entwicklung der Software arbeiten, vergehen gewöhnlich Jahre, bis diese fehlerfrei läuft und an die Kunden ausgeliefert werden kann.

Ein anderes Beispiel für sehr umfangreiche Software sind die Buchungssysteme der Reisebranche und der Fluggesellschaften, die Sie sicherlich von Ihren Besuchen im Reisebüro her kennen. Auch Betriebssysteme, also die Programme, die Ihnen überhaupt erst ermöglichen, mit dem Rechner zu arbeiten, sind sehr umfangreich und komplex.

Es ist einleuchtend, dass man Software dieses Umfangs nicht einfach produzieren kann, indem man sich an den PC setzt und frisch-fröhlich beginnt, Anweisungen einzutippen. Aber wie macht man es dann? Die Antwort ist: man baut ein System.

Was ist ein System?

Systeme gibt es nicht nur in der Softwareentwicklung, und da Sie von der Softwareentwicklung vermutlich noch wenig Ahnung haben, ist es besser, wenn wir uns nicht gleich auf die Softwaresysteme stürzen, sondern mit einer allgemeineren Betrachtung beginnen.

> *Unter einem System versteht man ein abgegrenztes*
> *Gefüge aus zusammenwirkenden Teilen.*

Es gibt Systeme, die von Menschen gemacht sind, wie Autos, Kühlschränke und Taschenlampen, und es gibt natürliche Systeme, wie Pflanzen und Tiere. Daneben gibt es Systeme, die aus künstlichen und natürlichen Teilen zusammengesetzt sind, wie z.B. ein Industriebetrieb, der Maschinen, Möbel, Gebäude, Computer und vieles mehr umfasst, aber nicht ohne menschliche Arbeitskräfte auskommt. Sie sehen, der Begriff des Systems ist sehr weit gefasst, und es gibt fast nichts, was man nicht als System bezeichnen kann.

Das macht jedoch nichts, denn wir wollen den Systembegriff nicht verwenden, um bestimmte Dinge von anderen abzugrenzen, sondern um sie unter bestimmten Aspekten zu betrachten.

Systemverhalten

Eine bestimmte Art von System zeigt gewöhnlich ein bestimmtes Verhalten. Nehmen wir die Taschenlampe als Beispiel, weil sie ein verhältnismäßig einfaches System ist! Die Taschenlampe leuchtet, wenn sie angeschaltet ist, vorausgesetzt, sie ist mit geladenen Batterien gefüllt. Sie leuchtet nicht, wenn sie ausgeschaltet ist bzw. sie erlischt, wenn sie ausgeschaltet wird. Bei Systemen, die vom Menschen entworfen wurden, ist das Verhalten geplant und gleichbedeutend mit dem Nutzen, den der Mensch aus dem Gebrauch des Systems zieht. Mit anderen Worten: das System leistet seinem Benutzer Dienste.

Systemzustände

Eine zweite Eigenart von Systemen ist, dass sie unterscheidbare Zustände annehmen. Dabei resultiert ein Zustand meist aus mehreren, manchmal sogar vielen Eigenschaften. Eine Taschenlampe kann z.B. eingeschaltet oder ausgeschaltet sein, sie befindet sich an einem bestimmten Ort, ist auf einen bestimmten Punkt gerichtet, ist mit Batterien gefüllt oder nicht. Der aktuelle Zustand der Taschenlampe könnte z.B. beschrieben werden als

- eingeschaltet,

- in der Hand des Einbrechers Ede Knacker befindlich,

- auf den Tresor von Professor Dr. Dr. hc. Knickebein gerichtet,

- mit aufgeladenen Batterien gefüllt.

Für eine genaue Zustandsbeschreibung könnten die Hand von Ede Knacker und der Tresor von Professor Knickebein durch genaue geographische Positionsangaben ersetzt werden. Wir wollen uns dies hier ersparen, weil das Prinzip der Zustandsbeschreibung sicher auch so klar geworden ist.

Zusammenhang zwischen Zustand und Verhalten

Gewöhnlich gibt es eine enge Verbindung zwischen dem aktuellen Zustand und dem Verhalten eines Systems. Beispielsweise kann eine Taschenlampe nur leuchten, wenn sie mit geladenen Batterien gefüllt ist.

In vielen Fällen ist nicht das Verhalten selbst, sondern sein Ergebnis von dem Zustand abhängig, in dem sich das System befand, als eine bestimmte Aktion begann. Denken wir uns einen Roboter, der den Auftrag bekommt, eine Drehung nach rechts um 90 Grad zu vollziehen. Offensichtlich ist die Ausrichtung des Roboters nach dieser Drehung von der Ausrichtung abhängig, die er hatte, als er den Auftrag empfing. Dieses Beispiel zeigt auch, dass ein bestimmtes Verhalten den Zustand eines Systems ändern kann.

Die Teile eines Systems

Häufig enthalten Systeme selbst wieder Systeme. Man spricht dann von **Teilsystemen**, **Untersystemen** oder **Subsystemen**. Wesentliche Untersysteme einer Taschenlampe sind die Batterien, das Gehäuse und die Glühbirne. Wie das Gesamtsystem haben auch diese Untersysteme ein nützliches Verhalten. Bei der Birne besteht es daraus, dass sie leuchtet; die Batterien geben elektrischen Strom ab. Das System Taschenlampe kann seine Dienste nur erbringen, indem es die Dienste seiner Untersysteme in Anspruch nimmt.

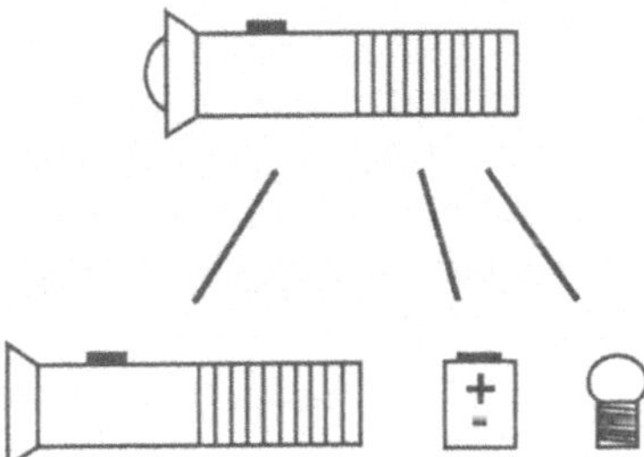

Bild 2-2: Das System Taschenlampe mit seinen Untersystemen

Genauso wie beim Gesamtsystem lassen sich auch bei den Untersystemen Zustände unterscheiden. Mögliche Zustände einer Batterie sind *leer* und *nicht leer*. Bei der Glühbirne lassen sich die Zustände *leuchtend* und *nicht leuchtend* unterscheiden.

Der Zustand des Gesamtsystems resultiert aus den Zuständen seiner Untersysteme. Man kann daher den Zustand eines Systems auch angeben, indem man die Zustände aller seiner Untersysteme beschreibt.

Oft sind die Untersysteme eines Systems selbst wieder aus Untersystemen zusammengebaut, so dass sich in der Gesamtbetrachtung eine mehrstufige **Systemhierarchie** ergibt. Wie weit man in dieser Hierarchie nach unten steigt, hängt vom jeweiligen Interesse des Betrachters ab. Der Taschenlampenbenutzer braucht sich z.B. sicherlich nicht um die Untersysteme der Batterie zu kümmern, wohl aber der Ingenieur, der Batterien konzipiert.

Prinzipien zur Gestaltung von Systemen

Künstliche Systeme, die nicht ganz primitiv sind, werden normalerweise erst entworfen, bevor sie verwirklicht werden. Diesen Entwurf machen gewöhnlich Leute, die speziell für solche Dinge ausgebildet wurden, wie z.B. Ingenieure. Da das Entwerfen von Systemen eine kreative Tätigkeit ist, gibt es keine festen Regeln. Es existieren jedoch einige Prinzipien, die sich im Laufe der Zeit als nützlich erwiesen haben. Drei davon sind auch für die Entwicklung von Softwaresystemen von besonderer Bedeutung, wobei das zuerst genannte Prinzip die anderen beiden voraussetzt.

Es hilft sehr, sich bei der Erörterung dieser Punkte ein konkretes System vorzustellen. Wir nehmen deshalb wieder die Taschenlampe und ihr Subsystem Batterie als Beispiel.

Subsysteme sollen mehrfach verwendbar und austauschbar sein

Mit mehrfach verwendbar ist hier nicht gemeint, dass man eine entladene Batterie wieder aufladen kann, sondern dass man die Batterie, die man in einer bestimmten Taschenlampe verwendet, auch in vielen anderen Taschenlampen und Geräten benutzen kann. Es ist damit möglich, die hohen Entwicklungskosten auf viele Anwendungen zu verteilen. Ebenso wichtig ist es, dass eine Batterie gegen eine andere ausgetauscht werden kann, so dass es dem Besitzer der Lampe frei steht, leistungsfähigere oder billigere Batterien zu benutzen.

Systeme sind nützliche und gebräuchliche Funktionseinheiten

Systeme und Subsysteme müssen nützliche und gebräuchliche Funktionseinheiten darstellen. Wichtig ist eine geeignete inhaltliche Abgrenzung. Die Batterie ist ein Paradebeispiel für ein günstig abgegrenztes System. Stellen Sie sich vor, man würde eine Funktionseinheit konzipieren, die aus der Batterie und dem Schraubdeckel des Gehäuseschafts besteht. Die Chance, ein solches System in vielen verschiedenen Übersystemen einsetzen zu können, wäre denkbar gering.

Systeme sind weitgehend abgeschlossen

Jedes System, das als Subsystem innerhalb eines anderen Systems eingesetzt wird, muss in diesem System befestigt werden. Je weniger Berührungs- und Befestigungsstellen das Subsystem braucht, umso leichter ist es zu ersetzen. Auch hierin ist die Batterie ein leuchtendes Vorbild. Um eine Batterie mit der Taschenlampe zu verbinden, muss man nicht löten oder schweißen. Deckel auf, Batterie rein, Deckel zu - das genügt.

Aufgaben

Aufgabe 2-8

Suchen Sie weitere gegenständliche und künstliche Systeme in Ihrer täglichen Umgebung. Identifizieren Sie die Untersysteme. Beschreiben Sie das Verhalten und die möglichen Zustände der Gesamtsysteme und der Untersysteme.

Aufgabe 2-9

Suchen Sie Beispiele für besonders vorteilhaft abgegrenzte Untersysteme in den Systemen von Aufgabe 2-8 und begründen Sie Ihre Wahl.

2.3 Von Systemen im Allgemeinen zu objektorientierten Softwaresystemen

Softwaresysteme haben, besonders wenn sie objektorientiert angelegt sind, viele Gemeinsamkeiten mit den gegenständlichen Systemen, die in den vorhergehenden Abschnitten als Beispiele dienten. Die wichtigsten seien noch einmal aufgeführt:

- Ein System kann Untersysteme enthalten,

- Systeme haben unterscheidbare Zustände und zeigen ein Verhalten,

- Nützliche Funktionalität, Austauschbarkeit, mehrfache Verwendbarkeit und Abgeschlossenheit sind wichtige Gestaltungsprinzipien.

Die Zusammenarbeit zwischen Objekten

Natürlich gibt es auch Unterschiede, z.B. in den verwendeten Begriffen. Ein System ist in der Sprache der OOP grundsätzlich ein **Objekt**, gleichgültig, ob es sich um das Gesamtsystem oder ein Untersystem handelt. Das Gesamtsystem wird allerdings häufig, nicht nur in der OOP, als **Programm** bezeichnet.

Ein zweiter, substanzieller Unterschied liegt in der Art und Weise, wie die Untersysteme bzw. Objekte zusammenarbeiten. In gegenständlichen Systemen ist diese Zusammenarbeit oft mit Bewegungen von Materie und Energie verbunden: Batterien geben Strom ab, ein Motor bezieht Benzin aus dem Tank, die Spritzanlage der Scheibenwaschanlage sprüht Reinigungsmittel auf die Scheiben. Zusammenarbeit dieser Art spielt in Programmen natürlich keine Rolle, jedenfalls nicht aus der Sicht des Programmierers. In Programmen sind die Interaktionen zwischen Objekten ausschließlich von einer Art: Ein Objekt kann einem anderen einen **Auftrag** erteilen. Das beauftragte Objekt erweist dann dem auftraggebenden einen **Dienst**, indem es den Auftrag ausführt. Inhalte solcher Aufträge sind z.B. Berechnungen, Ausgaben auf den Bildschirm oder auf einen Drucker, Einlesen von Eingaben, die der Benutzer auf der Tastatur tippt, und dergleichen mehr.

> *In objektorientierten Programmen arbeiten Objekte zusammen, indem sie einander Aufträge erteilen. Der Auftragnehmer erweist dem Auftraggeber einen Dienst.*

Ein Beispiel

Bild 2-3 veranschaulicht diese Zusammenarbeit am Beispiel eines Programms, das Dollarbeträge in Euro umrechnet. Es nimmt zunächst einen Dollarbetrag entgegen, den der Benutzer über die Tastatur eingeben muss. Danach wird der Eurobetrag auf dem Bildschirm ausgegeben.

In der systemtheoretischen Sprechweise repräsentiert das Kästchen Umrechnungsprogramm das Gesamtsystem, die beiden anderen vertreten Untersysteme dieses Gesamtsystems. In der Terminologie der OOP ist das Umrechnungsprogramm ein Objekt, genauso wie die beiden Untersysteme.

Die Pfeile stehen für die Erteilung von Aufträgen; sie führen jeweils vom Auftraggeber zum Auftragnehmer. Die danebenstehenden Texte informieren über den Inhalt der Aufträge. Diese sind durchnummeriert, so dass man leicht den Fortgang der Verarbeitung verfolgen kann. Zunächst erteilt das Umrechnungsprogramm dem Ein-/Ausgabeobjekt den Auftrag, vom Benutzer des Programms den umzurechnenden Dollarbetrag entgegenzunehmen. Im Informatikerjargon spricht man vom „Einlesen" des Werts. Das beauftragte Objekt nimmt nicht nur den Wert vom Benutzer entgegen, sondern liefert ihn auch beim Umrechnungsprogramm ab.

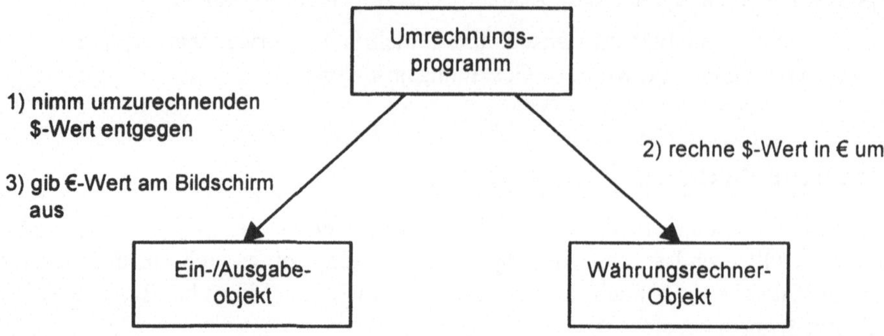

Bild 2-3:   Das Zusammenwirken der Objekte bei der Programmausführung

Im nächsten Schritt gibt das Umrechnungsprogramm dem Währungsrechner den Auftrag, den Dollarbetrag in Euro umzurechnen. Hierzu muss es diesem Objekt den umzurechnenden Betrag übergeben; dies geschieht gleichzeitig mit der Auftragserteilung. Das Währungsrechnerobjekt kennt den Umrechnungskurs und hat daher alle notwendigen Informationen zur Durchführung des Auftrags. Es rechnet um und liefert dem Umrechnungsprogramm das Resultat der Umrechnung.

Nachdem das Umrechnungsprogramm den Eurobetrag entgegengenommen hat, gibt es dem Ein-/Ausgabeobjekt den Auftrag, den Wert auf dem Bildschirm anzuzeigen, so dass der Benutzer ihn sehen kann. Damit das Ein-/Ausgabeobjekt diesen Auftrag ausführen kann, muss es vom Umrechnungsprogramm den Wert zusammen mit der Auftragserteilung erhalten.

Verantwortungsbereiche der Objekte

Wie Subsysteme eines gegenständlichen Systems haben Objekte in einem Softwaresystem einen bestimmten, abgegrenzten Funktionsbereich. Von einer Batterie können Sie erwarten, dass sie Strom abgibt, sicherlich aber nicht, dass sie Fische fängt oder Kneipenlieder singt. Auch Objekte sind keine Alleskönner. Sie werden von ihren Programmierern im besten Fall so ausgestattet, dass sie einen sinnvollen Funktionsbereich haben und mehrfach verwendbar sind.

Im Rahmen der Programmaufgabe können wir auch von **Verantwortungsbereichen** der Objekte sprechen. Im obigen Beispiel ist das Ein-/Ausgabeobjekt offensichtlich für die Kommunikation zwischen dem Programm und seinem Benutzer zuständig, das Währungsrechnerobjekt ist zuständig für die Umrechnung von Beträgen in eine andere Währung, und das Umrechnungsprogramm koordiniert die gesamte Verarbeitung.

Methoden

Wir wollen uns an dieser Stelle noch nicht mit den Einzelheiten der Programmierung belasten, aber aus der Diskussion über natürliche Sprachen und Programmiersprachen im Abschnitt 2.1 dürfte deutlich geworden sein: wenn ein Objekt einem anderen einen Auftrag erteilt, so kann dieser nicht in beliebigem Deutsch oder Englisch formuliert sein, denn Anweisungen in Programmen müssen immer unmissverständlich sein. Objekte sind Gebilde innerhalb eines Programms, die von Softwareentwicklern programmiert werden. Es ist nun Aufgabe des Entwicklers, festzulegen, welche Art von Aufträgen ein Objekt ausführen soll und was bei der Ausführung eines bestimmten Auftrags im Einzelnen geschehen soll. Die verschiedenen Auftragsarten werden dann mit eindeutigen Namen versehen, an die sich ein Objekt halten muss, wenn es einen Auftrag erteilt, so dass das auftragnehmende Objekt genau weiß, was es tun soll.

Die Auftragsarten, die für ein Objekt vorgesehen sind, bezeichnet man in der Fachsprache als seine **Methoden**. Aus der Gesamtheit der Methoden, welche der Entwickler für ein Objekt festgelegt hat, ergibt sich demnach der Verantwortungsbereich dieses Objekts.

> *Die Auftragsarten, die ein Objekt ausführen kann, be*
> *zeichnet man als sein Methoden. Aus der Gesamtheit*
> *der Methoden ergibt sich der Verantwortungsbereich*
> *des Objekts.*

Im nächsten Kapitel werden Sie lernen, wie man geeignete Namen für Methoden findet und wie man sie programmiert. Dort werden wir auch das Umrechnungsprogramm im Detail betrachten.

Das Koordinator-Muster der Zusammenarbeit

Wenn man die Zusammenarbeit zwischen den Objekten am Beispiel des Umrechnungsprogramms betrachtet, kann man sich gut vorstellen, dass anstelle der Objekte menschliche Aufgabenträger tätig werden. Ein Mitarbeiter tritt als Koordinator an die Stelle des Umrechnungsprogramms. Er steuert die ganze Aktion und delegiert Teilaufgaben an zwei weitere Mitarbeiter, von denen der eine für die Kommunikation mit dem Kunden zuständig ist, der andere für die eigentliche Umrechnungsaufgabe.

Wir wollen diese Form der Zusammenarbeit als **Koordinator-Muster** bezeichnen. Es ist, wie gezeigt, auch in der Zusammenarbeit zwischen Menschen gebräuchlich und deshalb sehr eingängig.

Das Koordinator-Muster ist nicht die einzige Art, wie Objekte in Programmen zusammenarbeiten können, aber es ist eines der wichtigsten. Insbesondere ist es für die meisten der Programme, die Sie in der ersten Zeit Ihrer Programmierausbildung entwickeln werden, gut geeignet.

Typisch für das Koordinator-Muster ist, dass der Koordinator den größten Teil der Aufgaben, die das Programm ausführen soll, nicht selber erledigt, sondern an andere Objekte **delegiert**. Der Koordinator gleicht darin dem Chef einer Abteilung, der ebenfalls gut daran tut, sich nicht in Einzelheiten zu verlieren, sondern diese seinen Mitarbeitern zu überlassen.

Die vom Koordinator beauftragen Objekte sind für die Durchführung der übertragenen Aufgaben voll verantwortlich. Dementsprechend melden sie sich beim Koordinator erst wieder, wenn sie den Auftrag erledigt haben. Objekte, die Aufträge entgegengenommen haben, können allerdings selbst wieder Teile dieser Aufgaben an andere Objekte delegieren. Auch hier gilt dann: jedes beauftragte Objekt ist für die Durchführung des Teilauftrags voll verantwortlich und meldet sich beim Auftraggeber erst wieder, wenn der Auftrag erledigt ist.

Bild 2-4 zeigt eine Zusammenarbeit zwischen Objekten, die ebenfalls mit dem Koordinator-Muster übereinstimmt, aber etwas komplizierter als die des Umrechnungsprogramms ist.

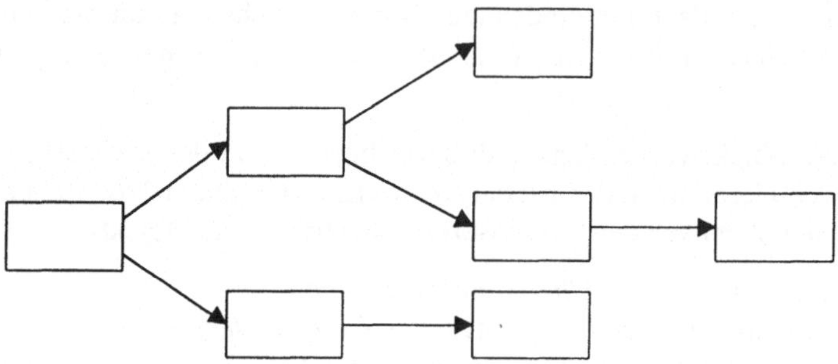

Bild 2-4: Objekte, die nach dem Koordinator-Muster zusammenarbeiten

Aufgaben

Aufgabe 2-10: mögliche Aufträge (L)

Stellen Sie sich vor, Sie müssten einen Roboter entwickeln, der sich auf Zurufe hin in der Ebene bewegt. Welche Kommandos (Aufträge) soll der Roboter befolgen können? Welche Gesichtspunkte soll man zugrunde legen, wenn man die möglichen Aufträge an den Roboter zusammenstellt? Mit welchen Eigenschaften kann man den Zustand des Roboters beschreiben?

Aufgabe 2-11: Koordinator-Muster

Dieses Muster besagt, dass ein Objekt die Aufträge des Benutzers entgegennimmt und deren Ausführung koordiniert. Es beauftragt andere Objekte mit der selbstständigen Durchführung von Teilaufgaben. Falls nötig, können diese Objekte wiederum Teilaufgaben an andere Objekte delegieren.

Diese Aufgabe soll auf die Anwendung des Musters bei der Programmierung vorbereiten, bezieht sich aber selbst noch nicht auf die Programmierung, sondern zieht ein Beispiel aus dem Alltagsleben heran:

Stellen Sie sich vor, jemand möchte den Auftrag zur Innenrenovierung seiner Eigentumswohnung an einen geeigneten Betrieb vergeben. Dieser Betrieb soll als Generalunternehmer die gesamte Renovierung koordinieren, so dass der Eigentümer mit den Einzelheiten nichts zu tun hat.

Überlegen Sie sich, welche Subunternehmer der Renovierungsbetrieb in Anspruch nehmen könnte. Stellen Sie für jeden dieser Betriebe eine Liste von möglichen Leistungen zusammen, welche er erbringen könnte, auch über den oben genannten Auftrag hinaus (Tätigkeitsbereich).

Stellen Sie dann die Zusammenarbeit der Betriebe bei der Renovierung der Eigentumswohnung in einem Diagramm dar. Jeder Betrieb wird durch ein Kästchen dargestellt, in das Sie seinen Namen schreiben, das Kästchen des Generalunternehmers in der Mitte. Ein Pfeil von einem Kästchen zum anderen bedeutet eine Auftragserteilung. In diesem Fall gibt es nur Pfeile vom Generalunternehmer zu den anderen Betrieben, unter Umständen auch von einem dieser Betriebe zu einem weiteren Betrieb. Schreiben Sie neben jeden Pfeil den Inhalt des Auftrags.

Exkurs: Modelle und Modellierung

Mit den letzten beiden Bildern, welche die Zusammenarbeit zwischen den Objekten eines Programms veranschaulichen sollen, wurde klammheimlich eine Technik eingeführt, die für Sie vielleicht neu ist, die **Modellierung**.

Die Modellierung ist ein wichtiges Hilfsmittel zur Entwicklung von Systemen, besonders auch von Softwaresystemen. Das Ergebnis der Modellierung ist das **Modell** des Systems. Modelle können gegenständlich sein, viel häufiger handelt es sich jedoch um Entwürfe, die mit Papier und Bleistift gemacht werden.

Gegenüber einem realen System ist ein Modell dahingehend vereinfacht, dass es nur die wichtigen Zusammenhänge enthält. Man nennt eine solche Vereinfachung eine **Abstraktion**. Die Abstraktion hilft dem Entwickler, sich auf das Wesentliche zu konzentrieren, so dass ihn die Komplexität des Systems gedanklich nicht überwältigt.

In welcher Form Modelle entworfen werden, hängt vom Anwendungsgebiet ab. Häufig werden Modelle mathematisch formuliert. So lassen sich z.B. bestimmte Aspekte einer Volkswirtschaft in Form von Gleichungssystemen modellieren. Noch häufiger sind **graphische Modelle**. Um beispielsweise ein Auto oder Teile davon zu modellieren, wird man neben mathematischen Darstellungen auch graphische Modelle in Form von Konstruktionszeichnungen entwerfen.

Graphische Modellierung herrscht auch in der Softwareentwicklung vor. Es ist allerdings nicht so, dass jeder Entwickler seine eigenen Modellierungsmethoden verwendet, sondern es gibt eine Reihe von erprobten Darstellungsformen mit fest definierten Symbolen, die je nach Bedarf herangezogen werden können. Dies hat den Vorteil, dass ein Modell nicht nur von seinem Entwerfer verstanden werden kann, sondern auch von anderen Beteiligten. Wir werden im Verlauf dieses Kurses einige dieser Modellierungsmethoden verwenden.

Die graphische Modellierungstechnik, die in den Bildern 2-3 und 2-4 verwendet wurde, ist unter dem Namen **Kollaborationsdiagramm** bekannt. Der Name ist sehr treffend, denn diese Diagramme zeigen, wie die Objekte eines Programms bei der Erfüllung der Programmaufgaben zusammenarbeiten (kollaborieren). Wir werden diese Diagramme im weiteren Verlauf des Buchs häufig benutzen.

Was soll das heißen, du willst dich lieber mit einem Modell beschäftigen? Was hat dieses Frauenzimmer, was ich nicht habe?

3

Die ersten Programme

Anhand einiger kleiner Programme lernen Sie in diesem Kapitel hauptsächlich, wie Objekte Aufträge erhalten und wie die Objekte in einem Programm erzeugt werden. Alle Beispiele dieses Kapitels benutzen das Koordinator-Muster der Zusammenarbeit, das im zweiten Kapitel vorgestellt wurde.

3.1 Objekte werden aus Klassen gemacht

In diesem Abschnitt lernen Sie den Begriff der **Klasse** kennen, der für die OOP von grundlegender Bedeutung ist.

Inhalt des ersten Programms

Das erste Programm ist natürlich ein sehr kleines. Es heißt Erstausgabe und dient dazu, Grüße an Verwandte und Freunde auf den Bildschirm auszugeben. Bild 3-1 zeigt, wie sich das Programm dem Benutzer präsentiert.

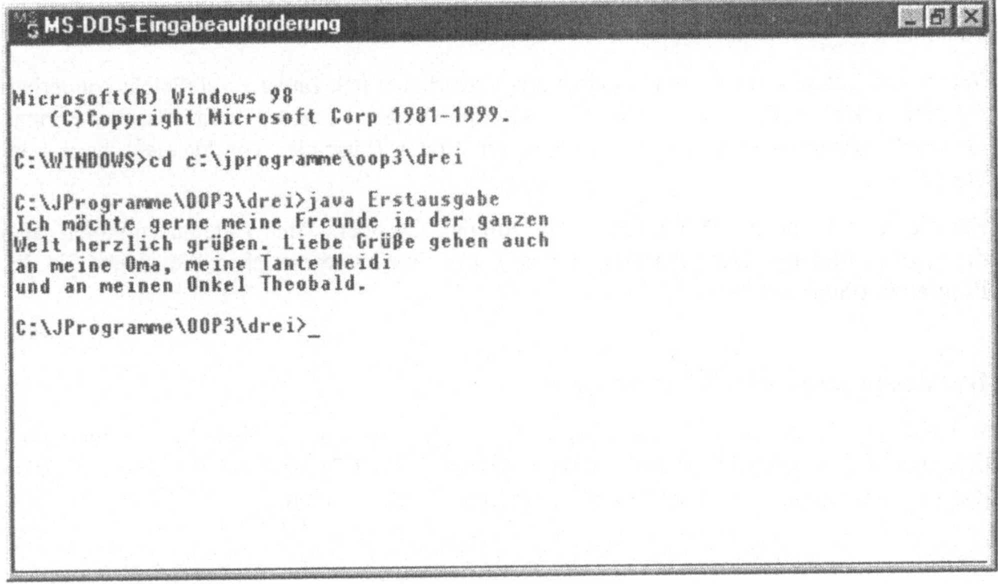

Bild 3-1: Durchführung des Programms Erstausgabe

Der Benutzer startet eine MS-DOS-Eingabeaufforderung und wechselt in das Verzeichnis, in dem sich das Programm befindet. Er startet dann den Java-Interpreter java und gibt als Parameter den Namen des Programms mit:

```
java Erstausgabe
```

Die folgenden Bildschirmzeilen zeigen bereits die Ausgabe des Programms. Wenn Sie gewohnt sind, mit Windows und graphikorientierten Programmen zu arbeiten, wird Ihnen diese Ausgabe recht dürftig vorkommen. Die Programme der ersten Kapitel benutzen eine rein **textorientierte** Ein- und Ausgabe. Damit ist gemeint, dass die graphischen Möglichkeiten des Bildschirms nicht genutzt werden. Alles spielt sich im MS-DOS-Eingabefenster ab, in dem nur Schriftzeichen abgebildet werden können, nicht aber Schaltflächen, Bilder, Mauszeiger und andere Elemente der Ein- und Ausgabe. Später werden Sie natürlich auch die graphischen Möglichkeiten von Java kennenlernen.

Dateien, die zu Erstausgabe gehören

Sie befinden sich alle im Verzeichnis c:\jprogramme\oop3\drei, wenn Sie das Material zum Buch wie in Kapitel 1 beschrieben installiert haben. Es handelt sich um die Dateien:

```
Erstausgabe.java
Erstausgabe.class
IntIO.java
IntIO.class
```

Aus dem ersten Kapitel wissen Sie bereits, dass die Dateien mit der Endung java die Quelltexte enthalten, also den vom Programmierer eingegebenen Text, die Dateien mit der Endung class aber die übersetzte Form, also das, was der Compiler aus den Quelltexten gemacht hat.

Wer schon mit anderen Programmiersprachen gearbeitet hat, findet es vielleicht sonderbar, dass ein so kleines Programm schon aus mehreren Dateien besteht. Für Java ist dies normal. Große Programmsysteme sind oft aus Hunderten oder Tausenden von Dateien zusammengesetzt.

Für die Ausführung des Programms sind lediglich die übersetzten Dateien vonnöten, also die mit der Endung class („Klassendateien"). Die Quelltexte brauchen Sie, damit Sie das Programm studieren können.[1]

Die Zusammenarbeit der Objekte

Anhand eines **Kollaborationsdiagramms**, lässt sich zeigen, wie die beteiligten Objekte bei der Ausführung des Programms zusammenarbeiten (Bild 3-2). Es handelt sich um ein vorläufiges Diagramm, das wir später noch etwas ausgestalten wollen.

---

[1]   Falls Sie die Quelltexte selbst übersetzen wollen, müssen Sie zuerst IntIO.java übersetzen, dann Erstausgabe.java. Diese Reihenfolge ist notwendig, weil Erstausgabe sich auf IntIO bezieht.

Bild 3-2: Kollaborationsdiagramm (vorläufig)

In unserem Programm beschränkt sich die Zusammenarbeit auf zwei Objekte: das Programm, das selbst ein Objekt ist, und ein im Programm enthaltenes Objekt namens inout, das die Ausgabe auf den Bildschirm durchführt. In der systemtheoretischen Sprechweise ist inout ein Untersystem des Programms (des Gesamtsystems).

Sie werden im weiteren Verlauf des Kapitels sehen, dass inout noch mehr könnte, als nur Botschaften auszugeben. Es handelt sich um ein Objekt, das in der Lage ist, die gesamte Kommunikation eines Programms mit dem Benutzer abzuwickeln.

Die Objekte in einem Programm erhalten Namen, damit sie bei der Vergabe eines Auftrags angesprochen werden können. Das Programm selbst wird im Diagramm der Einfachheit halber zunächst nur „Programm" genannt. Vom Benutzer wird es unter dem Namen Erstausgabe aufgerufen (s. oben).

Der Pfeil drückt die Vergabe eines Auftrags aus, wobei hier das Programm der **Auftraggeber** ist, inout der **Auftragnehmer**. Der Auftrag selbst, die benutzte Methode, ist ebenfalls benannt, damit das auftragnehmende Objekt zweifelsfrei weiß, was es tun soll. In diesem Fall ist der Name der benutzten Methode writeln, ein Kunstwort, das aus write und line zusammengesetzt ist, und aussagen soll, dass zunächst etwas geschrieben und dann die Schreibmarke (engl.: Cursor) in die nächste Zeile vorgerückt werden soll. Übrigens werden in unserem Programm mehrere solcher Aufträge hintereinander erteilt, aber das ist zunächst unerheblich.

Beachten Sie bitte, dass die beiden Objekte nach dem Koordinator-Muster zusammenarbeiten, wenn auch in sehr einfacher Form. Das Programmobjekt nimmt hierbei die Funktion des Koordinators wahr, der die Verarbeitung steuert. Der Koordinator delegiert alle Teilaufgaben, welche mit der Ausgabe auf den Bildschirm zu tun haben, an das Objekt inout.

Der Quelltext von Erstausgabe.java

Diese Datei enthält den Programmtext, der beim Starten ausgeführt wird. Wir verschaffen uns zunächst einen Überblick und betrachten die Details erst später.

Der Text beginnt mit der Überschrift public class Erstausgabe, danach kommt eine öffnende geschweifte Klammer. Die Bedeutung der beiden Wörter public und class soll erst später erklärt werden. Die Klammer bildet den Beginn dessen, was alles zu Erstausgabe gehört. Eine schließende geschweifte Klammer schließt den gesamten Text am Ende ab.

Inmitten des äußeren Klammerpaars ist ein Textblock mit der Überschrift static public void main ... erkennbar, der ebenfalls durch geschweifte Klammern abgegrenzt wird. Es handelt sich hierbei um die **Methode** main, jenen Teil des Texts, der ausgeführt wird, wenn der Benutzer das Programm unter dem Namen Erstausgabe startet.

```
public class Erstausgabe
{
  static public void main(String[] args)
  {
    // im Folgenden wird das Objekt inout erzeugt
    IntIO inout = new IntIO();

    // der Text der folgenden Zeilen enthält Aufträge
    // an das Objekt inout
    inout.writeln("Ich möchte gerne meine Freunde in der ganzen");
    inout.writeln("Welt herzlich grüßen. Liebe Grüße gehen auch");
    inout.writeln("an meine Oma, meine Tante Heidi ");
    inout.writeln("und an meinen Onkel Theobald.");
  }

}
```

Die volle Bedeutung der Überschriften public class Erstausgabe und static public void main (String[] args) wird sich erst nach einigen weiteren Abschnitten und Kapiteln offenbaren. Der Leser wird gebeten, sich bis dahin zu gedulden.

Wie die Kommentare anzeigen (jeweils nach //), verläuft die Verarbeitung in zwei Phasen. Zunächst wird das Objekt inout, das die Ausgaben auf den Bildschirm durchführen soll, erzeugt. Danach können diesem Objekt Aufträge erteilt werden. Insgesamt handelt es sich hier um vier Aufträge desselben Typs: writeln. Dabei wird, wie bereits erwähnt, jeweils eine Zeile Text ausgegeben, bevor der Cursor in die nächsten Zeile springt. Diese zweite Phase ist es, die im Kollaborationsdiagramm (Bild 3-2) dargestellt ist.

Wir werden nun die beiden Phasen im Detail betrachten. Zunächst beschäftigen wir uns damit, wie Objekte erzeugt werden können. Danach widmen wir uns der Frage, wie Aufträge an Objekte formuliert werden.

Klassen: Baupläne für Objekte

Im zweiten Kapitel haben Sie erfahren, dass Objekte keine Alleskönner sind, sondern auf einen bestimmten Verantwortungsbereich spezialisiert sind, in dessen Rahmen sie Aufträge annehmen können. Das bedeutet auch, dass nicht alle Objekte gleich sind, sondern dass wir verschiedene Arten von Objekten unterscheiden müssen.

Im Fall von inout handelt es sich um ein Objekt, das auf die Kommunikation mit dem Benutzer über Tastatur und Bildschirm spezialisiert ist. Natürlich brauchen wir ein solches Objekt nicht nur in Erstausgabe, sondern ebenso in vielen anderen Programmen.

Es wäre sehr unwirtschaftlich, wenn man für jedes einzelne Programm, das mit dem Benutzer kommunizieren muss, ein Objekt programmierte, das diese Kommunikation durchführt. Das würde auch dem Gedanken der Mehrfachverwendung bzw. Wiederverwendung widersprechen, der in den ersten beiden Kapiteln mehrmals angesprochen wurde.

Ideal wäre es, wenn man einen Bauplan der Objekte vorliegen hätte und bei Bedarf durch einen einfachen Befehl ein Objekt der betreffenden Art „ins Leben rufen" könnte. Man bräuchte nur ein einziges Mal diesen Bauplan zu programmieren und könnte danach immer wieder davon profitieren.

Diesen Gedanken hat man in Java und allen anderen objektorientierten Programmiersprachen aufgenommen und umgesetzt. Die Funktion des Bauplans nehmen in der OOP die **Objektklassen** ein. Objektklassen, meist nur kurz **Klassen** genannt, sind Programmteile, in denen beschrieben ist, wie Objekte der betreffenden Art aufgebaut sind, welche Methoden sie ausführen können und wie diese Methoden durchgeführt werden.

Vorhandene Klassen benutzen

Sie werden bald lernen, Klassen zu programmieren. Sie können jedoch auch Objekte von Klassen erzeugen, die nicht Sie, sondern andere Programmierer geschrieben haben, vorausgesetzt, diese stellen Ihnen den Quelltext oder die übersetzte Klasse zur Verfügung. Das Schöne dabei ist, dass Sie nicht einmal zu wissen brauchen, wie die Methoden dieser Klassen im Einzelnen ausgeführt werden. Es genügt, dass Sie wissen, welche Methoden es grundsätzlich gibt und welche Aufgaben sie erfüllen.

Bei großen Programmen wird nur ein Bruchteil der verwendeten Klassen vom Programmierer selbst geschrieben. Die meisten der Klassen stammen aus **Bibliotheken**, die mit Java ausgeliefert werden oder hinzu gekauft werden können. Auch die Klassen, die der Programmierer oder seine Kollegen bereits früher geschrieben haben, können wieder verwendet werden.

Die Klasse IntIO

Als Beispiel für eine bereits (von mir) fertig programmierte Klasse betrachten wir nun die Klasse IntIO. IntIO ist eine Abkürzung für den etwas längeren Namen Interactive Input / Output, der den Aufgabenbereich dieser Klasse umschreibt. Die Objekte der Klasse sollen für ein Programm die Kommunikation mit dem Benutzer abwickeln, indem sie Meldungen an ihn auf den Bildschirm ausgeben und seine Eingaben entgegennehmen („einlesen"). Das oben genannte Objekt inout ist ein Objekt der Klasse IntIO.

Wenn ein Programmierer eine nicht vom ihm programmierte Klasse verwenden will, braucht er natürlich eine Benutzungsanleitung dafür. Er braucht insbesondere Informationen darüber, welche Aufträge den Objekten erteilt werden können, also eine Beschreibung der Methoden.

Wir werden später eine solche Beschreibung für die Klasse IntIO betrachten, kehren aber zunächst zum Quelltext von Erstausgabe zurück und betrachten die Passage, in der das Objekt inout erzeugt wird.

Vorher noch ein Hinweis, der Ihnen Kopfzerbrechen ersparen soll: Den Quelltext der Klasse IntIO können Sie nach dem jetzigen Stand Ihrer Kenntnisse noch **nicht** verstehen. Er wird auch im weiteren Verlauf des Buchs nicht erklärt, weil er einige Dinge enthält, die im

Buch nicht behandelt werden. Für eine erfolgreiche Anwendung der Klasse ist das Verständnis des Quelltexts nicht notwendig.

Objekte erzeugen

Wie bereits erwähnt, muss ein Objekt erst erzeugt werden, bevor ihm Aufträge erteilt werden können. In der Anweisung

```
IntIO inout = new IntIO();
```

welche in Erstausgabe das Objekt inout erzeugt, sind mehrere Einzelschritte enthalten. Um diese im Einzelnen betrachten zu können, sehen wir uns zunächst eine abgewandelte, etwas längere Form der obigen Anweisung an, die sich über zwei Zeilen erstreckt, aber dasselbe bewirkt wie die obige einzeilige Form:

```
IntIO inout;
inout = new IntIO();
```

In der ersten Zeile wird dem Java-System, also dem Compiler und dem Interpreter, mitgeteilt, dass ein Objekt der Art IntIO benutzt werden soll und dieses Objekt den Namen inout erhalten soll. Dieser Name ist im Sprachgebrauch der Programmierer eine **Variable**. Eine Zeile dieser Art wird eine **Variablendeklaration** genannt, weil hier erklärt (deklariert) wird, dass eine Variable mit einem bestimmten Namen benutzt werden soll.

Die Variablendeklaration veranlasst den Compiler, im Arbeitsspeicher Platz für ein Objekt der Klasse IntIO vorzusehen, das den Namen inout tragen soll.

Das Objekt selbst ist durch diese Deklaration allerdings noch nicht erzeugt. Dies geschieht mit der Anweisung

```
new IntIO();
```

die auf der rechten Seite der zweiten Zeile steht. Das Wort new steht für die Aufforderung, ein Objekt anzulegen, der zweite Teil, IntIO(). ist der Aufruf des Konstruktors der Klasse IntIO. Der **Konstruktor** ist eine besonder Methode der Klasse, in der festgelegt ist, was beim Anlegen eines neuen Objekts im Einzelnen getan werden muss.

Betrachten wir nun die zweite Zeile in ihrer Gesamtheit. Das Zeichen = bezeichnet in Java den **Zuweisungsoperator**. Er weist der Variablen auf seiner linken Seite (inout) das Ergebnis des Ausdrucks auf seiner rechten Seite zu (ein Objekt der Art IntIO). Bildlich gesprochen bewirkt diese Zuweisung, dass das neu geschaffene Objekt an dem vorgesehenen Platz abgelegt wird und dass daran ein Namensschild mit der Aufschrift inout befestigt wird.

Das Ergebnis der beiden Anweisungen (bzw. der zusammengesetzten Anweisung in der einzeiligen Form) ist, dass nun ein Objekt der Klasse IntIO mit dem Namen inout bereit steht und mit Aufträgen bedacht werden kann.

Bei dieser Gelegenheit noch etwas Fachchinesisch: Man spricht unter Programmierern auch von der **Instanziierung** der Klasse, wenn mit Hilfe von new ein Objekt erzeugt wird[2]. Das Objekt selbst wird auch als **Instanz** seiner Klasse bezeichnet.

Aufträge erteilen

Wir betrachten nun exemplarisch in Erstausgabe den ersten der Aufträge an das Objekt inout:

```
inout.writeln("Ich möchte gerne meine Freunde in der ganzen");
```

Zuerst wird darin der **Name des Objekts** genannt, welches den Auftrag ausführen soll, in diesem Fall also inout.

Nach dem Punkt wird die Art des auszuführenden Auftrags genannt, also im Sprachgebrauch der OOP die **Methode**.

In der Klammer nach dem Methodennamen stehen Informationen, welche das Objekt zur Ausführung des Auftrags benötigt, in diesem Fall der am Bildschirm auszugebende Text. Mitgaben dieser Art nennt man **Parameter**.

Je nach Art des auszuführenden Auftrags können die Parameter unterschiedlicher Art sein. In diesem Fall ist es ein Text bzw., im Java-Jargon, ein **String**. Es gibt auch Aufträge, die mehrere Parameter benötigen, und es gibt Aufträge, die keine Parameter brauchen. Beachten Sie das **Semikolon** hinter der Anweisung. Es ist das Zeichen, an dem der Compiler das Ende der Anweisung erkennt.

Wir werden bald Methoden benutzen, die nicht nur Datenmitgaben benötigen, sondern **selbst Daten zurückliefern**. Aufträge zwischen Objekten ähneln in dieser Hinsicht Aufträgen zwischen Personen im täglichen Leben. Der Auftraggeber erwartet vom Auftragnehmer häufig, dass dieser ihm ein Ergebnis liefert.

Noch einmal: Objekte beruhen auf Klassen

An der Durchführung des Programms Erstausgabe sind zwei Objekte beteiligt, das Programmobjekt selbst und das Objekt inout, das zu Beginn der Ausführung erzeugt wird.

Wie das Objekt inout aus der Klasse IntIO durch den Aufruf des Konstruktors erzeugt wird, haben Sie gesehen. Wie steht es mit dem Programmobjekt? Wann wird dieses erzeugt?

Wenn Sie die Überschrift von Erstausgabe betrachten, sehen Sie, dass es sich auch hierbei um eine Klasse handelt, denn das Wort class ist darin enthalten:

```
public class Erstausgabe
```

Eine Klasse ist zwar Grundlage eines Objekts, aber selbst kein Objekt. Wenn es aber ein Programmobjekt gibt, muss irgendwann aus der Klasse Erstausgabe ein solches Objekt erzeugt werden. Im Text von Erstausgabe finden wir keine Anweisung, mit der ein solches Objekt erzeugt würde. Das wäre auch gar nicht möglich, weil eine derartige Anweisung erst ausgeführt werden könnte, wenn das Programm bereits läuft, wenn also das Programmobjekt schon vorhanden ist. Die Erzeugung des Programmobjekts muss also außerhalb des Programms selbst stattfinden.

Dies geschieht durch den Interpreter, nachdem der Benutzer diesen mit der Angabe des Klassennamens gestartet hat. Die Eingabe

```
java Erstausgabe
```

veranlasst den Interpreter, ein Objekt der Klasse Erstausgabe zu erzeugen und dessen Methode main zu starten.

Das vom Interpreter geschaffene Objekt ist namenlos; wir wissen nur, dass es ein Objekt der Klasse Erstausgabe ist.

Noch einmal: das Kollaborationsdiagramm

Wir sind jetzt in der Lage, das vorläufige Kollaborationsdiagramm von Bild 3-2 an die Art der Darstellung anzupassen, die unter Softwareentwicklern üblich ist (Bild 3-3).

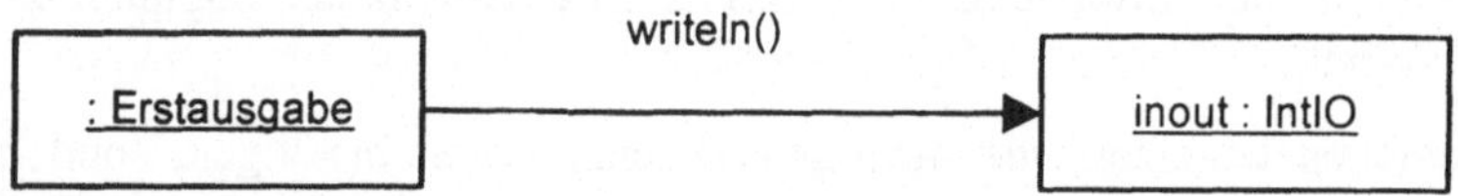

Bild 3-3:   endgültiges Kollaborationsdiagramm

Der generelle Aufbau ist unverändert, geändert haben sich lediglich die Beschriftungen der Kästchen. Im rechten Kästchen sehen Sie einen vollständigen Eintrag, der aus zwei durch Doppelpunkt voneinander getrennten Teilen besteht. Vor dem Doppelpunkt steht der Name des Objekts, dahinter der der Klasse. Der Eintrag ist also zu lesen als „das Objekt inout der Klasse IntIO".

Wie bereits erwähnt, hat das Programmobjekt keinen Namen. Dementsprechend ist im linken Kästchen der erste Teil ausgespart. Der Eintrag ist zu interpretieren als „ein Objekt der Klasse Erstausgabe".

Aufgaben

Aufgabe 3-1

Schreiben Sie selbst ein kleines Programm Zweitausgabe nach dem Muster von Erstausgabe, das einen Text nach Ihren Wünschen ausgibt. Legen Sie die Datei in demselben Ordner ab, in dem auch Erstausgabe liegt. Der Dateiname ist Zweitausgabe.java. Übersetzen Sie das Programm und führen Sie es aus.[3] Falls Sie beim Übersetzen Fehlermeldungen bekommen, überprüfen Sie die Groß- und Kleinschreibung.

Aufgabe 3-2

Prüfen Sie sich, ob Sie eine konkrete Vorstellung von den folgenden Begriffen haben. Setzen Sie die Begriffe zueinander in Beziehung:

- Klasse

- Datei mit der Endung class

- Datei mit der Endung java

- Objekt

- Konstruktor

- String

- Methode

- Quelltext einer Klasse

- Methode main

- Parameter

Groß- und Kleinschreibung

Vielleicht haben Sie bereits mit anderen Programmiersprachen gearbeitet und festgestellt, dass es der Maschine egal war, ob Sie die Buchstaben groß oder klein geschrieben haben. In Java ist dies nicht so. In Java unterscheidet sich Eva von eva, und eva ist wiederum etwas anderes als EVA.

Bei **Schlüsselwörtern** der Sprache Java (s. auch Anhang) sind Sie hinsichtlich der Schreibweise festgelegt. Sie dürfen in der Überschrift einer Klasse z.B. nicht schreiben

```
Public Class Zweitausgabe
```

Wie Sie vielleicht schon bei der Bearbeitung der Aufgabe 3-1 bemerkt haben, nimmt der Compiler solche Formulierungen nicht an. Richtig ist die Schreibweise:

```
public class Zweitausgabe
```

Hingegen haben Sie die Freiheit, die Schreibweise bei den Namen, die Sie als Programmierer vergeben, selbst zu bestimmen. Es gibt jedoch einige **Konventionen**, an die Sie sich halten sollten, damit andere Ihre Programme auch gut lesen können:

- Klassennamen beginnen mit Großbuchstaben (Beispiele: Erstausgabe. String. IntIO),

---

[3] Übersetzung und Ausführung gelingen nur, wenn in dem Ordner, in dem sich Zweitausgabe.java befindet, die Datei IntIO.class ebenfalls enthalten ist.

- Methodennamen beginnen mit Kleinbuchstaben (Beispiel: `writeln`). Eine Ausnahme bilden Konstruktorennamen, da sie stets so heißen wie ihre Klasse und deshalb mit einem Großbuchstaben beginnen

- Variablennamen beginnen mit Kleinbuchstaben (Beispiel: `inout`)

3-2   Die Klasse `IntIO` ist vielfach verwendbar

Von den rund 15 Methoden, welche die Klasse `IntIO` zur Verfügung stellt, haben wir bisher nur eine genutzt. Dies ist eine häufig auftretende Situation in der OOP, dass von der umfangreichen Funktionalität einer Klasse in einer bestimmten Anwendung[4] nur ein kleiner Teil gebraucht wird. An einem weiteren Beispiel soll nun die Verwendung einiger weiterer Methoden von `IntIO` demonstriert werden.

Unser Programm `Drittausgabe` ist ein Schreiben eines Vaters an seinen Sohn, der Schwierigkeiten mit den Mathematikaufgaben in der Schule hat. Bild 3-4 zeigt die Ausgabe.

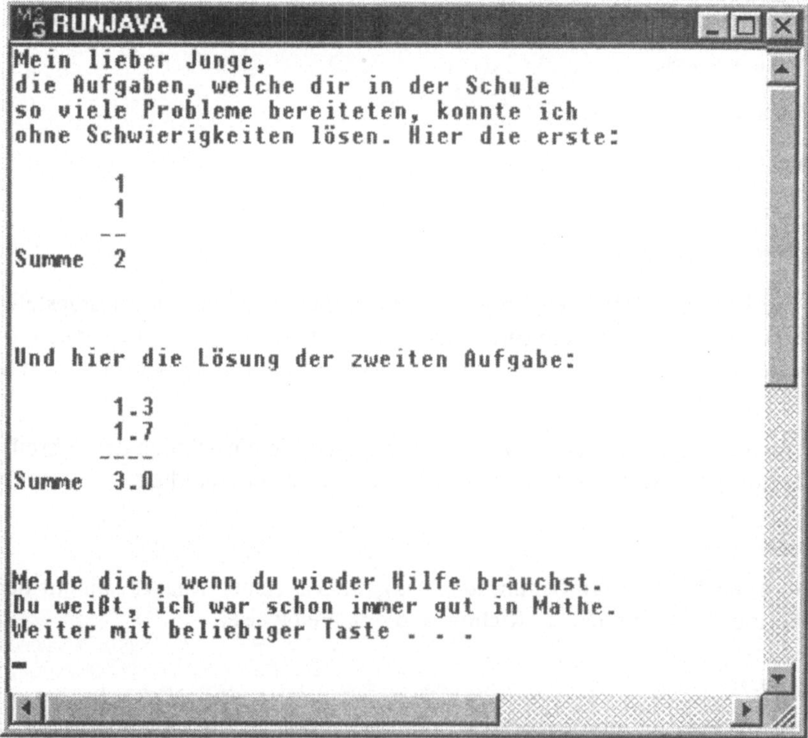

Bild 3-4:   Ausgabe des Programms `Drittausgabe`

---

[4] Das Wort „Anwendung" wird in der Informatik im Sinne von „Anwendungsprogramm" benutzt. Man versteht darunter ein Programm, das für Endanwender gedacht ist (im Gegensatz zu einem Systemprogramm). Alle Beispiele, die wir hier betrachten, sind Anwendungsprogramme.

Die Zusammenarbeit zwischen den Objekten ähnelt der Zusammenarbeit in den bereits bekannten Programmen Erstausgabe und Zweitausgabe: in der Klasse Drittausgabe wird mit Hilfe des Konstruktors ein Objekt der Klasse IntIO erzeugt, das im Anschluss daran Aufträge zur Ausgabe von Daten auf den Bildschirm übernimmt.

Die ersten Zeilen des Quelltexts sind Ihnen ohne weitere Erläuterungen verständlich, weil dort nur die aus den vorherigen Programmen bekannte Methode writeln, die einen String ausgibt, benutzt wird.

```
public class Drittausgabe
{
  static public void main(String[] args)
  { IntIO io = new IntIO();

    io.writeln("Mein lieber Junge.");
    io.writeln("die Aufgaben, welche dir in der Schule ");
    io.writeln("so viele Probleme bereiteten, konnte ich ");
    io.writeln("ohne Schwierigkeiten lösen. Hier die erste:");
    io.writeln();
    io.writeln(1, 8);
    io.writeln(1, 8);
    io.writeln("          ");
    io.write("Summe");
    io.writeln(1 + 1, 3);
    io.advance(3);
    io.writeln("Und hier die Lösung der zweiten Aufgabe:");
    io.writeln();
    io.writeln(1.3, 10, 1);
    io.writeln(1.7, 10, 1);
    io.writeln("      ----");
    io.write("Summe");
    io.writeln(1.3 + 1.7, 5, 1);
    io.advance(3);
    io.writeln("Melde dich, wenn du wieder Hilfe brauchst.");
    io.writeln("Du weißt, ich war schon immer gut in Mathe.");
  }
}
```

Neu ist der Aufruf io.writeln() mit einer leeren Parameterklammer. Diese Methode gibt keinen Text aus, sondern nur einen Zeilenvorschub. Ihr Aufruf dient also der übersichtlichen Gestaltung der Ausgabe.

Beachten Sie, dass es sich hier um eine andere Methode handelt als bei dem vorher angewandten writeln zur Ausgabe eines Strings. Es ist in Java durchaus möglich, in einer Klasse mehrere Methoden mit demselben Namen zu programmieren. Sie müssen nur unterschiedliche Parameter haben, damit Compiler und Interpreter sie unterscheiden können.

Bei den Aufrufen io.writeln(1, 8) in den nächsten beiden Zeilen wird dementsprechend wieder eine andere Methode dieses Namens bemüht. Bei ihrem Aufruf werden zwei Parameter übergeben, die durch ein Komma voneinander getrennt werden. Beide Parameter sind ganze Zahlen. Die erste der beiden Zahlen soll von der Methode auf dem Bildschirm ausgegeben werden, bei der zweiten handelt es sich um einen Formatierungsparameter. Konkret bedeutet `io.writeln(1, 8)`, dass die Zahl 1 in insgesamt 8 Spalten rechtsbündig ausgegeben wird. Danach erfolgt ein Zeilenvorschub.

Der Auftrag `io.write("Summe")` veranlasst das Objekt `io`, die Zeichenkette „Summe" auszugeben, ohne hinterher einen Zeilenvorschub zu machen. Der wäre an dieser Stelle unangebracht, weil nach diesem Wort der Wert der Summe ausgegeben werden soll.

Dies erledigt der nächste Auftrag `io.writeln(1 + 1, 3)` bei dem wieder die Methode `writeln` benutzt wird, welche eine ganze Zahl rechtsbündig in einer bestimmten Anzahl von Spalten ausgibt. Beachten Sie, dass der schlaue Vater nicht selbst gerechnet hat, sondern dies dem Java-Interpreter überlassen hat, indem er nicht das Ergebnis der Rechnung (2) als Parameterwert eingesetzt hat, sondern den Rechenausdruck 1 + 1.

Der Auftrag `io.advance(3)` dient wieder der Formatierung. Er führt zu drei unmittelbar hintereinander ausgeführten Zeilenvorschüben. Dies ist natürlich bequemer, als dreimal nacheinander die Anweisung `io.writeln()` hinzuschreiben.

Der Rest des Programms ähnelt dem ersten Teil. Es wird eine zweite Rechnung ausgegeben, bei der es sich jetzt aber nicht mehr um Ganzzahlen, sondern um „Kommazahlen" handelt[5].

Bei der Anweisung `io.writeln(1.3, 10, 1)` werden gleich drei Parameterwerte übergeben, von denen die erste eine Gleitpunktzahl (Datentyp `double`) ist. Die beiden anderen sind Ganzzahlen (Datentyp `int`) und dienen der Formatierung. Stehen dort die Werte 10 und 1, so wird die Gleitpunktzahl in insgesamt 10 Spalten mit einer Nachkommastelle rechtsbündig ausgegeben.

Aufgaben

Aufgabe 3-3

Lesen Sie im Referenzteil die Passagen über die primitiven numerischen Datentypen. Welche Operationen sind neben der Addition, die in `Drittausgabe` verwendet wurde, noch für diese Datentypen vorgesehen?

Aufgabe 3-4

Welchen Zweck verfolgt man wohl damit, in Java mehrere ganzzahlige Datentypen zu unterscheiden?

Aufgabe 3-5

Schreiben Sie in Anlehnung an `Drittausgabe` selbst ein Programm `Viertausgabe`, in dem Sie Rechenaufgaben mit anderen Operatoren als der Addition oder verschiedenen Operatoren präsentieren.

---

[5]   Das Wort Kommazahlen ist in Anführungszeichen gesetzt, weil zur Trennung des ganzzahligen Teils vom Rest nicht ein Komma, sondern ein Punkt verwendet wird. Eigentlich müsste es Punktzahl heißen bzw. genauer Gleitpunktzahl, weil je nach Größe der Zahl der Punkt an einer anderen Stelle stehen kann.

Aufgabe 3-6

Strings (Zeichenketten) bestehen aus beliebigen Zeichen, können also auch Ziffern enthalten. Wenn man die Anweisung

```
io.writeln(1. 8)
```

in Drittausgabe durch

```
io.writeln("      1")
```

ersetzte, würde man auf dem Bildschirm dieselbe Anzeige sehen. Könnte man auch die Anweisung

```
io.writeln(1 + 1. 3)
```

durch die Anweisung

```
io.writeln(" 1" + "1")
```

ersetzen, ohne dass sich die Ausgabe verändern würde?

Probieren Sie bitte, unabhängig von Ihrer Antwort, die Anweisung aus. Versuchen Sie das Ergebnis durch Nachschlagen im Referenzteil zu erklären.

3.3   Methoden benutzen, die Werte zurückliefern

Das Programm Caesar verschlüsselt einen Text nach einer Methode, die schon Caesar im gallischen Krieg zur Übermittlung geheimer Botschaften eingesetzt haben soll.

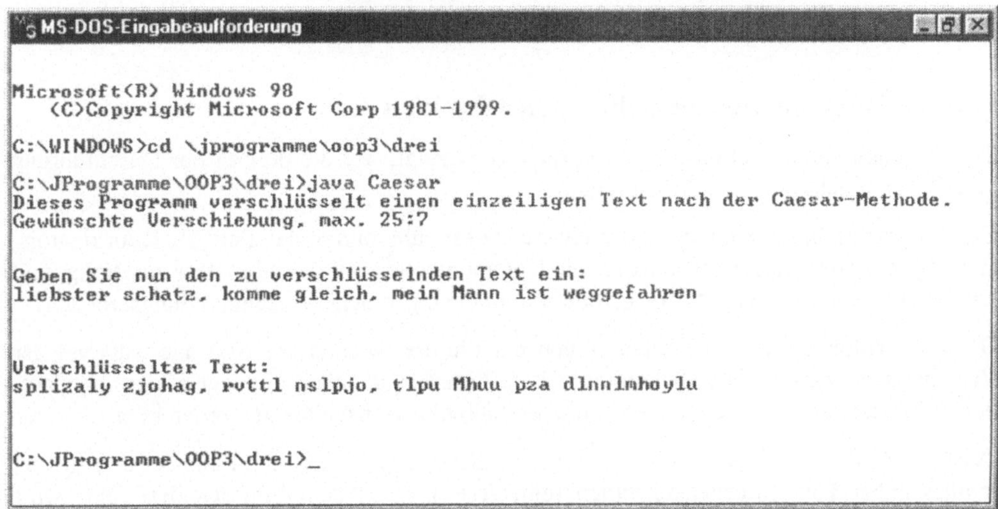

Bild 3-5: Ein- und Ausgabe des Programms Caesar

Dabei wird einfach jeder Kleinbuchstabe um eine bestimmte Anzahl von Stellen (Versatz) in der Ordnung des Alphabets verschoben. Bei einem Versatz von 2 wird demnach aus a der Buchstabe c, aus b wird d, usw. Damit auch die letzten Buchstaben codiert werden können, fängt man dort wieder am Anfang des Alphabets an. Aus y wird a, und aus z wird b.

Die Klasse Chiffrierer

Das Verschlüsseln ist zwar nicht allzu schwierig zu programmieren, aber ganz am Anfang Ihrer Programmiererlaufbahn wären Sie damit doch etwas überfordert. Wir benützen deshalb eine bereits fertig programmierte Klasse Chiffrierer, welche Methoden zum Verschlüsseln (Chiffrieren) und Entschlüsseln (Dechiffrieren) bereitstellt. Wie bei IntIO auch, werden wir das Innere dieser Klasse nicht betrachten.

Die Klasse hat einen Konstruktor, mit dessen Hilfe der Versatz eingestellt werden kann, und darüber hinaus vier Methoden:

- zwei Methoden mit dem Namen chiffriere, von denen die eine einen einzelnen Buchstaben verschlüsselt, die andere eine ganze Textzeile, im Java-Jargon also einen String,

- dazu passend zwei Methoden mit dem Namen dechiffriere, welche den verschlüsselten Text wieder in Klartext zurück übersetzen.

Verschlüsselung und Entschlüsselung werden von einem Chiffrierer-Objekt mit dem Versatz durchgeführt, der dem Konstruktor beim Erzeugen des Objekts übergeben wurde. Nur Text in Kleinbuchstaben wird ver- bzw. entschlüsselt. Kommen andere Zeichen im Text vor, werden sie nicht verändert.

Von den vier Methoden werden wir zunächst nur die Methode chiffriere verwenden, welche eine ganze Textzeile auf einmal verschlüsselt.

Die Zusammenarbeit zwischen den Objekten

Das folgende Kollaborationsdiagramm (Bild 3-5) zeigt, wie die drei an der Durchführung beteiligten Objekte sich die Arbeit teilen.

Das Programmobjekt, ein Objekt der Klasse Caesar, übernimmt den Part des Koordinators. Ein Objekt io der Klasse IntIO ist für die Kommunikation mit dem Benutzer zuständig, und ein Objekt c der Klasse Chiffrierer übernimmt die eigentliche Verschlüsselungsarbeit.

Die Beschriftungen an den Pfeilen zeigen nur die drei wichtigsten Aufträge während der Verarbeitung. Das Objekt io bekommt weitere Aufträge, die aber vorwiegend der übersichtlichen Gestaltung der Ausgabe dienen und deshalb hier vernachlässigt werden können.

Der erste Auftrag wird an io erteilt und fordert dieses Objekt auf, vom Benutzer den zu verschlüsselnden Text entgegenzunehmen (einzulesen). Nach dem Einlesen des Texts wird dieser dem Chiffrierer-Objekt zur Verschlüsselung übergeben. Danach erfolgt an io ein weiterer Auftrag, jetzt mit dem Inhalt, dem Benutzer den verschlüsselten Text auf dem Bildschirm anzuzeigen.

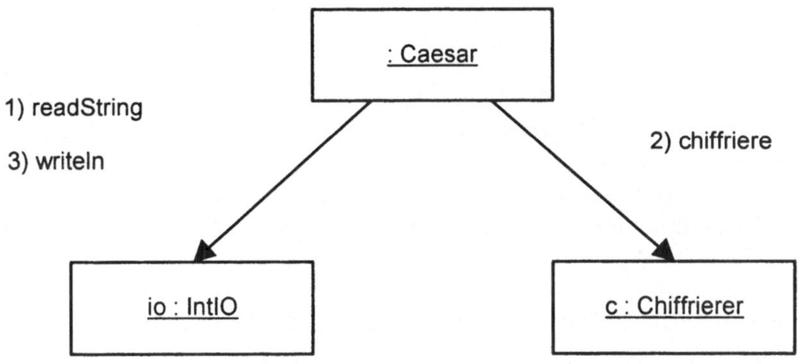

Bild 3-5: Kollaborationsdiagramm

Die beiden Aufträge readString und chiffriere unterscheiden sich von dem Auftrag writeln und allen bisher besprochenen Aufträgen in einem wichtigen Punkt: der Beauftragte muss dem Auftraggeber, hier dem Caesar-Objekt, ein Ergebnis liefern. Bei readString ist es der vom Benutzer eingelesene Klartext, bei chiffriere das Ergebnis der Verschlüsselung.

Die Klasse Caesar

Zur besseren Übersicht ist der folgende Quelltext durch Kommentare in vier Phasen unterteilt. Davon sind die Phasen 1 bis 3 im obigen Kollaborationsdiagramm berücksichtigt.

```
public class Caesar
{
  public static void main(String[] args) throws Exception
  {
    IntIO io = new IntIO();                              //Phase 0

    io.writeln("Dieses Programm verschlüsselt einen " +
            "einzeiligen Text nach der Caesar-Methode.");
    int versatz = io.readInt("Gewünschte Verschiebung, max. 25:");
    Chiffrierer c = new Chiffrierer(versatz);

    io.advance(2);                                       //Phase 1
    io.writeln("Geben Sie nun den zu verschlüsselnden Text ein:");
    String s = io.readString("");

    io.advance(3);                                       //Phase 2
    io.writeln("Verschlüsselter Text:");
    String d = c.chiffriere(s);

    io.writeln(d);                                       //Phase 3
    io.advance(2);
```

```
    }
  }
```

In **Phase 0** werden die beiden Objekte erzeugt, an die der Koordinator in den folgenden Phasen Aufgaben delegiert. Bei der Erzeugung des `Chiffrierer`-Objekts wird dem Konstruktor eine Ganzzahl als Parameter mitgegeben. Es handelt sich um den Versatz, den das Objekt bei allen Verschlüsselungsaufträgen zugrunde legen soll. Dieser Versatz wird, wie vorher schon aus der Bildschirmdarstellung ersichtlich, vor dem Aufruf des Konstruktors vom Benutzer abgefragt. Die Anweisung

```
int versatz = io.readInt("Gewünschte Verschiebung, max. 25:")
```

bewirkt zunächst, dass eine Variable `versatz` deklariert wird (Teil links vom =) und veranlasst `io`, den in Klammern angegebenen Text als Eingabeaufforderung an den Benutzer auszugeben und danach die Ganzzahl entgegenzunehmen (Teil rechts vom =). Der eingelesene Wert wird sodann der Variablen `versatz` zugewiesen (das =).

Bitte beachten Sie, dass die Variablendeklaration und die Wertzuweisung nötig sind, damit das Programm mit diesem Wert arbeiten kann. Die Anweisung

```
io.readInt("Gewünschte Verschiebung, max. 25:")
```

alleine reicht nicht aus. Sie bewirkt zwar, dass `io` den Wert vom Benutzer einliest, aber dieser Wert könnte vom Auftraggeber, dem Programmobjekt, nicht aufgenommen werden, weil dafür kein Platz vorgesehen ist. Erst die Deklaration der Variablen `versatz` schafft diesen Platz, die Zuweisung bewirkt dann, dass der von `io` gelieferte Wert dort abgelegt wird.

Beachten Sie im Text von Phase 0 bitte auch den Parameter der Anweisung

```
io.writeln("Dieses Programm verschlüsselt einen " +
           "einzeiligen Text nach der Caesar-Methode.");
```

die sich über zwei Zeilen erstreckt. Hier wird der Operator + verwendet, der hier zwei Strings zu einem neuen, längeren String verbindet (s. Aufgabe 3-6).

Die Anweisung

```
String s = io.readString("");
```

in **Phase 1** ähnelt der Anweisung von Phase 0 zum Einlesen des Versatzes. Während dort aber eine Ganzzahl eingelesen wurde, handelt es sich hier um einen String (den zu verschlüsselnden Klartext). Auch bei der Methode `readString` ist vorgesehen, dass der Wortlaut der Eingabeaufforderung als Parameter mitgegeben wird. Hier wird jedoch nur ein leerer String "" übergeben, weil die Eingabeaufforderung schon vorher ausgegeben wurde. Es wäre nicht möglich gewesen, den Parameter einfach wegzulassen, weil die einzige Methode mit dem Namen `readString` in `IntIO` auf den Empfang eines Parameters eingestellt ist.

In **Phase 2** wird das `Chiffrierer`-Objekt c mit der Anweisung `chiffriere` beauftragt, den Klartext, der in der Variablen s zwischengespeichert ist, zu verschlüsseln. Das Ergebnis des

Auftrags wird einer Stringvariablen d zugewiesen. **Phase 3** enthält den Auftrag an io, den Inhalt von d auf dem Bildschirm auszugeben.

Als wichtigsten Punkt dieses Abschnitts wollen wir festhalten:

> *Werden Methoden aufgerufen, welche ein Ergebnis zurückliefern, so muss der Auftraggeber Vorsorge treffen, das Ergebnis aufzunehmen. Dies kann durch Zuweisung an eine deklarierte Variable geschehen.*

Dem aufmerksamen Leser wird aufgefallen sein, dass sich die Kopfzeile der Methode main gegenüber den vorhergegangenen Beispielen verlängert hat. Das Anhängsel throws Exception besagt, dass innerhalb der Methode Operationen durchgeführt werden, welche einen Ausnahmezustand hervorrufen könnten. Es handelt sich hierbei um die Einleseoperationen, die im Verlauf von io.readInt() und io.readString(...) abgewickelt werden. Einleseoperationen sind grundsätzlich „gefährlich", nicht nur, weil der Benutzer etwas eingeben könnte, worauf das Programm nicht vorbereitet ist, sondern auch, weil aufgrund ungünstiger Einstellungen im Betriebssystem die eingegebenen Daten dem Java-Interpreter in einer Form übergeben werden könnten, die jener nicht verkraftet.

Aufgaben

Aufgabe 3-7

Schreiben Sie ein Programm zur *Entschlüsselung* einer Textzeile. Beachten Sie bei der Übersetzung und der Ausführung, dass sich die Datei Chiffrierer.class in demselben Verzeichnis befinden muss wie Ihr Programm.

Aufgabe 3-8

Schreiben Sie ein Programm, mit dem Sie testen können, ob richtig verschlüsselt und entschlüsselt wird. Der verschlüsselte Text soll dem Chiffrierer-Objekt wieder zu Entschlüsseln übergeben werden. Es muss sich dann wieder der Klartext ergeben.

3.4   Hilfsklassen programmieren

Sie haben jetzt bereits mehrere Programme kennengelernt, die aus zwei oder drei Klassen bestanden. Eine der Klassen war darin jeweils als Koordinator tätig. Es handelte sich um die Klassen Erstausgabe, Drittausgabe und Caesar. Von diesen Klassen haben wir den Quelltext näher betrachtet und festgestellt, dass sie alle ähnlich aufgebaut sind: sie enthalten die Methode main, von der Sie wissen, dass sie das Programmstück ist, welches ausgeführt wird, wenn der Benutzer des Rechners das Programm aufruft.

Jedes Java-Programm wird durch den Aufruf einer Klasse gestartet, welche die Methode main enthält. Solche Klassen wollen wir **ausführbare Klassen** nennen. Die übrigen beteiligten Klassen, wie IntIO oder Chiffrierer, kamen ins Spiel, ohne dass der Benutzer hierfür etwas tun musste. Wir wissen warum: die Objekte wurden vom Programm selbst in der Methode main erzeugt und danach mit Aufträgen bedacht.

Vielleicht haben Sie schon einmal absichtlich oder versehentlich versucht, die Klasse IntIO oder die Klasse Chiffrierer ausführen zu lassen. Dabei haben Sie feststellen müssen, dass dies nicht geht. Der Grund ist, dass diese Klassen nicht mit der Methode main ausgestattet wurden, weil sie von vornherein nicht selbstständig ausgeführt werden sollten, sondern nur zur Unterstützung der anderen Klassen angelegt waren.

Man könnte solche Klassen wegen ihrer Unselbstständigkeit als **Hilfsklassen** bezeichnen, wie das in der Überschrift dieses Abschnitts auch getan wurde. Allerdings tut man ihnen dabei etwas Unrecht, weil in diesen Klassen häufig die eigentlich wichtigen Teile der Programmaufgaben erledigt werden. Besser passt wohl, obgleich etwas unhandlich, der Name **nicht ausführbare Klasse**. Die meisten der Klassen, welche in Bibliotheken zur Verfügung gestellt werden, sind von dieser Art.

> *Ausführbare Klassen enthalten die Methode* main, *in nicht ausführbare Klassen ist diese Methode nicht enthalten.*

Nicht alle ausführbaren Klassen sind so einfach gebaut wie die bisher betrachteten. Sie werden später ausführbare Klassen kennenlernen, welche neben der Methode main noch weitere Methoden besitzen.

Die nicht ausführbaren Klassen haben wir bisher nur von außen betrachtet. Für den Programmierer, der bereits fertig programmierte Bibliotheksklassen innerhalb seiner eigenen Entwicklungen einsetzen will, ist es pure Zeitverschwendung, in das Innere dieser Klassen zu blicken. Oft ist es auch gar nicht möglich, wenn nur die Klassendateien zur Verfügung stehen.

Kein Entwickler kommt aber daran vorbei, selbst nicht ausführbare Klassen zu schreiben. Wir werden daher in diesem Abschnitt eine solche Klasse im Detail betrachten. Als Beispielanwendung verwenden wir ein **Programm zur Umrechnung von Eurobeträgen in Dollarbeträge**, dessen Kollaborationsdiagramm Sie bereits im zweiten Kapitel kennengelernt haben.

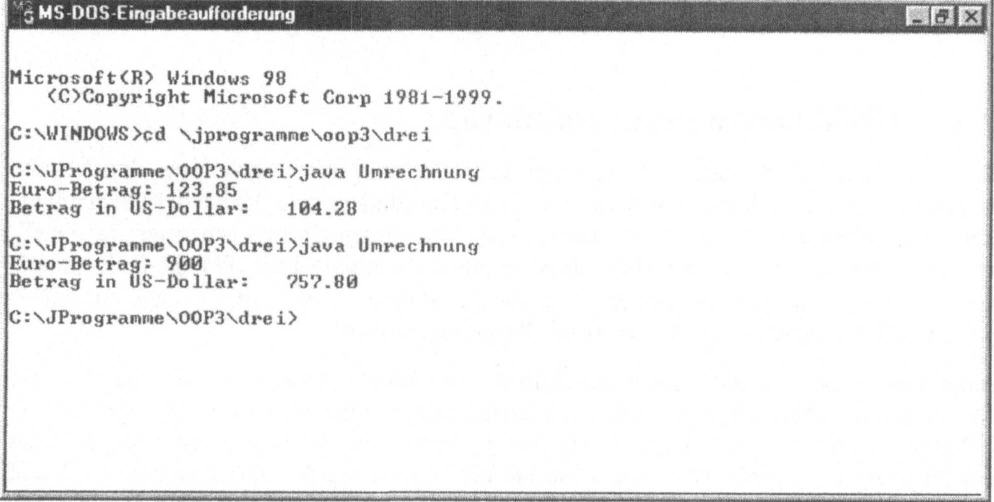

Bild 3-6: Ein- und Ausgabe des Programms Umrechnung

Die Benutzeroberfläche des Umrechnungsprogramms

Sie ist denkbar einfach (Bild 3-6). Nach dem Start wird der Benutzer zur Eingabe des umzurechnenden Eurobetrags aufgefordert. Es wird eine Gleitpunktzahl akzeptiert. Unmittelbar nach deren Eingabe wird der Dollarbetrag, der sich daraus ergibt, mit zwei Stellen hinter dem Dezimalpunkt ausgegeben.

Die Zusammenarbeit zwischen den Objekten

Es sind Objekte dreier Klassen beteiligt. Die ausführbare Klasse Umrechnung nimmt die Aufgabe des Koordinators wahr. Ein Objekt io der Klasse IntIO besorgt in gewohnter Weise die Kommunikation mit dem Benutzer, und ein Objekt w der Klasse Waehrungsrechner verrichtet die eigentliche Umrechnungsarbeit.

Die Klasse Waehrungsrechner hat einen Konstruktor, dem beim Aufruf der Umrechnungskurs als Parameter übergeben wird. Dementsprechend können aus dieser Klasse Objekte zur Umrechnung von Euro in jede beliebige Währung erzeugt werden.

Neben dem Konstruktor stellt die Klasse zwei Methoden zur Verfügung, von denen in unserem Umrechnungsprogramm nur die erste genutzt wird:

- inFremd rechnet einen als Parameter übergebenen Eurobetrag in Fremdwährung um. Der Umrechnung liegt der vorher dem Konstruktor übergebene Kurs zugrunde.

- inEuro verwandelt einen als Parameter mitgegebenen Fremdwährungsbetrag in einen Eurobetrag.

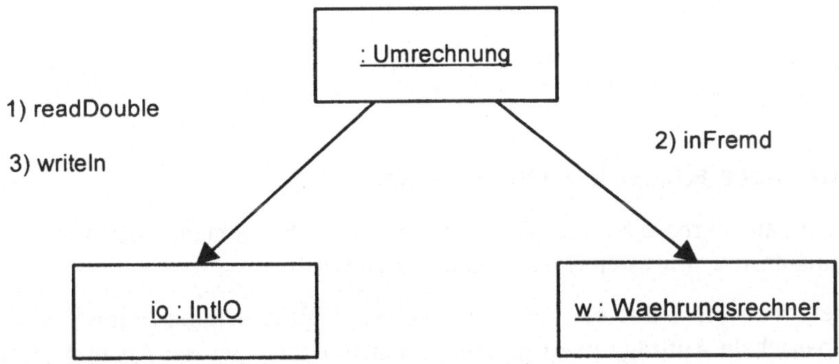

Bild 3-7: Kollaborationsdiagramm

Die Verarbeitung geschieht in drei Schritten: Mit dem Aufruf einer bisher noch nicht angewandten Methode readDouble der Klasse IntIO wird io beauftragt, eine Eingabeaufforderung auszugeben, die vom Benutzer eingegebene Zahl entgegenzunehmen und sie dem Auftraggeber, dem Programmobjekt, zu übergeben. Dieses beauftragt daraufhin das Waehrungsrechner-Objekt w, den Betrag umzurechnen. Die dafür vorgesehene Methode ist inFremd. Zum Schluss ergeht der Auftrag an io, das Ergebnis auszugeben.

Die ausführbare Klasse Umrechnung

Neu am untenstehenden Quelltext ist der vorangestellte **mehrzeilige Kommentar**, für den die Begrenzer /* und */ verwendet werden.

Ansonsten ähnelt diese Klasse im Aufbau der Klasse Caesar aus dem vorhergehenden Abschnitt. Zunächst werden die beiden Objekte io und w erzeugt. Beim Aufruf des Konstruktors Waehrungsrechner wird als Parameter der Kurs (in Fremdwährungseinheiten für einen Euro) mitgegeben, zu welchem das Objekt w umrechnen soll.

Der von readDouble zurückgelieferte Eurobetrag wird einer Variablen d vom Typ double zugewiesen. Danach erfolgt der Auftrag inFremd an w, bei dem diese Variable als Parameter mitgegeben wird. Das Ergebnis dieses Auftrags wird der double-Variablen f zugewiesen. Danach erfolgt nur noch die Ausgabe auf dem Bildschirm, wobei für die Darstellung der Gleitpunktzahl mit zwei Nachkommastellen die bereits aus Drittausgabe bekannte Version der Methode writeln benutzt wird, welche als zweiten Parameter die Gesamtbreite der Ausgabe, als dritten Parameter die Anzahl der Nachkommastellen übergeben bekommt.

```
/* Programm, das einen vom Benutzer einzugebenden Eurobetrag
   in Dollar umrechnet.
*/
public class Umrechnung
{
  public static void main(String[] args) throws Exception
  { IntIO io = new IntIO();
    Waehrungsrechner w = new Waehrungsrechner(0.842);
    double d = io.readDouble("Euro-Betrag: ");
    double f = w.inFremd(d);
    io.write("Betrag in US-Dollar: ");
    io.writeln(f,8,2);
  }
}
```

Die nicht ausführbare Klasse Waehrungsrechner

Da dies die erste nicht ausführbare Klasse ist, deren Inneres wir betrachten, wollen wir eine kleine Vorüberlegung anstellen, was uns hier wohl erwarten wird.

Ein Programm wie Umrechnung, das ein Waehrungsrechner-Objekt benutzt, nimmt dessen Dienste über sehr pauschale Aufträge in Anspruch, in denen nichts über die Art und Weise ausgesagt wird, in der diese Aufträge ausgeführt werden sollen. Auch der vorherige Aufruf des Konstruktors zum Erzeugen des Objekts enthält keinerlei Details. Dem Konstruktor wird der Kurs übergeben unter der Annahme, dass dieser dann der Umrechnung zugrunde gelegt wird. Wie das im Einzelnen geschehen soll, wie sich das neu geschaffene Objekt den Kurs merken soll, das alles überlässt der Auftraggeber dem Auftragnehmer.

Im Quelltext von Waehrungsrechner müssen diese Details behandelt werden. Hier finden wir die Anleitungen, nach denen ein Waehrungsrechner-Objekt verfährt, wenn es den Auftrag inFremd oder inEuro erhält. Und wir finden hier auch eine Regelung, wie mit dem im Konstruktor übergebenen Kurs zu verfahren ist.

Weil Objekte vom Typ Waehrungsrechner nicht nur im Programm Umrechnung eingesetzt werden sollen, sondern auch in anderen Programmen, in denen ein Objekt mit Fähigkeiten zur Währungsumrechnung gebraucht wird, können wir erwarten, dass diese Beschreibungen in einer Form gegeben werden, die **unabhängig von der konkreten Einsatzumgebung** sind.

Nun aber zum Quelltext:

```
/* Klasse. die Methoden zum Umrechnen von Fremdwährungsbeträgen
   in Euro und von Eurobeträgen in Fremdwährung zur Verfügung stellt.
*/
public class Waehrungsrechner
{
  public Waehrungsrechner(double k)
  { kurs = k:
  }
//---------------------------------------------
  public double inEuro(double fremdBetrag)
  { return fremdBetrag / kurs:
  }

  public double inFremd(double euroBetrag)
  { return euroBetrag * kurs:
  }
//---------------------------------------------
  private double kurs:        // 1 € =
}
```

Der Quelltext beginnt, wie bei den bereits bekannten Texten ausführbarer Klassen auch, mit einer **Überschrift** bzw. **Kopfzeile.** Auch die geschweiften Klammern, welche die ganze Beschreibung der Klasse (den **Rumpf** der Beschreibung) einschließen, finden sich hier.

Nicht erstaunlich ist, dass wir innerhalb dieses Rumpfs keine Methode namens main finden, denn Waehrungsrechner ist keine ausführbare Klasse.

Im Rumpf können wird drei Bereiche unterscheiden, die zur besseren Übersicht durch Kommentarlinien voneinander getrennt sind. Wir besprechen Sie in den folgenden Abschnitten.

Konstruktor

Oberhalb der ersten Kommentarlinie befindet sich die Beschreibung des Konstruktors. Sie besteht aus der Kopfzeile public Waehrungsrechner (double k) und einem Rumpf, der zwischen einem Paar geschweifter Klammern steht.

Sie wissen bereits, dass ein Konstruktor genau so heißt wie seine Klasse. Waehrungsrechner ist demnach der Name der Konstruktormethode. Das vor dem Namen stehende Wort public ist eine **Zugriffsspezifikation**, die besagt, dass diese Methode von jeder anderen Klasse aus aufgerufen werden kann. Es gibt andere Zugriffsspezifikationen, welche den Zugriff einschränken können. Dazu später.

Die Klammer (double k) am Ende der Kopfzeile besagt, dass der Konstruktor von der aufrufenden Stelle einen Parameterwert vom Typ double unter dem Namen k entgegennimmt.

Im Rumpf des Konstruktors wird der übergebene Parameterwert einer Variablen kurs zugewiesen.

Eine Instanzenvariable

Die Variable kurs ist unterhalb der letzten Kommentarzeile deklariert. Man nennt eine solche Variable **Objektvariable** oder **Instanzenvariable**. Instanzenvariablen bezeichnen Daten, die für jedes Objekt separat gehalten werden. Wir könnten, wenn wir in einem Programm mehrere Waehrungsrechner-Objekte verwenden wollten, demnach jedes mit einem anderen Kurs ausstatten. Jedes der Objekte würde sich seinen Umrechnungskurs unter dem Namen kurs merken, ohne dass die Werte der verschiedenen Objekte durcheinander kommen würden.

Die Instanzenvariable kurs ist nicht mit der Zugriffsspezifikation public versehen, sondern mit private. Das bedeutet, dass von außerhalb der Klasse Waehrungsrechner nicht darauf zugegriffen werden kann. Der Wert der Variablen ist sozusagen Privatsache des Objekts. Man könnte also z.B. aus der Klasse Umrechnung heraus nicht den Kurs lesen, zu dem das Objekt w umrechnet.

Weshalb man hier diese Geheimniskrämerei treibt, wollen wir später diskutieren. Einstweilen sei versichert, dass dadurch kein Schaden entsteht. Alles, was das Programmobjekt von w will, kann es durch Aufruf von Methoden erreichen. Und den Umrechnungskurs weiß es selbst; es hat ihn schließlich beim Aufruf des Konstruktors übergeben.

Innerhalb des Objekts selbst hat die Spezifikation private keine einschränkende Wirkung. Es kann von jeder Methode aus darauf zugegriffen werden.

Wir halten fest: nachdem im Konstruktor der vom Auftraggeber übermittelte Kurs der Instanzenvariablen kurs zugewiesen wurde, steht dieser Wert allen Methoden zur Verfügung.

Methoden

Zwischen dem Konstruktor und der Instanzenvariablen sind die beiden Methoden inEuro und inFremd beschrieben bzw. deklariert.

In der Kopfzeile

```
public double inEuro(double fremdBetrag)
```

ist inEuro der vom Programmierer gewählte Name der Methode.

Die Spezifikation public besagt auch hier, dass die Methode keinen Zugriffsbeschränkungen unterliegt.

Der Eintrag double fremdBetrag in der Klammer hinter dem Namen gibt an, dass beim Aufruf der Methode ein Parameterwert vom Typ double mitgegeben wird, der von der Methode selbst unter dem Namen fremdBetrag in Empfang genommen wird.

Das Wort double vor dem Methodennamen ist ein Hinweis darauf, dass die Methode dem Auftraggeber ein Ergebnis liefert. Dieses Ergebnis, der Betrag in Euro, ist vom Typ double.

Der Rumpf der Methode ist sehr kurz. Er besteht nur aus der einzigen Zeile

```
return fremdBetrag / kurs;
```

Das Wort *return* hat in der englischen Umgangssprache sowohl die Bedeutung von *zurückkehren* als auch die von *zurückgeben*. Das ist in Java nicht anders. Zum Einen besagt die Anweisung, dass an dieser Stelle die Verarbeitung der Methode abgebrochen, zum Anderen, dass der Wert des dahinter stehenden Ausdrucks, also `fremdbetrag / kurs`, an den Auftraggeber geliefert werden soll.

Die zweite Methode ist ähnlich aufgebaut und müsste deshalb ohne weitere Erläuterungen verständlich sein.

Im Gegensatz zur Instanzenvariablen `kurs` sind die beiden Methoden mit der Spezifikation `public` ausgestattet und daher zum unbeschränkten Zugriff freigegeben. Etwas anderes würde hier auch keinen Sinn machen, weil man ja die Dienste des `Waehrungsrechner`-Objekts aus `Umrechnung` und anderen Klassen heraus nutzen will. Generell ist es aber möglich, auch Methoden als `private` zu spezifizieren und sie damit dem Zugriff von außerhalb der Klasse zu entziehen. Man tut dies gewöhnlich bei Hilfsmethoden, welche nur von anderen Methoden innerhalb der Klasse aufgerufen werden.

Reihenfolge der Bestandteile einer Klassenbeschreibung

Grundsätzlich ist die Reihenfolge, in der die Elemente einer Klassenbeschreibung angeordnet werden, dem Programmierer freigestellt. Es wäre z.B. auch möglich gewesen, die Deklaration der Instanzenvariablen ganz an den Anfang der Beschreibung zu stellen. Verschiedene Programmierer haben hier unterschiedliche Ordnungsprinzipien. Das Prinzip, das in diesem Buch verwendet wird, ist im Referenzteil beschrieben.

Unabhängig davon, ob Sie dieses Prinzip oder ein anderes verwenden, sollten Sie aber die folgenden Punkte beachten:

- Wenden Sie in allen Programmen dasselbe Gliederungsschema an.

- Wenn mehrere Personen an einem Projekt mitarbeiten, sollte ein gemeinsames Gliederungsschema festgelegt werden.

Aufgaben

Aufgabe 3-9 (Analogie)

Im zweiten Kapitel wurde bereits darauf hingewiesen, dass sich die Zusammenarbeit der Objekte in einem Programm gut mit der Zusammenarbeit zwischen menschlichen Aufgabenträgern vergleichen lässt. Diese Analogie soll hier benutzt werden, um Ihnen die Details der Zusammenarbeit zwischen den Objekten besser verständlich zu machen.[6]

Stellen Sie sich hierzu einen Betrieb vor (z.B. eine Bank), der eine Abteilung für die Umrechnung von Eurobeträgen in Dollarbeträge hat. Der Abteilung steht eine Chefin vor, welche die Tätigkeit innerhalb der Abteilung koordiniert. Sie hat zwei Mitarbeiter, von denen

---

[6] Es funktioniert aber nur, wenn Sie ein gutmütiger Mensch sind.

der eine dafür zuständig ist, von den Kunden die umzurechnenden Beträge zu erfragen und ihnen das Ergebnis der Umrechnung mitzuteilen, der andere für die Umrechnung der Eurobeträge in Dollars.

Die beiden Mitarbeiter sind eigentlich überqualifiziert, weil bei ihrer Einstellung Tätigkeitsbeschreibungen zugrunde gelegt wurden, die mehr Tätigkeiten enthalten als jene, die sie momentan verrichten müssen. Lediglich die Chefin der Abteilung wurde nach einer Tätigkeitsbeschreibung eingestellt, die genau auf ihre Aufgaben in der Abteilung zugeschnitten ist.

In den beiden Kästen finden Sie die Tätigkeitsbeschreibungen für die Chefin und den Währungsrechner, dazwischen einen Dialog, der vor kurzem von einem Botenjungen aufgeschnappt wurde. Die Tätigkeitsbeschreibung IntIO für den zweiten Mitarbeiter, die im ersten Kasten erwähnt wird, ist nicht abgebildet. Sie ist ähnlich aufgebaut wie die Beschreibung Waehrungsrechner.

Und nun die Aufgabe für Sie: Setzen Sie die einzelnen Abschnitte der Tätigkeitsbeschreibungen zu den entsprechenden Passagen der Klassen-Quelltexte in Beziehung.

Arbeitsanweisung Umrechnung

Allgemeine Beschreibung des Verantwortungsbereichs

In der Abteilung Umrechnung werden Eurobeträge in Dollar umgerechnet.

Koordinationsschritte

1. Setzen Sie einen Mitarbeiter ein, der die Fähigkeiten zur Komminikation mit Kunden laut Arbeitsanweisung **IntIO** hat. Sagen Sie ihm, dass Sie ihn im Rahmen seiner beruflichen Tätigkeit mit **io** anreden werden.

2. Setzen Sie außerdem einen Mitarbeiter ein, der Währungsumrechnungen gemäß Arbeitsanweisung **Waehrungsrechner** durchführen kann. Setzen Sie ihn davon in Kenntnis, dass Sie ihn im Betrieb mit **w** ansprechen werden. Teilen Sie diesem Mitarbeiter bei dieser Gelegenheit auch mit, mit welchem **Umrechnungskurs** er arbeiten soll.

3. Weisen Sie **io** an, den Kunden nach dem umzurechnenden **€-Betrag** zu fragen. Der Kunde soll dabei auch **Kommazahlen** angeben können.

4. Notieren Sie den **€-Betrag**, den io Ihnen nennt, und legen Sie ihn im **Fach d** ab.

5. Holen Sie aus **Fach d** den dort abgelegten Betrag und übergeben Sie ihn an **w** mit dem Auftrag, diesen Betrag in Fremdwährung **umzurechnen**.

6. Notieren Sie das **Ergebnis** der Umrechnung, das Sie von w bekommen, und legen Sie es zur weiteren Verwendung im **Fach f** ab.

7. Holen Sie nun den Wert aus **Fach f** und geben Sie ihn an **io** mit dem Auftrag, ihn dem Kunden mitzuteilen, und zwar auf zwei Stellen hinter dem Komma genau.

Arbeitsanweisung Waehrungsrechner

Allgemeine Beschreibung des Verantwortungsbereichs

Der Stelleninhaber soll Fremdwährungsbeträge in € umrechnen und €-Beträge in Fremdwährungsbeträge.

Tätigkeiten bei Aufnahme der Arbeit

Der Kurs, zu dem umgerechnet werden soll, wird vom Auftraggeber (Chef) entgegengenommen und festgehalten. Dieser Kurs wird im Folgenden als **kurs** bezeichnet.

Umrechnung von Fremdwährungsbeträgen in €

Der Auftraggeber übergibt Ihnen den umzurechnenden Fremdwährungsbetrag. Im Folgenden wird dieser Betrag als **fremdBetrag** bezeichnet.

1. Teilen Sie fremdBetrag durch kurs.

2. Teilen Sie den Wert, der sich daraus ergibt, dem Auftraggeber mit.

Umrechnung von €-Beträgen in Fremdwährung

Der Auftraggeber übergibt Ihnen den umzurechnenden €-Betrag. Im Folgenden wird dieser Betrag als **euroBetrag** bezeichnet.

1. Multiplizieren Sie euroBetrag mit kurs.

2. Den Wert, der sich daraus ergibt, teilen Sie dem Auftraggeber mit.

Aufgabe 3-10 (L)

Schreiben Sie ein Programm Umrechnung2, das Beträge einer fremden Währung in Euro umrechnet.

Aufgabe 3-11 (L)

Schreiben Sie ein Programm Umrechnung3, das mehrere Währungsrechner enthält, von denen jeder für eine andere Währung zuständig ist. Das Programm soll einen vom Benutzer einzugebenden Eurobetrag in Dollar, Yen, Shekel, Zloty und Schwedenkronen umrechnen. Zeichnen Sie, bevor Sie mit dem Programmieren beginnen, ein Kollaborationsdiagramm.

Aufgabe 3-12

Ändern Sie Umrechnung so, dass der Benutzer die Zielwährung und den Währungskurs eingeben kann.

Aufgabe 3-13

Schreiben Sie ein Programm, das Temperaturwerte von Celsius in Fahrenheit umrechnet. Orientieren Sie sich hinsichtlich des Aufbaus am Währungsumrechnungsprogramm.

4

Steueranweisungen benutzen

In diesem Kapitel werden Sie Verzweigungen und Schleifen kennenlernen, die Steueranweisungen, ohne die ernsthafte Algorithmen nicht formuliert werden können. Da das Thema sehr umfangreich ist und seine volle Beherrschung etwas Eingewöhnungszeit erfordert, beschränkt sich dieses Kapitel auf eine erste Einführung. Später folgt dann eine Vertiefung.

Daneben ist das Kapitel noch in anderer Hinsicht interessant. Die darin verwendeten Beispiele und Aufgaben enthalten Objekte, deren Zustandsveränderungen im Verlauf der Verarbeitung sehr ausgeprägt sind. Damit unterstreichen diese Programme die schon im zweiten Kapitel angesprochenen Eigenschaften von Systemen. Verhalten und Zustand.

4.1 Verzweigungen

Verzweigungen werden benötigt, wenn der Fortgang der Verarbeitung vom Vorliegen bestimmter Bedingungen abhängig ist. Nahezu jeder nichttriviale Algorithmus enthält Verzweigungen, so dass es sehr wichtig ist, sicher damit umgehen zu können.

Die Verzweigung, manchmal auch „if-Anweisung" genannt, hat die allgemeine Form[1]

```
if ( Bedingung ) Anweisung1
else Anweisung2
```

Ist die Bedingung erfüllt, wird Anweisung 1 ausgeführt, im anderen Fall Anweisung 2. Niemals werden beide Wege zugleich beschritten (Bild 4-1), denn Anweisung 1 und Anweisung 2 sind Alternativen. Eine Verzweigung kann also **nicht** benutzt werden, um die parallele Ausführung von Vorgängen zu programmieren.

Folgen auf die Verzweigung noch weitere Anweisungen, so wird die Verarbeitung bei der ersten dieser Anweisungen fortgesetzt. Die Verzweigung gleicht also weniger einer Gabelung zweier Straßen, die von da an völlig getrennt voneinander verlaufen, sondern mehr einem kurzzeitigen Auseinanderlaufen, nach dem die beiden Zweige wieder vereint werden.

---

[1] Immer wenn im weiteren Verlauf des Buchs etwas kursiv mit äquidistanter Schrift geschrieben ist, bedeutet dies, dass Sie den betreffenden Text nicht wörtlich hinschreiben sollen, sondern dass hierfür etwas einzusetzen ist, in diesem Fall also eine konkrete Bedingung und zwei konkrete Anweisungen.

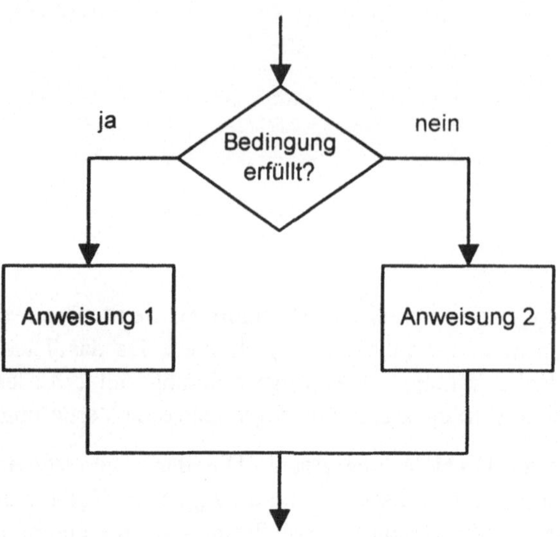

Bild 4-1:   Ablaufdiagramm der Verzweigung

Im einfachsten Fall enthalten die beiden Zweige **Einzelanweisungen**, wie im folgenden Programmfragment:

```
int a = io.readInt("Zahl 1: ");
int b = io.readInt("Zahl 2: ");

if (a > b) io.writeln("a ist größer als b");
else io.writeln("b ist mindestens so groß wie a");
```

Beachten Sie, dass auch innerhalb einer Verzweigung das Semikolon am Ende einer Einzelanweisung gesetzt werden muss.

Wenn in einem Zweig mehrere Einzelanweisungen auszuführen sind, so müssen diese mit einem Paar geschweifter Klammern zu einem **Block (Verbundanweisung)** zusammengefasst werden.

```
if (a > b)
{ io.writeln("Die erste der beiden eingegebenen");
  io.writeln("Zahlen ist größer als die zweite.");
}
else
{ io.writeln("Die zweite Zahl ist mindestens");
  io.writeln("so groß wie die erste.");
}
```

Die geschweiften Klammern wegzulassen, wie im folgenden Codefragment, ist ein häufiger Fehler von Programmieranfängern:

```
if (a > b)
```

```
    io.writeln("Die erste der beiden eingegebenen"); //Ende der If-Anweisung
    io.writeln("Zahlen ist größer als die zweite.");
  else
    io.writeln("Die zweite Zahl ist mindestens");
    io.writeln("so groß wie die erste.");
```

Dem menschlichen Leser suggerieren die Einrückungen, dass zu beiden Zweigen jeweils zwei Einzelanweisungen gehören. Der Compiler lässt sich davon leider nicht beeindrucken. Er stellt fest, dass die Verzweigung mit dem Semikolon der ersten Einzelanweisung nach der Bedingung zu Ende ist (Wie Sie weiter unten sehen werden, ist es möglich, eine Verzweigung ohne den else-Zweig zu schreiben). Das weiter unten stehende else erscheint ihm als der Beginn einer neuen und fehlerhaften Anweisung (else ohne vorangehendes if ist nicht zulässig).

Die unvollständige Verzweigung

Wenn der Zweck des Programms es nicht erfordert, kann man den else-Zweig auch weglassen. Man spricht dann von einer unvollständigen Verzweigung. Sie hat die allgemeine Form:

```
if ( Bedingung ) Anweisung
```

Während die vollständige Verzweigung einer kurzzeitigen Aufgabelung in zwei Teilstraßen gleicht, ist die unvollständige Verzweigung am Besten mit einem Umweg zu vergleichen, der nur unter bestimmten Bedingungen zu machen ist (Bild 4-2):

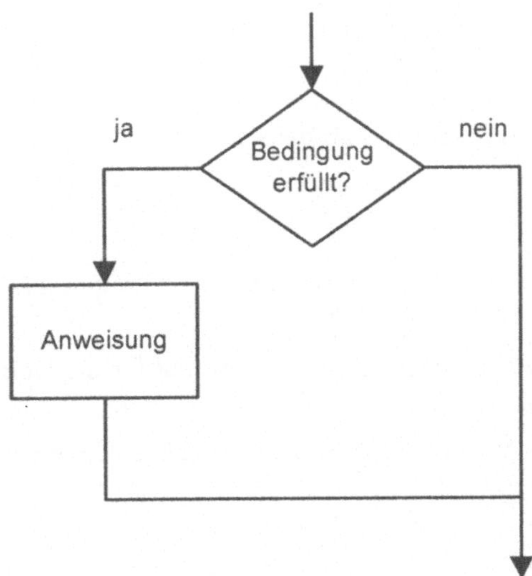

Bild 4-2: Ablaufdiagramm der unvollständigen Verzweigung

Das folgende Beispiel enthält eine unvollständige Verzweigung mit einer Einzelanweisung. Aber natürlich sind in der unvollständigen Verzweigung auch Verbundanweisungen möglich.

```
int iq = io.readInt("Intelligenzquotient: ");
io.write("Du bist ");
if (iq < 70) io.write("nicht ");
io.writeln("sehr intelligent.");
```

Ein Programm zur Ermittlung von Kennzahlen

Wir betrachten nun eine Anwendung, in der unvollständige Verzweigungen benutzt werden. In den Aufgaben, die sich daran anschließen, werden Sie selbst Gelegenheit haben, solche Verzweigungen zu formulieren.

Wie in Bild 4-3 dargestellt, lässt dieses Programm den Benutzer nacheinander fünf Gleitpunktzahlen eingeben und gibt dann einige Kennzahlen für diese Zahlenfolge aus.

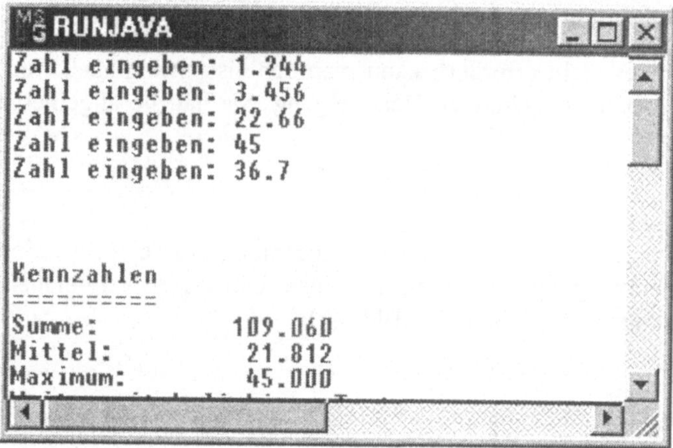

Bild 4-3: Benutzeroberfläche des Kennzahlenermittlungsprogramms

An dem Programm sind drei Klassen beteiligt:

- die ausführbare Klasse `Kennzahlenermittlung`. Das daraus erzeugte Programmobjekt fungiert als Koordinator,

- die Klasse `IntIO`: ein Objekt dieser Art namens `io` ist wie gewohnt für die Kommunikation mit dem Benutzer zuständig,

- die Klasse `Akkumulator`: das daraus erzeugte Objekt `akku` berechnet die Kennzahlen

Die Zusammenarbeit zwischen den Objekten

Der gesamte Ablauf des Programms lässt sich in eine Eingabe- und eine Auswertungsphase unterteilen. Die Eingabephase ist gekennzeichnet durch Befehle des Koordinators, die abwechselnd an `io` und `akku` erteilt werden.

Wie Bild 4-4 zeigt, wird jeweils io mit der Methode readDouble beauftragt, vom Benutzer eine Zahl entgegenzunehmen. Diese Zahl wird gleich darauf vom Koordinator dem Akkumulator-Objekt mit dem Auftrag aktualisiere überreicht.

Hat der Benutzer alle fünf Zahlen eingegeben, dann verfügt akku über die notwendige Information zum Berechnen der Kennzahlen; die Phase der Auswertung kann beginnen.

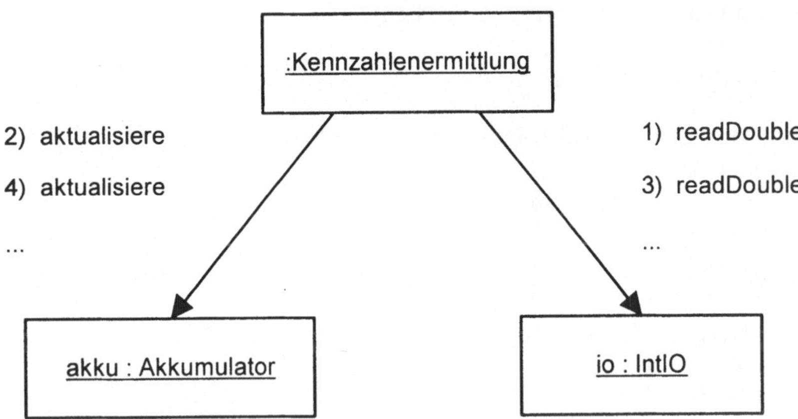

Bild 4-4: Die Zusammenarbeit in der Eingabephase

Auch die Auswertungsphase ist durch abwechselne Aufträge an akku und io gekennzeichnet (Bild 4-5). Es wird jeweils eine Kennzahl von akku abgefragt, dann erfolgt sogleich der Auftrag an io zur Ausgabe.

Natürlich wäre es auch möglich gewesen, zuerst alle Kennzahlen abzufragen und diese dann in einem Block von io ausgeben zu lassen. Sie werden jedoch später beim Betrachen des Programmtextes feststellen, dass die gewählte Fassung eine kürzere Formulierung erlaubt.

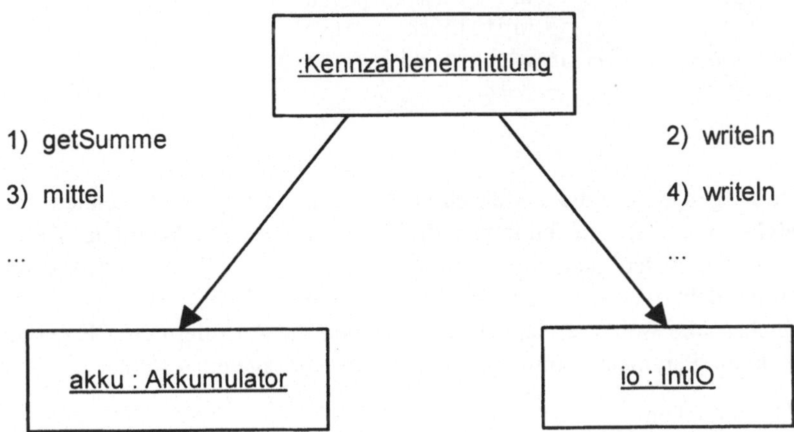

Bild 4-5: Die Zusammenarbeit in der Auswertungsphase

Die ausführbare Klasse Kennzahlenermittlung

Im folgenden Quelltext sind Eingabe- und Auswertungsphase mit Kommentaren markiert.
Der Text für die Abwicklung der Eingaben ist recht lang und man fragt sich, ob es nicht
eine kürzere, elegantere Möglichkeit gibt, dies zu programmieren. Die gibt es in der Tat,
aber sie erfordert Kenntnisse, die momentan noch nicht vorhanden sind. Im nächsten Abschnitt dieses Kapitels werden diese Möglichkeiten behandelt, und wir werden dann auch
eine verbesserte Version von Kennzahlenermittlung betrachten.

```java
public class Kennzahlenermittlung
{
  public static void main(String[] args) throws Exception
  { IntIO io = new IntIO();
    Akkumulator akku = new Akkumulator();
    double zahl = 0;

    //-----Eingabephase-----------------------------------
    zahl = io.readDouble("Zahl eingeben: ");
    akku.aktualisiere(zahl);
    zahl = io.readDouble("Zahl eingeben: ");
    akku.aktualisiere(zahl);
    zahl = io.readDouble("Zahl eingeben: ");
    akku.aktualisiere(zahl);
    zahl = io.readDouble("Zahl eingeben: ");
    akku.aktualisiere(zahl);
    zahl = io.readDouble("Zahl eingeben: ");
    akku.aktualisiere(zahl);

    //-----Auswertungsphase-------------------------------
    io.advance(3);
    io.writeln("Kennzahlen");
    io.writeln("==========");
    io.write("Summe:        "); io.writeln(akku.getSumme(), 8, 3);
    io.write("Mittel:       "); io.writeln(akku.mittel(), 8, 3);
    io.write("Maximum:      "); io.writeln(akku.getMaximum(), 8, 3);
  }

}
```

Die Klasse ist ähnlich aufgebaut wie die ausführbaren Klassen, die Sie bereits kennen. Lediglich das **Durchreichen** von Daten in den letzten drei Zeilen ist neu. Die Werte der Kennzahlen, welche von akku in Erledigung der Aufträge getSumme, mittel und getMaximum
geliefert werden, werden nicht, wie bisher gewohnt, in Variablen zwischengespeichert, sondern direkt an io zur Ausgabe weitergereicht. Hierzu werden die Aufrufe, deren Ergebnis
die Kennzahlen sind, in die Parameterklammern der writeln-Aufträge eingestellt.

Die Anweisung mit Durchreichen

```java
io.writeln(akku.getSumme(), 8, 3)
```

bewirkt dasselbe wie die längere Formulierung

```
double summe = akku.getSumme();
io.writeln(summe, 8, 3);
```

in der statt des Durchreichens eine zusätzliche Variable benötigt wird.

Die Klasse `Akkumulator`

Die Methoden dieser nicht ausführbaren Klasse lassen sich in zwei Kategorien unterteilen:

- Methoden zum Abrufen der Kennzahlen. Die sind die Methoden `getSumme`, `getMaximum`, `mittel`.

- die Methode `aktualisiere`, mit deren Hilfe das `Akkumulator`-Objekt die zur Ermittlung der Kennzahlen notwendigen Informationen aufnimmt und verarbeitet.

Wie ein Blick in die Methoden der zuerst genannten Gruppe zeigt, wird beim Abrufen der Kennzahlen so gut wie nichts mehr gerechnet. Zu diesem Zeitpunkt liegen Werte der Kennzahlen schon abrufbereit in den Instanzenvariablen `summe`, `maximum` und `anzahl` vor. Lediglich für das arithmetische Mittel ist als letzter Schritt noch die Division `summe / anzahl` in der Methode `mittel` erforderlich.

Die hauptsächliche Aufbereitung der Informationen geschieht schon vorher in der Methode `aktualisiere`. Diese Methode schreibt jedes Mal, wenn eine weitere Zahl überreicht wird, die zur Ermittlung der Kennzahlen notwendigen Instanzenvariablen fort. Dabei ist es offensichtlich nicht notwendig, dass das `Akkumulator`-Objekt sich die einzelnen Zahlen der Folge merkt. Es genügt, Summe, Anzahl und Maximum fortzuschreiben.

```
public class Akkumulator
{
  public Akkumulator()
  { summe = 0;
    anzahl = 0;
  }

  public double getSumme()
  { return summe;
  }

  public double getMaximum()
  { return maximum;
  }

  public double mittel()
  { return summe/anzahl;
  }

  public void aktualisiere(double wert)
  { summe = summe + wert;
    anzahl = anzahl + 1;
```

```
    if (wert > maximum || anzahl == 1) maximum = wert:
  }

  private double summe, maximum:
  private int anzahl:
}
```

Die Methoden `getSumme` und `getMaximum` sind von einer Einfachheit, die geradezu primitiv genannt werden kann. Sie enthalten nur das Schlüsselwort `return`, gefolgt vom Namen einer Instanzenvariablen. Ihr einziger Zweck ist demnach, dem Auftraggeber den aktuellen Wert der betreffenden Instanzenvariablen zu liefern.

Die englisch-deutschen Namen dieser beiden Methoden muten etwas seltsam an. Einsprachige Formulierungen wie `liefereSumme` oder `liefereMaximum` wären sicherlich ansprechender. Die Vorsilbe `get` im Namen der Methoden wird jedoch in einer Regelung verlangt, welche einer wichtigen Form von Java-Klassen zugrunde liegt, den sog. **Beans**. Unsere Klasse `Akkumulator` ist keine solche Bohne, und wir hätten deshalb auch eine deutsche Vorsilbe verwenden können, aber es ist vorteilhaft, sich von Anfang an an diese Konvention zu halten, so dass eine spätere Umwandlung einer Klasse in eine Bean leichter möglich ist.

> *Der Name einer Methode, die lediglich den Wert einer*
> *Instanzenvariablen liefert, besteht aus der Vorsilbe get*
> *und dem mit großem Anfangsbuchstaben geschriebenen*
> *Namen der Instanzenvariablen.*

Alle Methoden bis auf den Konstruktor und `aktualisiere` geben an den Auftraggeber einen Wert vom Typ `double` zurück. Der Konstruktor liefert ein neu geschaffenes Objekt der Klasse, wie jeder Konstruktor, und da dies immer so ist, ist in der Kopfzeile keine Erwähnung eines Rückgabetyps vorgesehen.

Die Methode `aktualisiere` hat dagegen anstelle der Angabe eines Rückgabewerts den Vermerk `void`. Dieses englische Wort hat im Deutschen die Bedeutung „leer" und besagt hier, dass hinsichtlich eines Rückgabewerts nichts vorgesehen ist. Die Anweisung

```
summe = summe + wert:
```

ist nicht etwa der missglückte Versuch, eine Gleichung zu formulieren, sondern die Fortschreibung der Variablen summe. Das Zeichen = repräsentiert bekanntlich in Java nicht die Gleichheit, sondern den Zuweisungsoperator. Verbal bedeutet die obige Anweisung: der neue Wert von `summe` ergibt sich aus dem alten zuzüglich dem Wert der Variablen `wert`.

Zustände sind das!

Der Zustand des Objekts `akku`, der durch die aktuellen Werte der Instanzenvariablen gegeben ist, verändert sich mit jedem Aufruf der Methode `aktualisiere`.

Der Anfangszustand wird zum Teil mit Hilfe der beiden Zuweisungen im Konstruktor gesetzt. Dort werden die Variablen `Summe` und `Anzahl` mit dem Anfangswert 0 besetzt. Diese Zuweisungen dienen lediglich der besseren Lesbarkeit des Programms, denn jede nume-

rische Instanzenvariable, die nicht schon bei der Deklaration explizit einen Wert zugewiesen bekommt, wird automatisch bei der Erzeugung des Objekts mit dem Wert 0 besetzt.

Bild 4-6 zeigt, wie sich der Zustand von akku verändert, wenn das Objekt zweimal hintereinander mit der Methode aktualisiere und den Parameterwerten 12 bzw. 5 aufgerufen
wird. Die Kreise in diesem **Zustandsdiagramm** symbolisieren die verschiedenen Zustände,
die Pfeile den Übergang vom Zustand vor einem Aufruf in den Zustand danach.

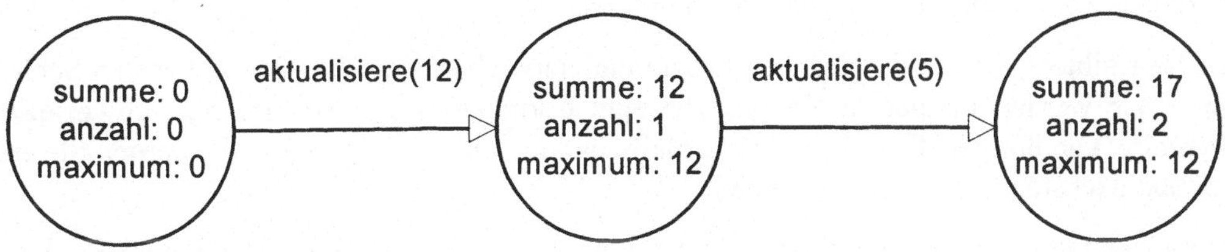

Bild 4-6: Zustandsdiagramm für das Akkumulator-Objekt

Der aktuelle Zustand verkörpert die Daten, die zur Kennzahlenermittlung notwendig sind.
Über die Inanspruchnahme von Methoden werden diese Daten aufbereitet und zur Verfügung gestellt.

Aufgaben

Aufgabe 4-1

Vervollständigen Sie das Zustandsdiagramm aus Bild 4-6, indem Sie die drei folgenden
Aufrufe berücksichtigen:

```
aktualisiere(20)
aktualisiere(10)
aktualisiere(3)
```

Aufgabe 4-2

Bauen Sie die Klasse Akkumulator aus, indem Sie zusätzlich folgende Kennzahlen berücksichtigen:

- Minimum

- Spannweite (= Maximum – Minimum)

- Summe der quadrierten Folgenglieder (Quadratsumme)

- Varianz

Benutzen Sie für die Varianz die folgende Formel:

$$\frac{1}{n}\sum x_i^2 \; - \; \frac{1}{n^2}\left(\sum x_i\right)^2$$

Passen Sie anschließend auch die Klasse `Kennzahlenberechnung` so an, dass die hinzuge-
kommenen Kennzahlen ausgegeben werden.

4.2   Schleifen

Schleifen werden benötigt, wenn Anweisungen wiederholt werden sollen. Im Gegensatz
zum Menschen wiederholt ein Computer Anweisungen beliebig oft ohne zu murren, schnell
und ohne Fehler. Das ist seine eigentliche Stärke.

In Java gibt es, wie in den meisten Programmiersprachen, verschiedene Arten von Schleifen. Wir werden in diesem Kapitel nur eine Form kennenlernen, die sog. **abweisende
Schleife**. Die übrigen Typen, die Zählschleife und die annehmende Schleife, werden Sie erst
im übernächsten Kapitel kennenlernen.

Die Unkenntnis dieser beiden Schleifentypen wird Ihre Formulierungsfähigkeiten allerdings
kaum beeinträchtigen, denn die abweisende Schleife ist universell einsetzbar. Alles, was mit
den beiden anderen Typen formuliert werden kann, kann auch mit der abweisenden Schleife
formuliert werden. Die Zählschleife und die annehmende Schleife sind dennoch nicht
überflüssig, weil sie in manchen Fällen bequemere Formulierungen erlauben.

Die abweisende Schleife

Die allgemeine Form der abweisenden Schleife lautet:

```
while ( Bedingung ) Anweisung
```

Die Anweisung im Inneren der Schleife kann eine Einzelanweisung oder eine Verbundanweisung sein. Man nennt dieses Schleifeninnere auch den **Rumpf** der Schleife.

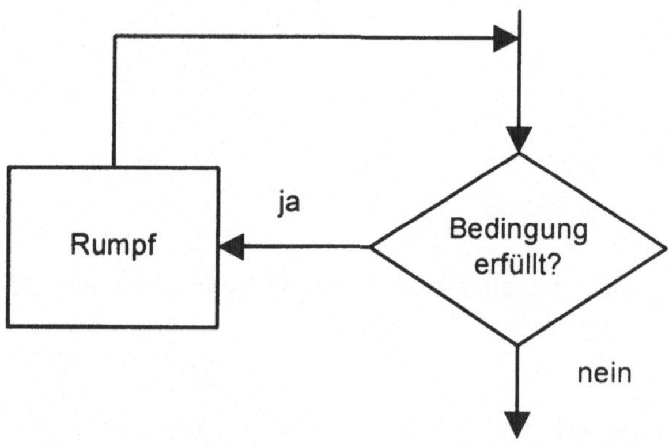

Bild 4-7:   Ablaufdiagramm der „abweisenden" Schleife

Bild 4-7 verdeutlicht, weshalb diese Schleife als abweisende bezeichnet wird: Jedes Mal,
bevor der Gang der Ausführung den Rumpf erreicht, wird geprüft, ob die Bedingung für
dessen Durchführung gegeben ist. Besonders abweisend zeigt sich die Schleife, wenn die

Durchführungsbedingung von Anfang an nicht gegeben ist, denn dann wird der Rumpf kein einziges Mal ausgeführt.

Der Normalfall ist allerdings, dass die Durchführungsbedingung beim ersten Auftreffen auf die Schleife erfüllt ist und der Rumpf ausgeführt wird. Im Verlauf der einzelnen Schleifendurchläufe werden sich anschließend die Daten so verändern, dass irgendwann die Bedingung nicht mehr erfüllt ist. Die Schleife wird dann abgebrochen und die Ausführung wird bei der ersten Anweisung hinter der Schleife fortgesetzt.

Schleifen, bei denen die Durchführungsbedingung bis in alle Ewigkeit erfüllt ist („Endlosschleifen"), sind für Programmierer und Benutzer eher eine unschöne Sache und gewöhnlich Folgen von Programmierfehlern. Keine Endlosschleife enthält das folgende Programmfragment:

```
int i = 1;
while (i <= 100)
{  io.writeln(i);
   i = i + 1;
}
```

Es gibt die ganzen Zahlen von 1 bis einschließlich 100 auf den Bildschirm aus. Variablen wie i, deren Hauptzweck darin besteht, dafür zu sorgen, dass die Schleife genau so oft durchlaufen wird, wie es nötig ist, nennt man **Schleifenvariablen**. Der Name i ist nicht willkürlich gewählt, sondern folgt einer Konvention. Liest ein Softwareentwickler den Variablennamen i, so verbindet er damit die Vorstellung von einer Schleifenvariablen. Andere gängige Namen sind j und k. Man sollte diese Namen möglichst für nichts anderes verwenden.

Endlosschleife durch Programmierfehler

Die folgende Schleife wird dem Benutzer keine große Freude machen:

```
int a = 1;
int b = 2;
while (a < b)
{  io.writeln("a ist kleiner als b");
   io.writeln(„b ist größer als a");
}
```

Sie ist zwar syntaktisch richtig, aber da im Rumpf keine Anweisung enthalten ist, welche die in der Bedingung genannten Variablen verändert, wird sie bis in alle Ewigkeit laufen (oder zumindest so lang, bis der frustrierte Benutzer das Programm abwürgt).

Stringverarbeitung in einer Schleife

Das letzte Beispiel in dieser Reihe dient gleichzeitig dazu, einige Methoden der Klasse String einzuführen. Wie Sie sicherlich schon geahnt haben, ist String kein primitiver Datentyp wie int oder double, sondern eine Klasse. Konkrete Strings sind demnach Objekte, welche Aufträge erhalten können.

Die Klasse `String` verfügt über eine Reihe von nützlichen Methoden, die Sie im Referenzteil nachlesen können. Wir wenden nun zwei dieser Methoden an.

- `public int length()` liefert die Anzahl der Zeichen, also die Länge des Strings,

- `public char charAt(int n)` liefert das Zeichen an der Stelle n, wobei die Zählung
  mit 0 beginnt.

Den Datentyp `char` haben Sie vielleicht schon im Referenzteil gefunden, als Sie die primitiven Datentypen nachgeschlagen haben. Er bezeichnet ein beliebiges Zeichen.

Die folgende Schleife gibt die einzelnen Zeichen eines vom Benutzer eingegebenen Strings
untereinander aus:

```
String s = io.readString("Wort eingeben: ");
int i = 0;
while(i < s.length())
{ io.writeln("" + s.charAt(i));
  i = i + 1;
}
```

Die Anweisung `s.length()` ist ein Auftrag an den String `s`, seine Länge bekannt zu geben.
Mit `s.charAt(i)` wird der String aufgefordert, das Zeichen an der Stelle `i` zu liefern. Die
etwas kryptische Zeile

```
io.writeln("" + s.charAt(i));
```

gibt diesen Buchstaben auf dem Bildschrim aus. Dass hier diese umständliche Formulierung
steht und nicht, wie Sie wohl erwartet haben, einfach

```
io.writeln(s.charAt(i));
```

liegt daran, dass die Klasse `IntIO` über keine Methode verfügt, die einen einzelnen Buchstaben ausgibt. Wie Sie aber schon wissen, gibt es eine Methode `writeln` zur Ausgabe eines
Strings. Der Ausdruck `"" + s.charAt(i)` macht aus dem Zeichen vom Typ `char`, das wir
ausgeben wollen, einen String, der als Wert nur dieses Zeichen hat.

Bewirkt wird dies durch eine weitere String-Methode, die sich hinter dem Zeichen + ver-
birgt. Im Zusammenhang mit Strings ist + kein Additions-, sondern ein **Verbindungsoperator (Konkatenationsoperator)**. Er verbindet die beiden Operanden zu einem String,
der den Text beider Operanden umfasst. Es genügt dabei, dass einer der beiden Operanden
ein String ist, der andere kann ebenfalls ein String sein oder aber einem primitiven Datentyp
angehören.[2]

Im Beispiel verbindet + den String „", der kein einziges Zeichen enthält („leerer String"),
und den char-Wert, den `charAt(i)` liefert, zu einem String von der Länge eines Zeichens.

---

[2] Es kann sich sogar um einen beliebigen Datentyp handeln, jedoch wird die Verbindung nicht in
jedem Fall ein sinnvolles Ergebnis haben.

Aufgaben

Schreiben Sie für die folgenden Aufgaben eine ausführbare Klasse `Schleifentest`, in der Sie am Anfang ein `IntIO`-Objekt erzeugen. Darunter können Sie dann die Schleifen für die folgenden Aufgaben unterbringen.

Aufgabe 4-3 (L)

Ausgabe der geraden Zahlen im Intervall [0, 100];

Aufgabe 4-4 (L)

Ausgabe der ungeraden Zahlen in diesem Intervall.

Aufgabe 4-5 (L)

Ausgabe der ganzen Zahlen im Intervall [0, 100], zusammen mit ihren Quadraten und Kubikzahlen.

Aufgabe 4-6: Scheckbetrag sperren (L)

Ein vom Benutzer eingegebener Betrag soll so mit führenden Sternchen (*) versehen werden, dass die Ausgabe insgesamt zehn Spalten beansprucht. Verwenden Sie zum Einlesen des Betrags die Methode `readString` der Klasse `IntIO`.

Kennzahlenermittlung2:
Schleife anstelle von langgestreckter Programmierung

Wir können nun daran gehen, das Programm `Kennzahlenermittlung` durch Verwendung einer Schleife so zu verbessern, dass das wiederholte Aufführen von Eingabeanweisungen im Programmtext („langgestreckte Programmierung") vermieden wird.

Ein angenehmer Nebeneffekt dieser Änderung wird sein, dass wir den Benutzer nicht von vornherein auf eine bestimmte Länge der einzugebenden Folge festlegen müssen. Stattdessen soll die Vereinbarung gelten, dass die Eingabe abgebrochen wird, sobald der Benutzer den Wert −1 eingibt, also einen Wert, der außerhalb des Wertebereichs der Folge liegt.

```java
public class Kennzahlenermittlung2
{
  public static void main(String[] args) throws Exception
  { IntIO io = new IntIO();
    Akkumulator akku = new Akkumulator();
    double zahl = 0;

    while (zahl >= 0)
    { zahl = io.readDouble("Zahl eingeben (< 0 für Abbruch): ");
      if (zahl >= 0) akku.aktualisiere(zahl);
    }
```

```
    io.advance(3);
    io.writeln("Kennzahlen");
    io.writeln("==========");
    io.write("Summe:          ");  io.writeln(akku.getSumme(), 8, 3);
    io.write("Mittel:         ");  io.writeln(akku.mittel(), 8, 3);
    io.write("Maximum:        ");  io.writeln(akku.getMaximum(), 8, 3);
  }


}
```

Bild 4-8 zeigt beispielhaft die Ein- und Ausgaben bei der Durchführung des Programms.

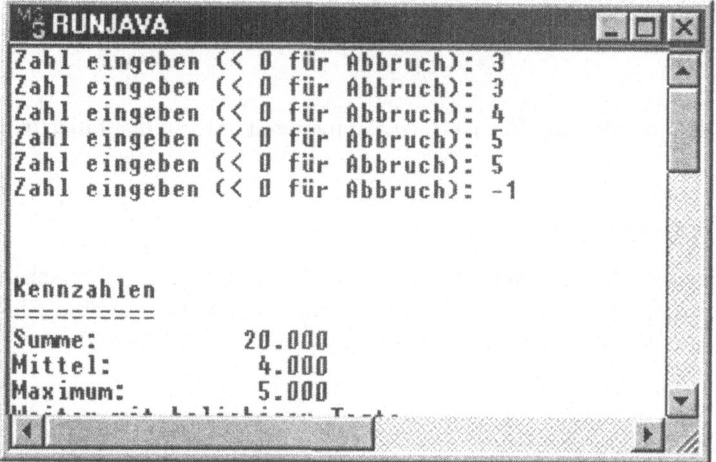

Bild 4-8:   Ein- und Ausgabe von `Kennzahlenermittlung2`

In der Klasse `Akkumulator`, welche den Kern der Programmfunktionalität enthält, sind keine Änderungen nötig. Dies demonstriert den Nutzen der Aufteilung des Gesamtsystems in Subsysteme bzw. Klassen: Änderungen lassen sich meist auf einzelne Klassen beschränken.

4.3 Eine Simulationsanwendung

Die **Simulation** ist ein bedeutender Zweig der Informatik. Man versteht darunter die Nachbildung von Vorgängen auf der Basis von Modellen. Simulation erlaubt, Dinge auf billige und ungefährliche Weise auszuprobieren, ohne sie tatsächlich zu bauen. Natürlich will man sie irgendwann auch realisieren, dies jedoch erst, wenn mit Hilfe der Simulation die beste Lösung gefunden wurde. Typische Anwendungsgebiete sind Untersuchungen der Wirkungen von Maßnahmen auf die Umwelt, der Ausbreitung und Bekämpfung von Krankheiten, des Verkehrsflusses an Kreuzungen und des Luftwiderstands eines Flugzeugs.

Ein weiteres wichtiges Einsatzgebiet der Simulation ist die Schulung. Künftige Piloten werden bekanntlich an Flugsimulatoren ausgebildet, bevor sie sich an das Steuer eines richtigen Düsenjets setzen dürfen. Das spart Benzin und Flugzeuge und ist für alle Beteiligten sicherer.

Simulationssysteme sind meist auch gute Spiele, denn Simulation bedeutet ja nichts anderes als Aktionen durchzuspielen. Auch die Formel-1-Spiele, mit denen Kinder am Rechner über Rennstrecken brausen und sich dabei wie Schumi[3] fühlen, sind Simulationsanwendungen.

Natürlich kann unser Simulationssystem nicht mit einem Formel-1-Spiel mithalten, weil die Programmierung eines solchen Spiels Kenntnisse erfordert, die über die eines Anfänger-kurses weit hinausgehen. Aber im Grunde ist unser System etwas ganz Ähnliches: wir bewegen mit Hilfe einer Steuerung einen Gegenstand, der in Wirklichkeit gar nicht vorhanden ist.

Programmaufgabe: Simulation eines primitiven Roboters

Unser primitiver Roboter bewegt sich auf einer ebenen rechteckigen Fläche. Er führt folgende Befehle aus:

- einsvor (Bewegung um eine Entfernungseinheit nach vorne)

- rechts (Drehung nach rechts um 90 Grad)

- links (Drehung nach links um 90 Grad).

Die Bewegungsfläche des Roboters entspricht einem Koordinatensystem, dessen Ursprung, wenn wir von oben darauf schauen, links oben liegt. Der Roboter kann sich nur parallel bzw. senkrecht zu den Achsen dieses Koordinatensystems bewegen. Er hat dementsprechend nur vier mögliche Ausrichtungen (Blickrichtungen): nach Norden, nach Osten, nach Süden oder nach Westen.

Unser Programm soll dem Benutzer erlauben, den Roboter zu steuern. Hierfür gibt der Benutzer wiederholt Befehle ein, wobei er jedes Mal aus den oben genannten Grundbefeh-len auswählen kann. Nach Eingabe eines Befehls wird dem Benutzer der aktuelle Stand-punkt des Roboters und seine Ausrichtung mitgeteilt.

Es handelt sich insofern um eine **Simulation**, als der Roboter nicht real existiert. Der Benutzer am Rechner kann sich jedoch vorstellen, dass ein realer Roboter vorhanden ist, der sich genau so verhält, wie die Bildschirmausgaben dies anzeigen.

Bild 4-9 zeigt einen Beispieldialog. In der Eingabeaufforderung sind in der Klammer die verfügbaren Befehle als Gedächtnisstüze für den Benutzer angegeben. Es bedeutet:

v	ein Schritt vorwärts
r	Drehung nach rechts
l	Drehung nach links
e	Ende

---

[3] Michael Schumacher, deutscher Rennfahrer

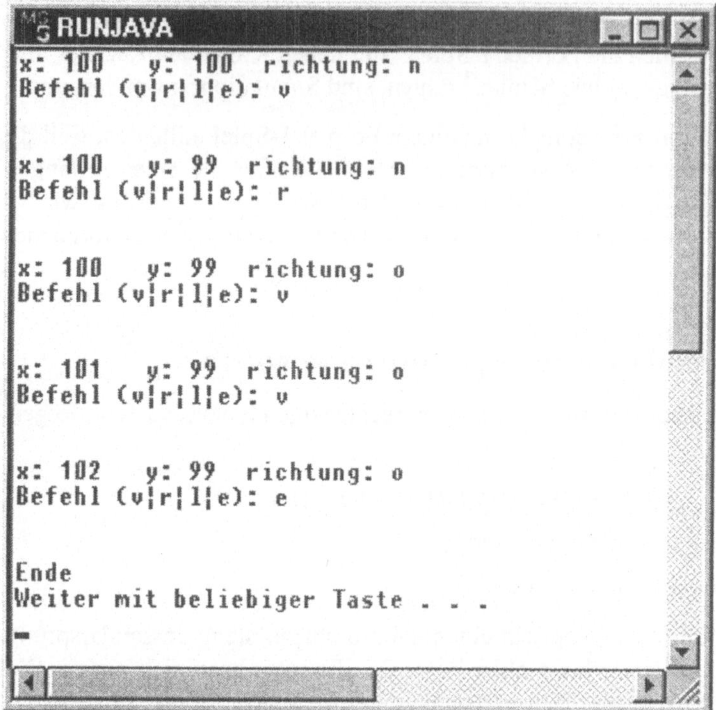

Bild 4-9: Beispieldialog der Robotersimulation

Zusammenarbeit der Objekte

Es sind drei Klassen beteiligt:

- eine ausführbare Klasse Steuerung, welche den Ablauf des Programms koordiniert und die Befehle des Benutzers an den Roboter weitergibt,

- die Klasse IntIO zur Kommunikation mit dem Benutzer

- und eine Klasse Roboter, welche den Roboter vertritt. Ein Roboter-Objekt muss den Status des Roboters (Position und Ausrichtung) speichern, entsprechend der empfangenen Befehle verändern und dem Steuerungsobjekts auf dessen Anfrage hin bekannt geben.

Der Ablauf des Programms bzw. die Bewegung des Roboters auf der Ebene dauert so lange an, bis der Benutzer den vorgesehenen Ende-Befehl eingibt. Während der Roboter im Einsatz ist, vollzieht sich aus der Sicht des Benutzers immer wieder dieselbe Abfolge von Schritten:

- Es wird der Status des Roboters am Bildschirm ausgegeben, also seine Position und seine Ausrichtung.

- Der Benutzer gibt eine Anweisung ein, die der Roboter ausführt.

Das Kollaborationsdiagramm (Bild 4-10) zeigt, wie die Objekte zusammenarbeiten, um diese Abfolge zu ermöglichen. Aufträge 1) und 2) dienen der Erledigung des ersten Schritts, 3) und 4) vollziehen den zweiten. Mit Auftrag 5) beginnt schon wieder der nächste Zyklus von Statusausgabe und Befehlsausführung.

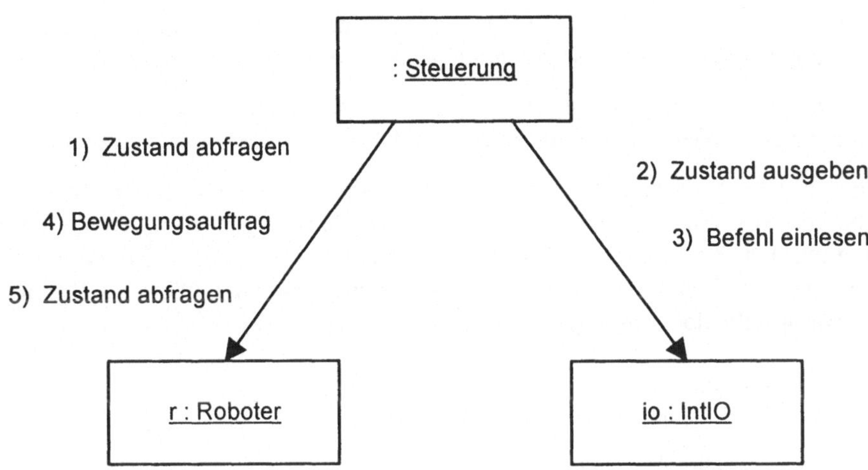

Bild 4-10: Kollaborationsdiagramm

Die Klasse Steuerung

Die ausführbare Klasse Steuerung fungiert in gewohnter Weise als Koordinator. Zu Beginn der Methode main werden die benötigten Objekte der Klassen IntIO und Roboter erzeugt. Außerdem wird eine Variable befehl vom Typ char deklariert, welche die vom Benutzer einzugebenden Befehle aufnehmen soll, die jeweils aus einem Kleinbuchstaben bestehen (s. oben).

```
public class Steuerung
{
  public static void main (String[] args) throws Exception
  { IntIO io = new IntIO();
    Roboter r = new Roboter(100, 100, 'n');
    char befehl = ' ';

    while (befehl != 'e')
    { io.writeln("x: " + r.getX() + "   y: " + r.getY() +
                 " richtung: " + r.getRichtung());
      befehl = io.readChar("Befehl (v|r|l|e): ");
      if (befehl == 'v') r.einsvor();
      if (befehl == 'r') r.rechts();
      if (befehl == 'l') r.links();
      io.advance(2);
    }
```

```
        io.writeln("Ende");
    }

  }
```

Bei der Erzeugung des Roboter-Objekts werden dem Konstruktor die Anfangsposition (Koordinaten x und y) sowie die Anfangsausrichtung als Parameterwerte mitgegeben.

In der Schleife sieht man zunächst die Anweisungen zum Abfragen und Ausgeben des aktuellen Status, darunter die Anweisungen zum Einlesen und Abwickeln des Benutzerbefehls.

Die Anweisungen r.getX(), r.getY(), r.getRichtung() sind Aufträge an den Roboter r zur Bekanntgabe von Position und Ausrichtung. Ihre Durchführung geht der Ausgabe des aktuellen Roboterzustands voraus. Es wird hier wieder das bereits bekannte Durchreichen von Ergebniswerten (ohne Zwischenspeicherung in Variablen) verwendet. Ohne das Durchreichen müssten wir anstelle der Anweisung:

```
io.writeln("x: " + r.getX() + "   y: " + r.getY() +
              "  richtung: " + r.getRichtung());
```

einen etwas längeren Text schreiben, z.B.:

```
int x = r.getX();
int y = r.getY();
char richtung = r.getRichtung();
io.writeln("x: " + x + "   y: " + y + "  richtung: " + richtung);
```

Das Symbol + ist auch hier wieder der Verbindungsoperator, der die einzelnen Operanden zu einem langen String zusammenfasst.

Nach der Zustandsausgabe wird mit dem Auftrag readChar an io der Befehl des Benutzers eingelesen und in der Variablen befehl abgelegt.

Die folgenden drei unvollständigen Verzweigungen dienen der Abwicklung des Benutzerbefehls. Das vom Benutzer eingegebene Zeichen wird identifiziert und resultiert in einem entsprechenden Befehl an den Roboter.

Bitte beachten Sie, dass Werte vom Typ char zwischen einfachen Anführungszeichen stehen, während für String-Werte die doppelten Anführungszeichen als Begrenzer verwendet werden.

Die Klasse Roboter

Der Zustand eines Roboters ist durch folgende Eigenschaften bestimmt:

- seinen Standort, ausgedrückt durch die Standortkoordinaten,

- die Richtung, in die er blickt, wobei nur die Blickrichtungen Nord, Ost, Süd und West zugelassen sind.

Zur Speicherung des aktuellen Zustands werden drei Instanzenvariablen x, y und richtung benutzt, deren Deklaration am unteren Ende des Klassentexts platziert ist (s. unten).

Im Konstruktor werden hierfür die Anfangswerte als Parameter entgegengenommen und den Instanzenvariablen zugewiesen. Ein kleines, aber lösbares Problem ergibt sich daraus, dass Parameter und Instanzenvariablen dieselben Namen haben. Mit anderen Worten: der Konstruktor nimmt die Werte vom Auftraggeber unter den Namen entgegen, die auch für die Instanzenvariablen vorgesehen sind.

Diese Namenskonflikte kann man lösen, indem man den Namen der Instanzenvariablen das Schlüsselwort this voranstellt. Mit diesem Wort spricht sich das Objekt selbst an, es entspricht einem „ich" im Umgangsdeutsch. Die Anweisung

```
this.x = x
```

ist zu interpretieren als:

„Weise der Instanzenvariablen x den Wert zu, der als Parameter unter dem Namen x entgegengenommen wurde."

Beachten Sie, dass die Instanzenvariablen hier nur im Konstruktor mit dem vorangestellten this angesprochen werden müssen, denn nur da bestehen Namenskonflikte mit Übergabeparametern. Auf die Übergabeparameter des Konstruktors kann man von den anderen Methoden aus gar nicht zugreifen; sie sind nur im Konstruktor „sichtbar".

```
public class Roboter
{
  public Roboter(int x, int y, char richtung)
  { this.richtung = richtung;
    this.x = x;
    this.y = y;
  }

  public void einsvor()
  { if (richtung == 'n') y--;
    if (richtung == 'w') x--;
    if (richtung == 's') y++;
    if (richtung == 'o') x++;
  }

  public void rechts()
  { char neueRichtung = ' ';
    if (richtung == 'n') neueRichtung = 'o';
    if (richtung == 'w') neueRichtung = 'n';
    if (richtung == 's') neueRichtung = 'w';
    if (richtung == 'o') neueRichtung = 's';
    richtung = neueRichtung;
  }

  public void links()
  { char neueRichtung = ' ';
```

```
      if (richtung == 'n') neueRichtung = 'w';
      if (richtung == 'w') neueRichtung = 's';
      if (richtung == 's') neueRichtung = 'o';
      if (richtung == 'o') neueRichtung = 'n';
      richtung = neueRichtung;
    }

    public char getRichtung()
    { return richtung;
    }

    public int getX()
    { return x;
    }

    public int getY()
    { return y;
    }

    private int x, y;
    private char richtung; //'n', 'w', 's' oder 'o'
  }
```

Neben den drei Methoden `getX`, `getY` und `getRichtung` zum Abfragen des Zustands finden wir drei Methoden zur Erteilung von Bewegungsaufträgen:

- `einsvor` veranlasst den Roboter, sich um eine Entfernungseinheit in die Richtung zu bewegen, in die er blickt. Da der Roboter nicht real vorhanden ist, erfolgt als Konsequenz des Methodenaufrufs lediglich eine Veränderung der Instanzenvariablen x bzw. y. Welche von den beiden bei einem Auftrag verändert wird, hängt vom aktuellen Wert der Instanzenvariablen `richtung` ab. Die Anweisung

  ```
  y --;
  ```

  ist nur eine etwas kürzere Schreibweise für

  ```
  y = y - 1;
  ```

  vermindert also den Wert der Variablen y um 1. Analog sind die Anweisungen y++, x++ und x-- zu interpretieren, welche in den übrigen Zeilen der Methode stehen.

- Die Methoden `rechts` und `links` müssen nichts weiter tun, als die Instanzenvariable `richtung` auf die neue Blickrichtung nach der Drehung zu setzen. Die neue Blickrichtung ist abhängig von der Drehrichtung und der alten Blickrichtung.

Sie werden sich vielleicht fragen, weshalb die beiden Methoden `rechts` und `links` nicht analog zu `einsvor` programmiert wurde, also im Fall von `rechts` z.B. folgendermaßen:

```
    public void rechts()
    {
      if (richtung == 'n') richtung = 'o';
      if (richtung == 'w') richtung = 'n';
      if (richtung == 's') richtung = 'w';
```

```
    if (richtung == 'o') richtung = 's';
}
```

Ich möchte Sie ermuntern, dieser Frage gleich nachzugehen. Wenn Sie nicht durch theoretische Überlegungen darauf kommen, kann es Ihnen vielleicht helfen, wenn Sie die Methode rechts durch diese alternative Fassung ersetzen und testen, wie sich der Roboter bei Rechtsdrehungen verhält.

Ein programmierbarer Roboter

Leider ist unser Roboter etwas unbequem zu benutzen. Um ihn hundert Schritte nach vorne zu bewegen, muss der Benutzer am Steuerpult hundert Mal den Vorwärts-Befehl erteilen. Nicht ganz so aufwändig, aber doch nicht ganz bequem, sind Drehungen um mehr als 90 Grad einzugeben.

Wir wollen annehmen, unser Roboter sei mechanisch so gebaut, dass er tatsächlich nur die drei Grundoperationen einsvor, rechts und links ausführen kann. Ein Umbau des Roboters ist nicht möglich.

Befehle, die aus Basisbefehlen zusammengesetzt sind

Wir wollen aber annehmen, dass die Möglichkeit besteht, zusätzliche Befehle zu programmieren, die auf den drei Basisbefehlen aufbauen. Wir können damit den Bedienungskomfort für den Benutzer erheblich verbessern. Beispielsweise können wir ihm einen Befehl zehnvor zur Verfügung stellen, welcher den Roboter dazu bewegt, zehn Schritte nach vorne zu machen. Anstatt zehnmal den Auftrag für einen Vorwärtsschritt zu geben, muss der Benutzer dann nur noch einen einzigen Befehl erteilen.

Eine Zwischeninstanz zur Umsetzung der Befehle

Um dies zu bewerkstelligen, leiten wir von jetzt an in der Steuerung die vom Benutzer eingegebenen Befehle nicht direkt an den Roboter weiter, sondern an eine Zwischeninstanz. Diese Zwischeninstanz nimmt die Befehle entgegen, wandelt sie, soweit nötig, in Basisbefehle um und gibt die entsprechenden Aufträge an den Roboter.

In unserer Simulation ist diese Zwischeninstanz genauso ein Objekt wie der Roboter selbst. Wir müssen also eine weitere Klasse in unserem System vorsehen, aus der wir dann dieses Objekt erzeugen können. Wir wollen diese Klasse PRoboter nennen (für programmierbarer Roboter).

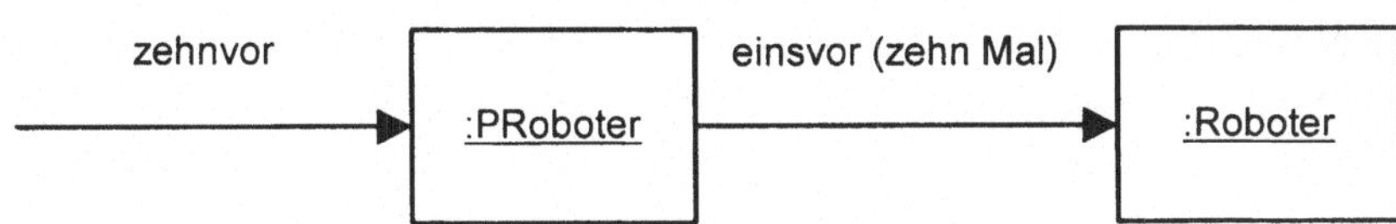

Bild 4-11: Die Zwischeninstanz setzt die Befehle in Basisbefehle um

Bild 4-11 zeigt, wie das PRoboter-Objekt den Befehl zehnvor entgegennimmt und ausführt, indem es zehn Mal den Auftrag einsvor an das Roboter-Objekt erteilt.

Die Klasse PRoboter

Wie bereits dargelegt, schiebt sich ein Objekt dieser Klasse als Mittler zwischen unsere ausführbare Klasse Steuerung, welche die Aufträge vom Benutzer entgegennimmt, und das Roboter-Objekt, das in der Simulation den realen Roboter vertritt. Das PRoboter-Objekt tritt in Steuerung als Auftragnehmer an die Stelle des Roboter-Objekts.

Da der Benutzer nicht nur komplexe Aufträge wie „zehn Schritte vor" erteilen wird, sondern auch die Basisbefehle „einen Schritt vor", „nach rechts drehen" und „nach links drehen", müssen wir das PRoboter-Objekt bzw. die Klasse PRoboter, so ausstatten, dass es auch diese Basisbefehle ausführen kann. Außerdem muss es dieselben Auskünfte über den Zustand des Roboters erteilen können wie der Roboter selbst.

Die Klasse PRoboter enthält zunächst nur drei komplexe, also aus Basisbefehlen zusammengesetzte Befehle:

```
zehnvor
wenden
zehnzurueck.
```

Jedem dieser Befehle entspricht eine Methode in der Klasse. Natürlich können beliebig viele weitere Methoden programmiert werden. Einige davon sind Gegenstand der Aufgaben, die auf diesen Abschnitt folgen.

Der folgende Quelltext ist durch Kommentarstriche in drei Bereiche unterteilt. Der erste Bereich enthält neben dem Konstruktor die Methoden für die Aufträge, welche auch der Roboter selbst ausführen kann, also die Basisoperationen und die Auskünfte über den Zustand. Der zweite besteht aus den Methoden für die komplexen Aufträge; im dritten Bereich befindet sich eine Deklaration einer Instanzenvariablen vom Typ Roboter.

```
public class PRoboter
{
  public PRoboter(int x, int y, char richtung)
  { robbie = new Roboter(x, y, richtung);
  }

  public void einsvor()
  { robbie.einsvor();
  }

  public void rechts()
  { robbie.rechts();
  }

  public void links()
  { robbie.links();
  }
```

```
    public char getRichtung()
    { return robbie.getRichtung();
    }

    public int getX()
    { return robbie.getX();
    }

    public int getY()
    { return robbie.getY();
    }

    //-------------------------------------------------

    public void zehnvor()
    { int i = 1;
      while (i < 11)
      { robbie.einsvor();
        i = i + 1;
      }
    }

    public void wenden()
    { robbie.rechts();
      robbie.rechts();
    }

    public void zehnzurueck()
    { this.wenden();
      this.zehnvor();
      this.wenden();
    }

    //-------------------------------------------------

    private Roboter robbie;
}
```

Die Instanzenvariable robbie verschafft dem PRoboter-Objekt den Zugriff auf das Roboter-Objekt, das im System den realen Roboter vertritt. Im Konstruktor wird ein Objekt der Klasse Roboter erzeugt und dieser Variablen zugewiesen. Dabei werden die Anfangswerte für die Position und die Ausrichtung an den Konstruktor von Roboter „durchgereicht".

Unter dem Konstruktor finden Sie für jede Methode in der Klasse Roboter eine gleichnamige Methode. Der Inhalt dieser Methoden ist denkbar einfach. Es wird lediglich der Auftrag an das Roboter-Objekt robbie weitergegeben. Das PRoboter-Objekt fungiert bei diesen Methoden nur als Durchgangsstation.

Anders bei den komplexen Methoden. Die Methode zehnvor erteilt innerhalb einer Schleife zehnmal den Auftrag einsvor an das Objekt robbie, in wenden wird robbie zweimal mit dem Befehl rechts beauftragt.

Ein Objekt gibt sich selbst einen Auftrag

Eine Besonderheit stellt dabei die Methode zehnzurueck dar. Wenn der Roboter diesen Befehl ausgeführt hat, soll er so dastehen, als ob er zehn Rückwärtsschritte gemacht hätte. Da unser Roboter aber nur Vorwärtsschritte machen kann, müssen wir ihn wenden lassen, dann zehn Vorwärtschritte ausführen und schließlich noch einmal wenden lassen.

Nun gibt es aber bereits die Methoden zehnvor und wenden in der Klasse, so dass wir diese Vorgänge nicht ein zweites Mal in allen Details programmieren müssen. Die Befehle

```
this.wenden();
this.zehnvor();
this.wenden();
```

richtet das PRoboter-Objekt an sich selbst, wie aus dem vorangestellten this erkenntlich ist. Bild 4-12 enthält das Kollaborationsdiagramm hierzu.

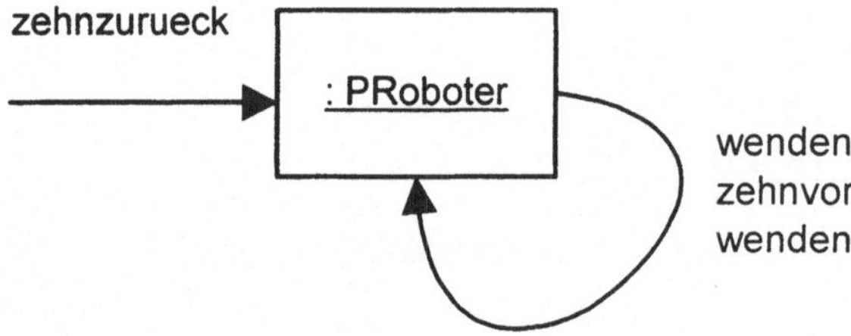

Bild 4-12: Kollaborationsdiagramm

Wenn Ihnen die Vorstellung von einem Objekt, das sich selbst einen Auftrag erteilt, schwer fällt, so versetzen Sie sich doch einfach selbst in die Rolle des Objekts. Nehmen Sie an, Sie hätten gerade den Auftrag erhalten, zehn Schritte zurück zu gehen. Sie werden sich überlegen, wie Sie den Auftrag ausführen können und dann zu sich selbst sagen: „Jetzt wende ich erst einmal, dann gehe ich zehn Schritte vorwärts, und dann wende ich noch einmal".

Anpassung der Steuerung

Damit der Benutzer aus den komplexen Befehlen auch einen Nutzen ziehen kann, müssen wir in der ausführbaren Klasse Steuerung noch Änderungen vornehmen:

* die zusätzlichen Befehle müssen zur Auswahl angeboten werden,

* das Roboter-Objekt muss als Auftragnehmer durch ein PRoboter-Objekt ersetzt werden.

Die veränderte Fassung nennen wir Steuerung2.

```
public class Steuerung2
{
  public static void main (String[] args) throws Exception
  { IntIO io = new IntIO();
    PRoboter r = new PRoboter(100, 100, 'n');
    char befehl = ' ';

    while (befehl != 'e')
    { io.writeln("x: " + r.getX() + "   y: " + r.getY() +
                 "   richtung: " + r.getRichtung());
      befehl = io.readChar("Befehl (v|r|l|z|w|u|e): ");
      if (befehl == 'e') break;
      if (befehl == 'v') r.einsvor();
      if (befehl == 'r') r.rechts();
      if (befehl == 'l') r.links();
      if (befehl == 'z') r.zehnvor();
      if (befehl == 'w') r.wenden();
      if (befehl == 'u') r.zehnzurueck();
      io.advance(2);
    }

    io.writeln("Ende");
  }
}
```

Die Aufnahme der neuen Befehle hat sich an zwei Stellen niedergeschlagen:

- In der Eingabeaufforderung für den Benutzer erscheinen nun auch die Buchstaben z (für zehn Schritte vor), w (für wenden) und u (für zehn Schritte zurück).

- Es sind drei unvollständige Verzweigungen hinzugekommen, welche für die Ausführung dieser Befehle sorgen.

Eine weitere unvollständige Verzweigung

```
if (befehl == 'e') break;
```

ist aufgenommen worden, die nur indirekt mit den neuen Befehlen zu tun hat. Die Anweisung break sorgt dafür, dass die Schleifenausführung sofort abgebrochen wird. Wenn der Benutzer die Option e (für Ende) gewählt hat, ist dies auch sinnvoll.

Für das richtige Funktionieren des Programms ist der Abbruch an dieser Stelle allerdings nicht notwendig. Auch wenn die Anweisung nicht vorhanden wäre (wie in der ersten Fassung des Steuerungsprogramms) würde die Schleifenbedingung dafür sorgen, dass kein weiterer Durchgang erfolgt. Allerdings würden die restlichen Anweisungen bis zum Ende des Schleifenrumpfs noch durchgeführt werden. Diese führen zwar zu keinen Aufträgen an das PRoboter-Objekt, aber es müssten trotzdem alle Bedingungen der restlichen Verzweigungen geprüft werden. Mit dem Abbruch geht es demnach etwas schneller.

Bild 4-13 zeigt, wie sich das Steuerungsprogramm jetzt dem Benutzer präsentiert:

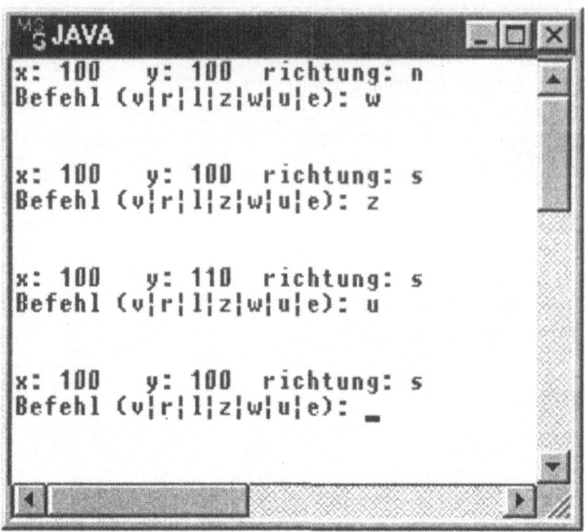

Bild 4-13:   Benutzeroberfläche mit den zusätzlichen Befehlen

Aufgaben

Aufgabe 4-7

Wenn wir noch weitere komplexe Befehle hinzunehmen, könnte die Benutzeroberfläche leicht unübersichtlich werden. Schreiben Sie Steuerung2 deshalb so um, dass es ein benutzerfreundliches Menü ausgibt. Beispiel:

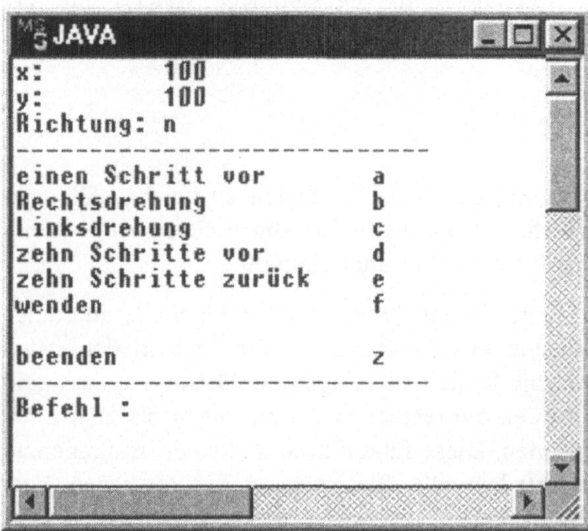

Aufgabe 4-8

Nehmen Sie in die Klasse PRoboter weitere Methoden für komplexe Befehle auf, z.B.

- Drehen nach Nord

- Drehen nach Ost

- Drehen nach Süd

- Drehen nach West

- Bewegung nach vorne um n Schritte. Verwenden Sie für diese Methode die Kopfzeile

```
public void nvor(int n)
```

- Bewegung zu einer bestimmten Position. Verwenden Sie die Kopfzeile

```
public void geheNach(int x, int y)
```

Verändern Sie anschließend die Klasse Steuerung2 so, dass die neuen Befehle dem Benutzer in geeigneter Form angeboten werden.

4.4   Fallstudie: Simulation eines Geldautomaten

Ein Geldautomat enthält Scheine von 500, 200, 100, 50, 20, 10 und 5 Euro. Der Benutzer kann beliebige Beträge abrufen, welche aber durch 5 ohne Rest teilbar sein müssen.

Die Strategie bei der Zusammenstellung der Scheine für die Geldausgabe ist einfach: die Ausgabe erfolgt möglichst groß, d.h. mit so wenig Scheinen wie möglich. Ist der Vorrat an einer bestimmten Art von Scheinen erschöpft, wird jeweils die nächstkleinere Scheinart herangezogen. Ist der vom Kunden gewünschte Betrag nicht mehr im Automaten, wird eine Meldung ausgegeben, dass dieser Betrag nicht ausgezahlt werden kann.

Unser System ist insofern ein Simulationssystem, als der Geldautomat nicht real existiert.
Die Geldausgabe wird ersetzt durch die Anzeige der Anzahl auszugebenender Scheine.
Einen Beispieldialog sehen Sie im folgenden Bild 4-14

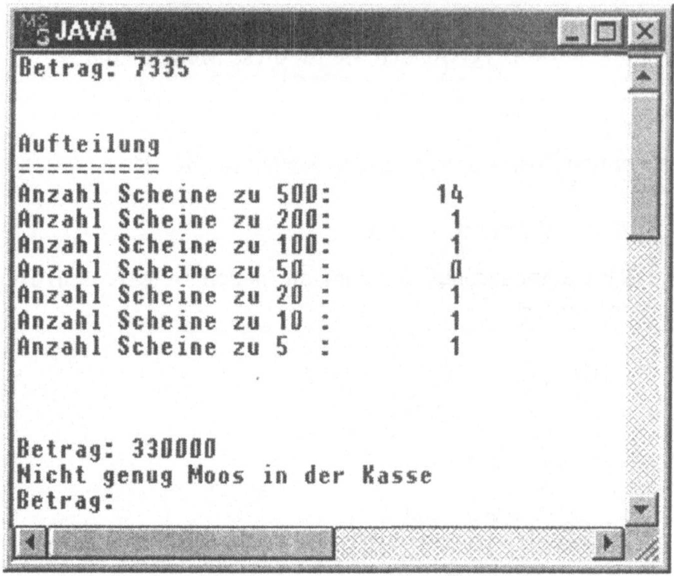

Bild 4-14:   Dialog des Geldautomatensimulators mit dem Kunden

Wie Sie aus dem Dialog entnehmen können, besteht die Möglichkeit, mehrmals hintereinander Beträge abzuheben. Der Automat wird gestoppt durch die Eingabe einer negativen
ganzen Zahl.

Der Aufbau des Simulationssystems

An dem System sollem drei Klassen beteiligt sein:

- Die ausführbare Klasse `Geldautomat` koordiniert die Abwicklung der Geldwün-
  sche.

- Ein Objekt der Klasse `IntIO` wird zur Kommunikation mit dem Kunden herangezogen.

- Ein Objekt der Klasse `Stueckler` ist dafür zuständig, die Anzahl der Scheine für
  die einzelnen Auszahlungen zu ermitteln. Dieses Objekt verwaltet auch die Restbe-
  stände der Scheine und gibt Auskunft darüber, ob ein gewünschter Betrag noch
  verfügbar ist oder nicht.

Die Anfangsbestände an den verschiedenen Scheinen sollen bei der Erzeugung des
`Stueckler`-Objekts dem Konstruktor als Parameter mitgegeben werden.

Die Abwicklung einer Geldausgabe geschieht in vier Phasen (Bild 4-15):

1. Zuerst erteilt das `Geldautomat`-Objekt dem `IntIO`-Objekt den Auftrag, den Betrag vom Kunden einzulesen.

2. Dann wird das `Stueckler`-Objekt beauftragt, den Betrag in die auszugebenden Scheine zu zerlegen. Das `Stueckler`-Objekt teilt das Ergebnis nicht gleich mit, sondern merkt sich die Aufteilung.

3. Anschließend fordert das `Geldautomat`-Objekt das `Stueckler`-Objekt auf, die Anzahl je Scheinart bekanntzugeben.

4. Zum Schluss ergeht an das `IntIO`-Objekt der Auftrag, das Ergebnis am Bildschirm auszugeben.

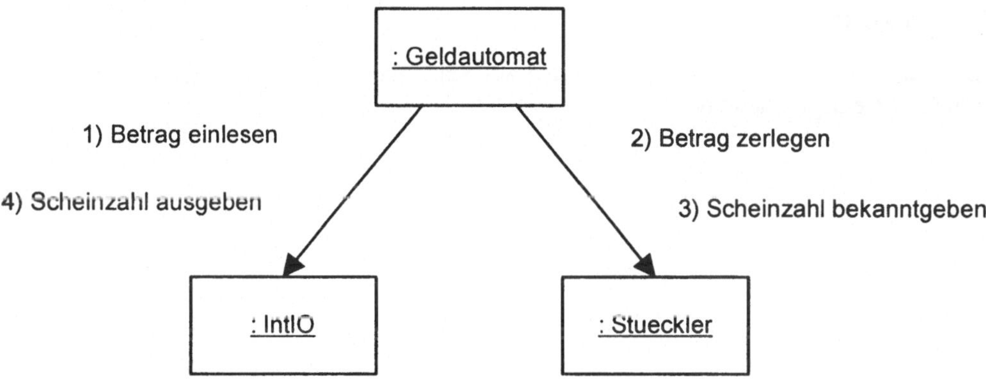

Bild 4-15:   Kollaborationsdiagramm

Die Methoden der Klasse `Stueckler`

Für das Zerlegen des Betrags, oben als Phase 2 beschrieben, stellt die Klasse `Stueckler` eine Methode mit der Kopfzeile

```
public boolean zerlege(int betrag)
```

zur Verfügung. Bitte beachten Sie, dass die Methode einen Wert vom Typ `boolean` an den Auftraggeber zurückliefert. Dieser Wert soll `true` sein, wenn die Geldvorräte ausreichen, den als Parameter empfangenen Betrag auszuzahlen, der Wert soll `false` sein, falls die Vorräte nicht reichen.

Wie bereits oben ausgeführt, errechnet das `Stueckler`-Objekt die Scheinaufteilung bei der Ausführung der Methode `zerlege`, vorausgesetzt die Vorräte reichen aus, schreibt die Vorräte fort und merkt sich die Anzahl der verschiedenen Scheine, die auszugeben sind. Danach kann es Auskunft über die auszugebenden Scheine geben.

Dies geschieht getrennt nach Scheinart mit Hilfe der Methoden

```
public int anz500()
public int anz200()
public int anz100()
```

```
public int anz50()
public int anz20()
public int anz10()
public int anz5()
```

Aufgaben

Aufgabe 4-10 (L)

Programmieren Sie die Klassen `Stueckler` und `Geldautomat`.

Aufgabe 4-11 ✧

Überlegen Sie sich eine andere Strategie zur Scheinaufteilung und arbeiten Sie die Klasse `Stueckler` entsprechend um.

5

Variablen, und was damit zusammenhängt

In diesem Kapitel nehmen wir die Natur der Variablen unter die Lupe. Wir erkunden auch das nicht ganz einfache Verhältnis zwischen Variablen und den Daten.

5.1 Wir machen uns ein Bild von einer Variablen

An anderer Stelle in diesem Buch wurde eine Variable mit einem Fach im Arbeitsspeicher des Rechners verglichen, in dem Daten abgelegt werden können. Dieses Fach muss benannt sein, damit man darauf Bezug nehmen kann.

Wir wollen diese Vorstellung nun noch etwas ausgestalten, indem wir die Art und Weise näher bestimmen, wie die Namen an diesen Fächern befestigt sind. Dieses Bild wird Ihnen dabei helfen, mit Variablen und Daten sicher umzugehen.

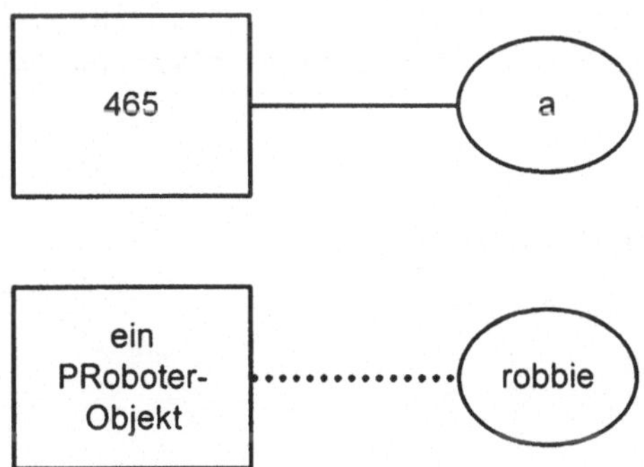

Bild 5-1

Die Variable ist in dieser Vorstellung ein für Daten bestimmtes Fach, an dem ein **Griff** befestigt ist, der mit dem Namen der Variablen beschriftet ist.[1] Bild 5-1 zeigt oben eine Variable mit dem Namen a, deren Fach den Datenwert 465 enthält, also einen ganzzahligen Wert. Diese Konstellation ist z.B. das Ergebnis der Anweisung

```
int a = 465;
```

---

[1]   Die Griffmetapher habe ich in dem sehr empfehlenswerten Buch von Bruce Eckel gefunden. Die bibliographischen Angaben finden Sie im Anhang (Lesetipps).

Darunter finden Sie eine entsprechende Darstellung für eine Variable robbie, deren Fach ein Objekt der Klasse PRoboter enthält, die Sie im letzten Kapitel kennen gelernt haben. Die Anweisung, die zu dieser Anordnung führt, lautet z.B.

```
PRoboter robbie = new PRoboter (100. 10. 's')
```

Die Metapher von dem mit einem Griff besetzten Fach gilt also gleichermaßen für Variablen, die Daten primitiven Typs bezeichnen, und für Objekte. Bild 5-1 suggeriert jedoch auch Unterschiede, die in der anders gezeichneten Verbindung zwischen dem Fach und dem Griff zum Ausdruck kommen:

Während bei primitiven Datentypen die Verbindung zwischen Griff und Fach fest und **unlösbar** ist, sind bei Objekten Griff und Fach nur **lose verbunden**. Ein weiterer Unterschied besteht darin, dass ein Datenfach, das für ein Objekt bestimmt ist, **mehrere Griffe** haben kann, während Fächer für Daten primitiven Typs stets **nur einen einzigen Griff** besitzen.

Im nächsten Abschnitt werden Sie lesen, wie diese Unterschiede in der Bauart zu Unterschieden in der Behandlung der Variablen führen.

5.2   Was Zuweisungen bewirken

Mit einer Zuweisung kann man einer Variablen einen Wert zuweisen oder, um innerhalb der Griff-Fach-Metapher zu bleiben, etwas im Fach ablegen.

Wie Sie an den folgenden Beispielen sehen werden, haben Zuweisungen an Variablen, welche Objekte bezeichnen, völlig andere Konsequenzen als Zuweisungen an Variablen mit primitiven Datentypen.

Zuweisungen an Variablen mit primitivem Datentyp

Wir wollen annehmen, eine Methode enthalte die folgenden Anweisungen:

```
int a = 465;
int b = a;
a = 722;
```

Wir betrachten nun nacheinander die Konsequenzen der drei Zeilen. In der ersten wird eine Variable a vom Typ int deklariert. Gleichzeitig wird ihr der Wert 465 zugewiesen. Bild 5-2 zeigt die daraus resultierende Anordnung im Arbeitsspeicher:

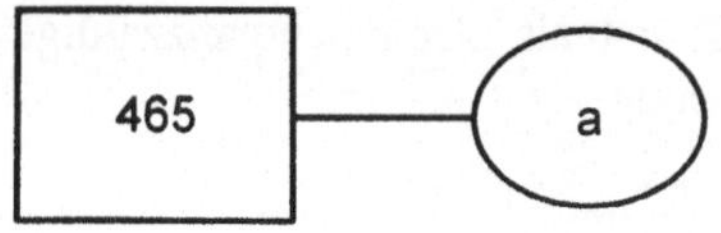

Bild 5-2

In der zweiten Zeile wird eine Variable b deklariert, die ebenfalls vom Typ int ist. Dieser Variablen wird die Variable a zugewiesen. Was dies bedeutet, zeigt das folgende Bild 5-3. Von dem Datenwert im Fach mit dem Namen a wird eine Kopie angelegt, die in das Fach der Variablen b gelegt wird. Die beiden Variablen a und b bezeichnen also nicht identische Daten, sondern nur Daten gleichen Werts.

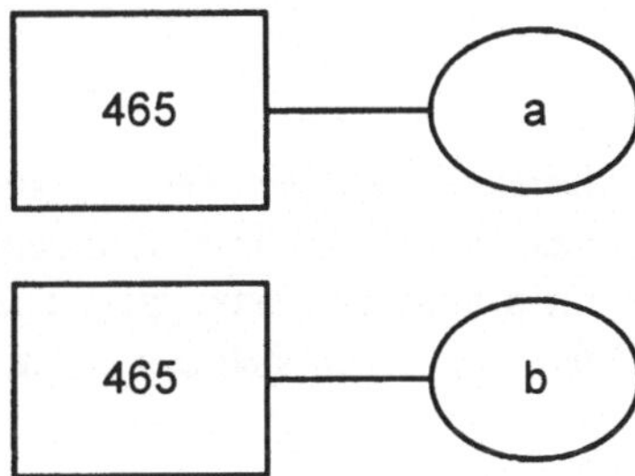

Bild 5-3

Der zuletzt genannte Sachverhalt gewinnt Bedeutung, wenn einer der beiden Variablen ein neuer Wert zugewiesen wird, wie dies in der dritten Zeile geschieht. Die Anweisung a = 722 ersetzt den Wert 465 im Fach von a durch den Wert 722. Variable b bleibt davon gänzlich unberührt, wie Bild 5-4 zeigt:

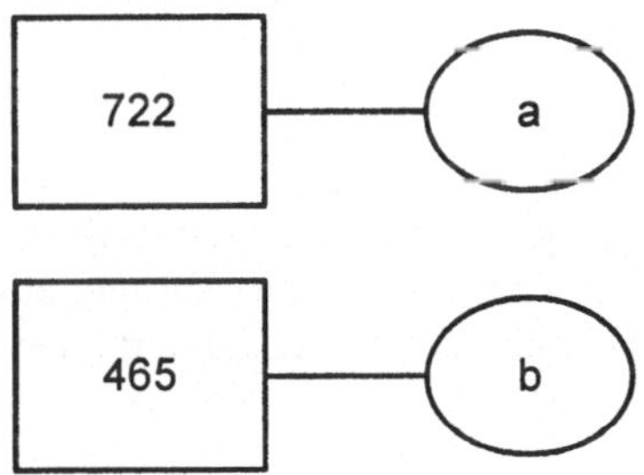

Bild 5-4

Zuweisungen an Variablen, deren Typ eine Klasse ist

Betrachten wir nun eine Folge von Anweisungen, in denen Variablen vorkommen, die auf Objekte verweisen:

```
PRoboter robbie = new PRoboter(10, 10, 'n');
PRoboter manni  = robbie;
PRoboter fred   = new PRoboter(20, 35, 'o');
fred = manni;
```

In der ersten Zeile wird eine Variable namens robbie deklariert, welche ein Objekt vom Typ PRoboter aufnehmen kann. Dieser Variablen wird sogleich ein neu erzeugtes Objekt zugewiesen (Bild 5-5).

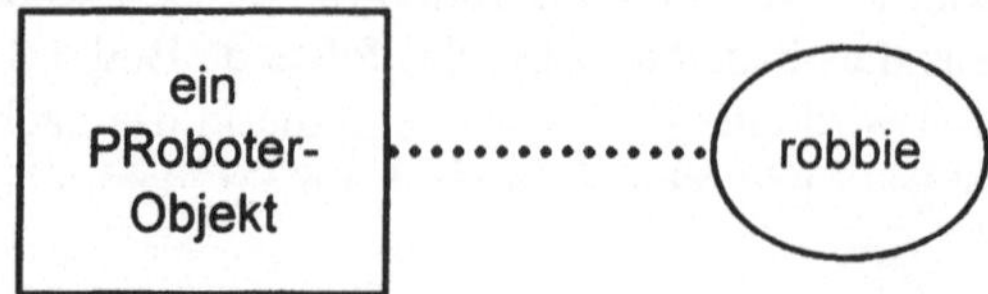

Bild 5-5

In der zweiten Zeile wird die Variable robbie einer neu deklarierten Variablen manni zugewiesen, die ebenfalls vom Typ PRoboter ist. Bild 5-6 zeigt, dass der Effekt dieser Zeile ein
ganz anderer ist als der einer entsprechenden Zuweisung mit primitiven Datentypen. Die
Variablen robbie und manni verweisen nun auf dasselbe Objekt; sie teilen sich das Datenfach.

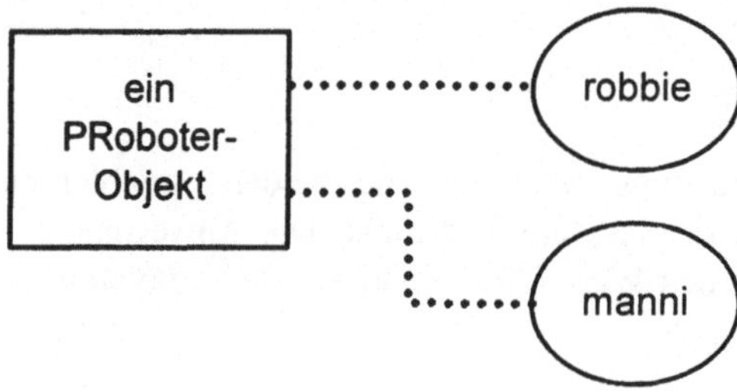

Bild 5-6

Eine Konsequenz dieser Konstellation ist, dass der Roboter nun unter zwei verschiedenen
Namen ansprechbar ist. Er gleicht darin einem Menschen, der zwei Vornamen hat und auf
beide hört. Würden wir in unser obiges Programmfragment nach der zweiten Zeile die beiden Anweisungen

```
robbie.einsvor();
manni.einsvor();
```

einschieben, so würden wir feststellen, dass sich unser Roboter insgesamt zwei Schritte
nach vorne bewegt.

Die dritte Zeile unserer Anweisungsfolge gleicht der ersten, nur der Name der Variablen ist
ein anderer. Die Anweisung bewirkt, dass ein weiteres Objekt der Klasse PRoboter angelegt
und im Fach einer neu deklarierten Variablen fred untergebracht wird (Bild 5-7).

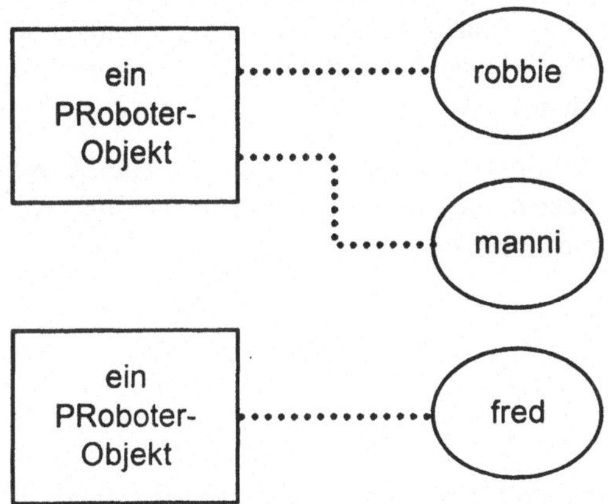

Bild 5-7

In der letzten Anweisung wird der soeben deklarierten Variablen fred die Variable manni zugewiesen. Der Effekt dieser Aktion überrascht nicht, denn die zweite Zeile enthielt bereits eine Zuweisung dieser Art. Der Griff mit der Aufschrift fred ist nunmehr an demselben Datenfach befestigt wie die beiden anderen Griffe. Die drei Variablen teilen sich das Fach.

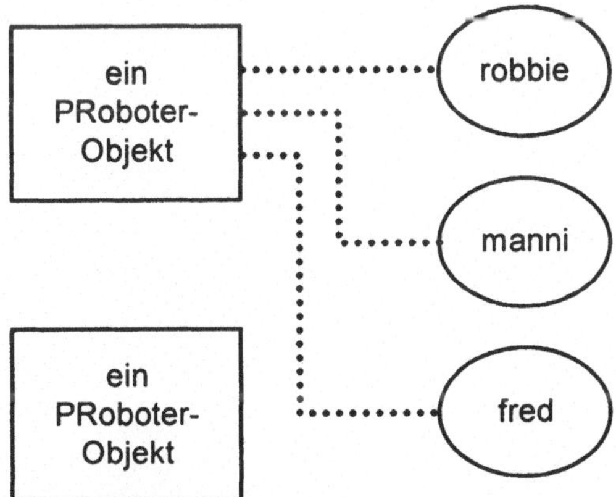

Bild 5-8

Die logische Konsequenz dieser Anordnung ist, dass das oben abgebildete PRoboter-Objekt nun unter drei verschiedenen Namen angesprochen und mit Aufträgen bedacht werden kann.

Bild 5-8 macht auch deutlich, dass das andere PRoboter-Objekt nun überhaupt keinen Griff mehr besitzt. Es ist dementsprechend auch nicht mehr ansprechbar. Es mag zwar noch einige Zeit im Arbeitsspeicher existieren, aber da es keinen Griff mehr besitzt, gibt es auch keine Möglichkeit mehr, etwas damit anzufangen.

Wenn das grifflose Objekt für das Programm nicht mehr wichtig ist, spielt es keine Rolle, dass es keinen Griff mehr hat. Es wird nicht einmal lange Speicherplatz wegnehmen, weil der Java-Interpreter solche freischwebenden Objekte aus dem Arbeitsspeicher entfernt, sobald der Speicherplatz für etwas anderes gebraucht wird.

Leider sind aber viele freischwebende Objekte in der Praxis das Ergebnis falscher Zuweisungen, und nicht das freiwilliger Aufgabe. Setzen Sie also Ihre Zuweisungen sorgfältig, wenn es Ihren Objekten nicht so gehen soll wie dem armen `fred`!

Aufgaben

Aufgabe 5-1

Normalerweise hätte am Ende dieses Abschnitts ein Merksatz gestanden, der den Inhalt der beiden Abschnitte 5-1 und 5-2 kurz zusammengefasst hätte. Formulieren Sie bitte diesen Merksatz selbst!

Aufgabe 5-2 (L)

Versuchen Sie mit Hilfe von Überlegungen und geeigneten Notizen herauszufinden, was das folgende Programm ausgibt. Lassen Sie es danach laufen, um Ihr Ergebnis zu überprüfen.

```java
public class Waskommtraus
{
  public static void main (String[] args)
  { IntIO ea = new IntIO();
    String s1  = "la";
    String s2  = "fliegen";
    String s3  = new String("Fliegen");
    String s4  = "ama";
    String s5  = "wenn";
    String s6  = "nach";
    String s7  = "h";
    String s8  = "am";
    String s9  = "hinter";
    String s10 = "laden";
    String s11 = "?";
    String s12 = "da";

    s1  = s5;                    //Anfang der Umstellungen
    s10 = s2;
    s2  = s9;
    s4  = s3;
    s5  = s10;
    s8  = s6;
    s6  = s10;
    s7  = s4;
    s9  = s8;
```

```
    s8  = s7:                      //Ende der Umstellungen

    ea.writeln(s1 + " " + s2 + " " + s3 + " " + s4 + " " + s5 +
                 " " + s6 + " " + s7 + " " + s8 + " " + s9):
  }

}
```

Aufgabe 5-3

Diese Aufgabe bezieht sich auf das Programm der vorherigen Aufgabe.

Entfernen Sie aus der Ausgabeanweisung am Ende des Programms die Leerzeichen und ändern Sie den Umstellungsteil (durch Kommentare gekennzeichnet) so ab, dass die Ausgabe lautet:

hamaamamaladenamalada?

Dies ist fränkisch und bedeutet: „Haben wir ein Marmeladeneimerchen da?

5.3 Sichtbarkeit und Zugriff

Vielleicht haben Sie es selbst schon festgestellt: nicht von allen Stellen eines Programms aus kann man auf alle Variablen zugreifen, die in den Klassen dieses Programms benutzt werden. Im Informatikerjargon spricht man auch von der **Sichtbarkeit** einer Variablen. Eine Variable gilt an den Stellen des Programms als sichtbar, von denen aus man auf sie zugreifen kann, an allen anderen Stellen als nicht sichtbar.

Wo eine Variable sichtbar ist, hängt vor allem von der **Stelle** ab, an der sie deklariert ist. Darüber hinaus haben bei manchen Variablen Zugriffsspezifikationen wie `private` oder `public` Einfluss auf die Sichtbarkeit.

Wo Variablen deklariert sein können

Generell kann man eine Variable nur innerhalb einer Klasse deklarieren. Es ist also nicht möglich, an den Quelltext einer Klasse nach der schließenden Klammer, die den Abschluss der Klasse markiert, noch eine Variablendeklaration anzufügen.

Eine nützliche Unterscheidung von Variablen erhalten wir, wenn wir darauf abstellen, ob eine Variable innerhalb oder außerhalb einer Methode deklariert ist.

5.4 Variablen innerhalb von Methoden: lokale Variablen

Variablen, die im Rumpf oder in der Parameterklammer einer Methode deklariert sind, werden **lokale Variablen** genannt. Im Rumpf der Methode `links` der Klasse PRoboter (s. Kapitel 4) wird eine lokale Variable neueRichtung deklariert:

```
public void links()
```

```
{ char neueRichtung = ' ';
  if (richtung == 'n') neueRichtung = 'w';
  if (richtung == 'w') neueRichtung = 's';
  if (richtung == 's') neueRichtung = 'o';
  if (richtung == 'o') neueRichtung = 'n';
  richtung = neueRichtung;
}
```

Diese Variable ist nur innerhalb der Methode sichtbar. Mit anderen Worten: von anderen
Methoden der Klasse oder gar von anderen Klassen aus kann man darauf nicht zugreifen.
Die Werte, die im Datenfach einer solchen Variablen gespeichert werden, sind darüber
hinaus sehr kurzlebig. Sie werden nur so lange aufgehoben, wie die Ausführung der
Methode während eines einzigen Auftrags andauert.

Variablen dieser Art haben den Charakter von Hilfsvariablen. Sie werden gebraucht, um im
Verlauf eines Algorithmus einen Wert zwischenzuspeichern. Ist der Algorithmus beendet,
wird der Wert nicht mehr benötigt und kann wieder vergessen werden.

Die Klasse Akkumulator, die im vierten Kapitel im Rahmen eines Programms zur Errechnung von Kennzahlen verwendet wurde, enthält die Methode aktualisiere, die vom Auftraggeber einen Parameterwert unter dem Namen wert entgegennimmt:

```
public void aktualisiere(double wert)
{ summe = summe + wert;
  anzahl = anzahl + 1;
  if (wert > maximum || anzahl == 1) maximum = wert;
}
```

Der Inhalt der Variablen wert kann nur innerhalb der Methode aktualisiere gelesen
werden. Variablen, die in Parameterklammern der Kopfzeile einer Methode deklariert werden, sind nur in dieser Methode sichtbar und können deshalb wie die im Rumpf deklarierten
als lokale Variablen bezeichnet werden.

Parametervariablen, die sich auf Objekte beziehen

Ein kleines Beispiel soll helfen, die Beziehungen zwischen Variablen und Objekten bei der
Parameterübergabe zu verstehen.[2]

Wir betrachten ein Programm, das aus einer ausführbaren Klasse TestAus und einer nicht
ausführbaren Klasse Ausgeber besteht. Außerdem wird ein Objekt der Klasse IntIO verwendet. Das Programm gibt zwei Zeilen auf den Bildschirm aus, wobei zur Ausgabe der einen
Zeile direkt in TestAus ein Auftrag an das IntIO-Objekt ergeht, für die Ausgabe der zweiten
Zeile wird ein Auftrag an ein Objekt der Klasse Ausgeber erteilt.

Das Besondere an dem Programm ist nun, dass das Ausgeber-Objekt kein eigenes IntIO-
Objekt braucht, um seine Zeile auszugeben, sondern dasselbe Objekt verwenden kann, das
auch in TestAus zur Ausgabe benutzt wird.

---

[2]   Das Beispiel dient nur diesem Zweck. Suchen Sie also keinen tieferen Sinn dahinter.

```
public class TestAus
{
  public static void main(String[] args)
  { IntIO io = new IntIO();
    Ausgeber a = new Ausgeber();
    a.gibAus(io);
    io.writeln("Guten Tag");
  }
}

public class Ausgeber
{
  public void gibAus(IntIO ea)
  { ea.writeln("Hallo");
  }
}
```

In TestAus, das nur aus der Methode main() besteht, werden zunächst das IntIO-Objekt io und das Ausgeber-Objekt a erzeugt. Danach ergeht der Auftrag an a, die Methode gibAus auszuführen. Hierbei wird die Variable io als Parameter mitgegeben. Danach wird io mit dem Auftrag bedacht, den Text „Guten Tag" auszugeben.

Aus dem Quelltext der Methode gibAus ersehen wir, was beim Aufruf dieser Methode geschieht. Die IntIO-Variable wird dort unter dem Namen ea in Empfang genommen und anschließend zur Ausgabe des Texts „Hallo" benutzt.

Bild 5-10 veranschaulicht den Effekt der Parameterübergabe. Auf dasselbe IntIO-Objekt, das in der Methode main von TestAus unter dem Namen io geführt wird, wird auch dem Objekt a in seiner Methode gibAus ein Griff zur Verfügung gestellt. Dieser Griff hat den Namen ea. Wenn also aus main und gibAus heraus Aufträge zur Ausgabe von Texten erteilt werden, gehen diese an dasselbe IntIO-Objekt.

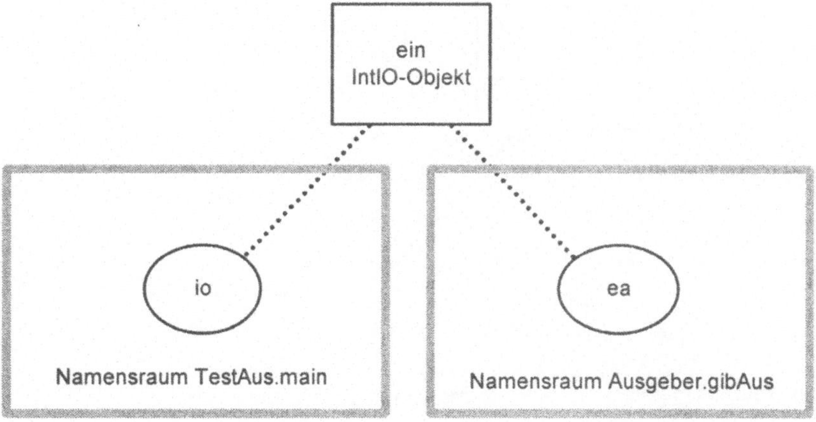

Bild 5-10: Nach der Parameterübergabe gibt es zwei Griffe an dem IntIO-Objekt

Der Griff ea hat nur so lange Bestand, wie die Methode gibAus mit der Ausführung ihres
Auftrags beschäftigt ist. Danach wird der Griff wieder abgebaut. Das Objekt, an dem ea
befestigt war, existiert jedoch auch danach noch und kann in main unter dem Namen io
benutzt werden, solange diese Methode noch nicht beendet ist.

Namensräume

Betrachten wir nun eine Variante des vorhergehenden Beispiels. Wir wollen hierfür TestAus
leicht abändern (Änderungen fett):

```
public class TestAus
{
  public static void main(String[] args)
  { IntIO ea = new IntIO();
    Ausgeber a = new Ausgeber();
    a.gibAus(ea);
    ea.writeln("Guten Tag");
  }
}
```

Die IntIO-Variable in TestAus.main hat nun denselben Namen wie die Variable, die in der
Parameterklammer von Ausgeber.gibAus deklariert ist. Wir haben jetzt zwei Griffe mit
demselben Namen an dem IntIO-Objekt, nämlich ea (Bild 5-11).

Wie können zwei Griffe gleichen Namens überhaupt nebeneinander existieren? Die innerhalb einer Methode definierten Variablen und die in der Parameterklammer der Kopfzeile
definierten sind lokale Variablen dieser Methode. Nur in dieser Methode sind sie bekannt
und nur dort können sie benutzt werden. Im OOP-Jargon sagt man, die Methode repräsen-
tiere einen eigenen **Namensraum**. Die Benennung von Variablen in einem Namensraum
kann unabhängig von der Benennung in einem anderen Namensraum erfolgen.

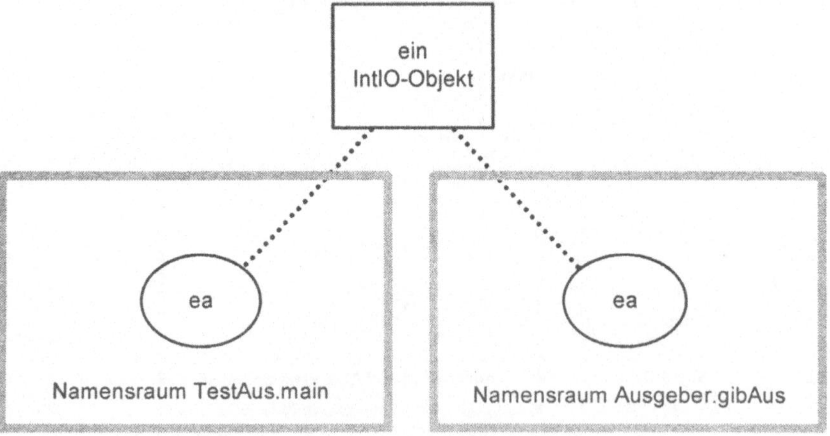

Bild 5-11:   zwei gleichnamige Griffe an demselben Objekt

5.5   Variablen außerhalb von Methoden

Wenn wir wollen, dass eine Variable ihren Wert über den Aufruf einer Methode hinaus behält, so müssen wir sie außerhalb der Methoden deklarieren. Es gibt zwei Unterformen solcher Variablen, die **Instanzenvariablen (Objektvariablen)**, die Sie bereits kennen, und die **Klassenvariablen**, die in einem späteren Kapitel behandelt werden.

Instanzenvariablen sind im gesamten Objekt sichtbar, so dass man aus dem Objekt heraus über jede Methode der betreffenden Klasse auf sie zugreifen kann. Im Gegensatz zu lokalen Variablen, die nur eine kurze Lebenszeit haben, behalten Instanzenvariablen ihre Daten, solange das betreffende Objekt existiert. Das ist im Maximalfall bis zur Beendigung des Programms.

Zugriffsspezifikation und Sichtbarkeit von Instanzenvariablen

Deklariert man Instanzenvariablen als `private`, wie es allgemein empfohlen wird, so ist kein Zugriff darauf von außerhalb des betreffenden Objekts möglich. Sind sie dagegen als `public` deklariert, so kann man von jeder Stelle aus darauf zugreifen, von der man auch auf das Objekt zugreifen kann, in das sie eingebettet sind.

Dies soll am Beispiel der folgenden beiden Klassen demonstriert werden:

```
public class Zugriffstest
{
  public static void main(String[] args)
  { EineKlasse ek = new EineKlasse();
    int a = ek.getVariableA();
    int b = ek.variableB;
  }
}
public class EineKlasse
{
  public EineKlasse()
  { variableA = 100;
    variableB = 200;
  }

  public int getVariableA()
  { return variableA;
  }

  private int variableA;
  public  int variableB;
}
```

Die Variable `variableA`, die in `EineKlasse` als `private` deklariert wurde, ist in der Methode `main` von `Zugriffstest` nicht sichtbar. Die einzige Möglichkeit, von dort aus an ihren Wert zu kommen, ist über den Aufruf der Methode `getVariableA`.

Dagegen kann die als `public` deklarierte `variableB` direkt von `main` aus gelesen werden, wie die letzte Zeile dieser Methode zeigt.

Es stellt sich die Frage, weshalb man Instanzenvariablen überhaupt als `private` deklarieren soll, wenn doch der Zugriff darauf viel einfacher ist, wenn sie mit der Spezifikation `public` versehen werden.

Weshalb Instanzenvariablen privat bleiben sollten

Es sind vor allem zwei Gründe, die für private Instanzenvariablen sprechen: Sicherheit und Wartbarkeit.

Sicherheit

Machen wir Instanzenvariablen öffentlich zugänglich, so riskieren wir, dass ihnen von außerhalb des Objekts Werte zugewiesen werden, die nicht korrekt oder sogar unsinnig sind. Haben wir beispielsweise eine Klasse `Mitarbeiter` mit einer öffentlich zugänglichen Instanzenvariablen `gehalt`, so könnte von einer beliebigen Programmstelle aus, die Zugriff auf ein `Mitarbeiter`-Objekt hat, das Gehalt willkürlich geändert werden.

Deklarieren wir aber die Instanzenvariable als `private` und sehen wir eine Methode zur Änderung des Gehalts vor, so können wir innerhalb dieser Methode prüfen, ob der Auftrag zur Gehaltsänderung auch korrekt ist. Die folgende Methode vollzieht eine Gehaltsanpassung nur dann, wenn das neue Gehalt größer als das alte und kleiner als das Doppelte des alten Gehalts ist:

```
public void aendereGehalt(int neuesGehalt)
{ if (neuesGehalt > gehalt && neuesGehalt <= 2 * gehalt)
    gehalt = neuesGehalt;
}
```

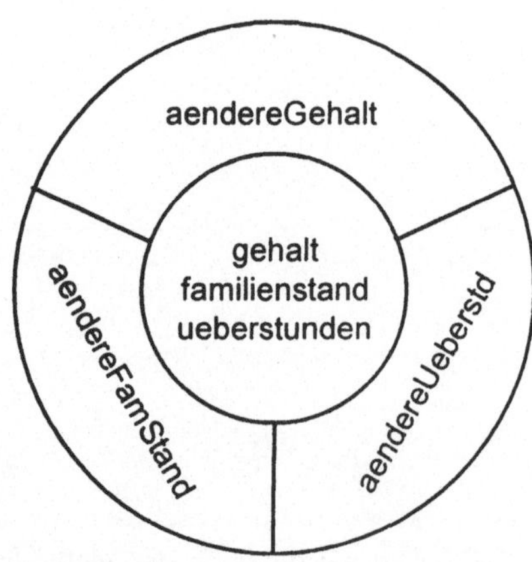

Bild 5-12: Die Methoden schützen die Instanzenvariablen wie eine Kapsel

Diese Technik, den direkten Zugriff auf Instanzenvariablen zu verwehren und Änderungen nur über Methoden zuzulassen, wird in der Fachsprache als **Kapselung** oder **Einkapselung** bezeichnet. Bild 5-12 zeigt, wie sich die Methoden schützend wie eine Kapsel um die Instanzenvariablen legen.

Stabile Schnittstellen und Wartbarkeit

Es gibt Klassen, die von vielen anderen Programmen benutzt werden. Ein Beispiel ist die Klasse IntIO, die bisher in allen Programmen des Buchs verwendet wurde.

Nun ist aber keineswegs garantiert, dass eine Klasse wie IntIO für alle Zeit unverändert bleiben kann. Unter Umständen finden sich für manche Anweisungen im Laufe der Zeit bessere Lösungen, vielleicht werden auch in neueren Versionen des JDK Möglichkeiten verfügbar, mit denen einiges besser programmiert werden kann.

Lässt man den Zugriff auf Objekte nur über Methoden zu, wie dies bei IntIO der Fall ist, so sind Änderungen im Inneren der Klasse unbeschränkt möglich, solange man nur die Kopfzeilen der Methoden unverändert lässt. Diese stellen die **Schnittstelle** dar, über die die Klasse benutzt werden kann. Andere Klassen, welche IntIO benutzen, können dies auch nach Änderungen tun, wenn diese Änderungen sich auf das Innere von IntIO beschränken und die Schnittstelle dabei stabil bleibt. Beispielsweise ist es ohne weiteres möglich, die Methoden radikal umzuschreiben oder die Instanzenvariablen auszutauschen.

Erlaubt man dagegen auch den Zugriff von außen auf Instanzenvariablen, so werden sich in den Programmen, welche die Klasse benutzen, auch Zugriffe auf diese Variablen finden. Würde man nun die Variablen verändern, so müssten alle Programme, die sich darauf beziehen, umgeschrieben werden. Abgesehen von dem Aufwand, der dafür nötig wäre, ist es gar nicht so einfach, diese Programme zu finden.

Es ist deshalb ein Prinzip guter Programmierung, Instanzenvariablen als eine private Angelegenheit der Objekte zu betrachten und sie dementsprechend zu deklarieren. Ein Programmierer der eine Bibliotheksklasse benutzt, die er nicht selbst programmiert hat, bekommt diese Klasse meist nur im übersetzten Zustand und erfährt normalerweise überhaupt nicht, welche Instanzenvariablen darin deklariert sind. Er braucht dieses Wissen auch nicht, weil die Kenntnis der Schnittstelle, also der mit public deklarierten Methoden, zum Gebrauch der Klasse ausreicht.

Diesen Grundsatz, die Instanzenvariablen und die sonstigen Interna einer Klasse vor dem Benutzer zu verbergen, nennt man das **Geheimnisprinzip**.

Aufgabe 5-4

Studieren Sie im Anhang die Schnittstellenbeschreibung der Klasse IntIO.

Aufgabe 5-5

Fassen Sie den Inhalt der Abschnitte 5.3 bis 5.5 in wenigen Sätzen zusammen.

5.6 Initialisierung von Variablen

Jeder Programmierer sollte darauf achten, dass die von ihm benutzten Variablen sinnvolle Werte aufweisen. Viele Fehler entstehen dadurch, dass Programmierer sich darauf verlassen, dass ihre Variablen von selbst mit den richtigen Anfangswerten ausgestattet werden.

Zwar ist Java in dieser Hinsicht eine recht sichere Sprache, die tatsächlich bei vielen Variablen für Anfangswerte sorgt. Aber nicht in jedem Fall ist dieser Anfangswert der vom Programmierer gewünschte.

Instanzenvariablen

Instanzenvariablen und Klassenvariablen **primitiven Datentyps** werden von Java grundsätzlich mit einem **Standard-Anfangswert** ausgestattet. Welcher Wert dies ist, hängt vom Typ ab:

```
boolean                 false
byte, short, int, long  0
float                   +0.0f
double                  +0.0
```

Es ist trotzdem keine schlechte Idee, Instanzenvariablen zu initialisieren, weil man damit den Anfangswert für den Leser des Programms sichtbar macht. Die Initialisierung kann entweder gleich bei der Deklarierung erfolgen, also z.B. so

```
int ueberstunden = 0;
```

oder im Konstruktor. Welchen Weg man wählt, ist gleichgültig, aber man sollte einheitlich verfahren, so dass der Leser die Information an einer einzigen Stelle findet. Werden Instanzenvariablen mit Werten aus Übergabeparametern des Konstruktors besetzt, wie bei der Klasse Waehrungsrechner aus dem dritten Kapitel, so ist die Initialisierung allerdings nur im Konstruktor möglich.

Bei **Variablen**, die Objekte bezeichnen, ist eine Initialisierung nicht möglich. Solange einer solchen Variablen kein bestimmtes Objekt zugewiesen ist, verweist sie auf null, d.h. auf nichts.

Lokale Variablen

Generell werden lokale Variablen nicht automatisch initialisiert. Allerdings stellt der Compiler mit entsprechenden Fehlermeldungen sicher, dass diese Variablen vor ihrer ersten Verwendung mit einem Anfangswert versorgt werden.

5.7 Wenn Variablen sich verbergen ◇

Es ist nicht zulässig, zwei Variablen mit demselben Namen und identischen Namensräumen zu deklarieren. Eine solche Deklaration ergäbe auch keinen Sinn, denn es wäre weder für den Programmierer noch für die Java-Maschine möglich, die beiden Variablen zu unterscheiden.

Erlaubt ist jedoch in manchen Fällen, eine Variable zu deklarieren, deren Namensraum innerhalb des Namensraums einer gleichnamigen Variablen liegt. Konflikte zwischen den beiden Variablen werden mit Hilfe einer einfachen Regel vermieden: Wird an einer Programmstelle der mehrfach vergebene Variablenname benutzt, so ist die Variable gemeint, deren Namensraum die betreffende Programmstelle am engsten umschließt.

Ein kleines Anwendungsbeispiel soll dies veranschaulichen. Die Klasse Ausgeber2 enthält zwei ganzzahlige Variablen mit dem Namen x: eine davon ist als Instanzenvariable deklariert, die andere als lokale Variable der Methode gibAus2(). Der Namensraum dieser zweiten Variablen ist auf gibAus2() beschränkt und liegt damit innerhalb des Namensraums der Instanzenvariablen x, der sich über das gesamte Ausgeber2-Objekt erstreckt.

Beide Methoden, gibAus1() und gibAus2(), enthalten eine Anweisung zur Ausgabe von x. In gibAus1() wird diese Anweisung auf die Instanzenvariable x bezogen; die innerhalb von gibAus2() deklarierte Variable kann an dieser Stelle gar nicht angesprochen werden. Die Ausgabeanweisung in gibAus2() nimmt auf die dort deklarierte Variable Bezug, weil deren Namensraum die Aufrufanweisung enger umschließt als der Namensraum der Instanzenvariablen.

```
public class Ausgeber2
{
  public void gibAus1(IntIO io) throws Exception
  { io.writeln(x);                                    // Ausgabe: 10
  }

  public void gibAus2(IntIO io) throws Exception
  { int x = 20;
    io.writeln(x);                                    // Ausgabe: 20
  }

  int x = 10;
}
```

Man kann übrigens in unserem Beispiel die Sichtbarkeit der Instanzenvariablen x in gibAus2() wieder herstellen, indem man sie mit einer um das Schlüsselwort this erweiterten Bezeichnung anspricht. Mit der folgenden Version von gibAus2() wird nicht die lokale, sondern die Instanzenvariable ausgegeben:

```
public void gibAus2(IntIO io) throws Exception
{ int x = 20;
  io.writeln(this.x);                                 // Ausgabe: 10
}
```

6

Steueranweisungen: Vertiefung

Das wichtigste Ziel dieses Kapitels ist, Ihre Fähigkeiten zur Formulierung von Algorithmen weiter auszubauen. Weil dadurch auch umfangreichere und anspruchsvollere Programmieraufgaben in Ihre Reichweite gelangen, enthält der letzte Abschnitt des Kapitels einige Ratschläge, wie man solche Aufgaben angehen kann.

6.1   Verzweigungen, ineinander geschachtelt

Häufig kann ein Problem durch eine Aneinanderreihung von Entscheidungen gelöst werden. Verzweigungen können zu diesem Zweck verschachtelt werden, d.h. die Anweisung, welche als Folge einer Bedingung ausgeführt werden soll, ist selbst wieder eine Verzweigung.

Das folgende Programm Pilzex soll Pilzliebhabern bei der Diagnose ihrer Funde helfen. Der Benutzer gibt einige wesentliche Eigenschaften der gefundenen Pilze ein und erhält dann einen fundierten Ratschlag zu ihrer Verwertung. Klagen über Fehldiagnosen sind bisher nicht laut geworden.

Bild 6-1 zeigt einen Beispieldialog zwischen dem Benutzer und dem System.

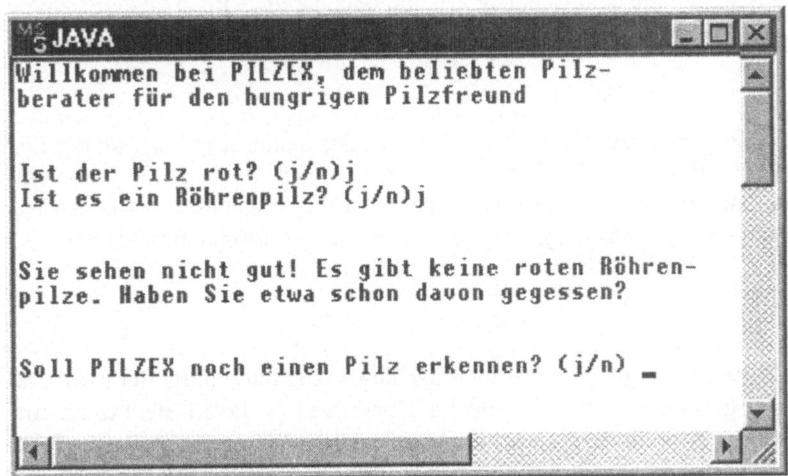

Bild 6-1:   Ein Beispieldialog mit Pilzex

Pilzex besteht aus mehreren Klassen. Neben der ausführbaren Klasse Pilzex selbst, die in gewohnter Weise die Rolle des Koordinators übernimmt, ist ein Objekt der Klasse Pilzrater beteiligt, welches für die eigentliche Diagnose zuständig ist. Ein Objekt der Klasse IntIO wickelt die Kommunikation mit dem Benutzer ab.

Wir betrachten zunächst die ausführbare Klasse Pilzex:

```java
public class Pilzex
{
  public static void main(String[] args)throws Exception
  { IntIO io = new IntIO();
    Pilzrater pilzi = new Pilzrater();
    io.writeln("Willkommen bei PILZEX, dem beliebten Pilz-");
    io.writeln("berater für den hungrigen Pilzfreund");
    char antwort = 'j';
    while (antwort == 'j')
    {
      io.advance(2);
      boolean rot = io.readChar("Ist der Pilz rot? (j/n)")== 'j';
      boolean roehren = io.readChar("Ist es ein Röhrenpilz? (j/n)")== 'j';
      io.advance(2);
      io.writeln(pilzi.rate(rot, roehren));
      io.advance(2);
      antwort = io.readChar("Soll PILZEX noch einen Pilz erkennen? (j/n) ");
    }
  }
}
```

Nach dem Erzeugen der beiden Objekte io und pilzi und dem Ausgeben eines Begrüßungstexts folgt eine Schleife, die dem Benutzer erlaubt, beliebig viele Pilze diagnostizieren zu lassen. Die Abfragen der Pilzeigenschaften sind sehr kompakt geschrieben. Die Zeile

```java
boolean rot = io.readChar("Ist der Pilz rot? (j/n)")== 'j';
```

ist aus drei Anweisungen zusammengesetzt: Zunächst wird der Benutzer gefragt, ob der Pilz rot sei. Danach wird geprüft, ob die Antwort (‚j' oder ‚n') mit dem Buchstaben ‚j' übereinstimmt. Das Ergebnis, dieser Überprüfung (true oder false) wird dann der Variablen rot vom Typ boolean zugewiesen. Etwas länger hätte man dies auch so formulieren können:

```java
char c = io. readChar("Ist der Pilz rot? (j/n)");
boolean rot = c == 'j';
```

Dass in der zweiten Zeile der Vergleich mit == vor der Zuweisung mit = ausgeführt wird, ist eine Folge der in Java geltenden Vorrangregeln für Operatoren (s. Java-Referenz im Anhang). Wenn Ihnen diese Schreibweise unheimlich ist, können Sie auch die Reihenfolge durch Klammerung hervorheben

```java
boolean rot = (c == 'j');
```

oder, etwas länger, schreiben:

```
if (c == 'j') rot = true;
else rot = false;
```

Nach der Abfrage der Pilzeigenschaften werden diese dem `Pilzrater`-Objekt `pilzi` mit dem Auftrag `pilzi.rate(rot, roehren)` zur Auswertung übergeben. Es wird ein String als Ergebnis zurückgeliefert, der gleich an `io` zur Ausgabe durchgereicht wird.

In der Klasse `Pilzrater` sehen Sie nun zum ersten Mal ineinander geschachtelte Verzweigungen:

```
public class Pilzrater
{
   public String rate(boolean rot, boolean roehren)
   {
     if (rot)
        if (roehren)
           return ("Sie sehen nicht gut! Es gibt keine roten Röhren- \n" +
                   "pilze. Haben Sie etwa schon davon gegessen?");
        else
           return ("Sie sollten vorsichtig sein, mein Lieber! \n" +
                   "Haben Sie Ihren Versicherungsbeitrag gezahlt?");
     else   // nicht rot
        if (roehren)
           return ("Wahrscheinlich ein hervorragender Speisepilz \n" +
                   "Greifen Sie zu und laden Sie Ihre Freunde ein!");
        else
           return ("Leider kein Genuss ohne Risiko. Halten Sie auf \n" +
                   "jeden Fall einen Schnaps bereit!");
   }
}
```

Die Einrückungen der beiden inneren Verzweigungen dienen nur der Übersicht und dem besseren Verständnis. Eine weiter eingerückte Entscheidung wird damit als Unterentscheidung der weiter außen stehenden gekennzeichnet.

Die Bedeutung dieser geschachtelten Verzweigungen lässt sich an einem **Entscheidungsbaum** veranschaulichen (Bild 6-2). Die Entscheidung beginnt ganz oben an der „Wurzel" des Baums und schreitet nach unten fort. Im Falle eines „Ja" bzw. `true` wird jeweils der linke Ast verfolgt, im Falle eines „Nein" bzw. `false` der rechte. Am unteren Ende der Äste stehen die Konsequenzen, die sich aus der Erfüllung bzw. Nichterfüllung der Bedingung ergeben. Im Baum von Bild 6-2 sind die Konsequenzen der obersten Entscheidung zunächst weitere Entscheidungen. Erst die Konsequenzen dieser Entscheidungen sind dann konkrete Diagnoseergebnisse. Sie stehen ganz unten in den „Blättern" des Baums.[1]

---

[1] Dass in der Informatik die Bäume von oben nach unten wachsen, ist für einen Kenner der Natur etwas gewöhnungsbedürftig. Der passionierte Informatiker, der ganz in seinem Beruf aufgeht, wird dagegen häufig durch die natürliche Form der Bäume überrascht.

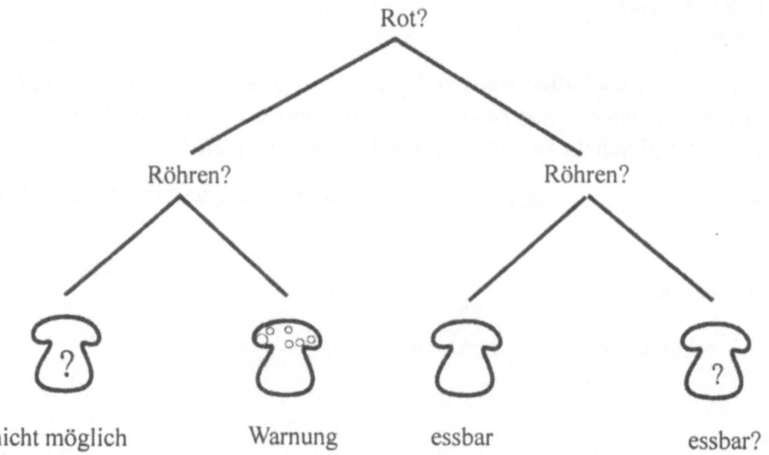

Bild 6-2: Entscheidungsbaum für die Pilzdiagnose

Verzweigungen mit Entscheidungsbäumen entwerfen

Komplizierte geschachtelte Verzweigungen sollten Sie niemals direkt aus dem Hinterkopf auf die Tastatur übertragen. Es könnte sonst sein, dass Ihr Programm etwas ganz anderes macht, als Sie sich vorgestellt haben. Glücklicherweise ist der Entscheidungsbaum ein Instrument, mit dem man solche Verzweigungen nicht nur veranschaulichen, sondern auch entwerfen kann.

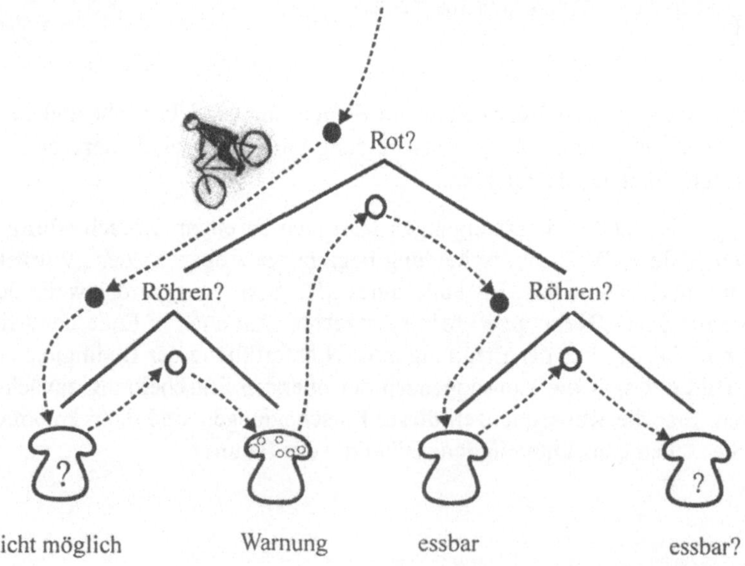

Bild 6-3: Ableiten des Programmtexts durch Umfahren des Baums

Die Umsetzung des Entscheidungsbaums in den Programmtext ist völlig problemlos, wenn im Baum von jedem Knoten, an dem eine Entscheidung gefällt wird, beide Zweige abgehen. Bei unserem Pilzberatungssystem ist dies der Fall.

Man umfährt hierzu gedanklich den Baum gegen den Uhrzeigersinn, beginnend bei der Wurzel (Abb. 6-3). Gelangt man, von oben kommend, an eine Entscheidungsstelle, so setzt man das if für die betreffende Entscheidung (ausgefüllter Kreis). Kommt man zum zweiten Mal an die Entscheidungsstelle, nunmehr von unten kommend, dann setzt man das else (nicht gefüllter Kreis). Wird bei der Umfahrung ein Blattknoten berührt, so wird die Anweisung für die dort vermerkte Konsequenz eingefügt. Die Umfahrung bzw. die Formulierung des Verzweigungstexts ist abgeschlossen, wenn der letzte, eine Konsequenz enthaltende Blattknoten erreicht wurde.

Entscheidungen mit unbesetzten Ästen

Enthält der Baum Entscheidungsstellen, von denen nur ein einziger Zweig abgeht, so muss man etwas anders verfahren. Das einfachste Vorgehen ist, für die fehlenden Zweige leere Anweisungen einzufügen. In dem Entscheidungsbaum von Abb. 6-4 sind b1, b2 und b3 Bedingungen bzw. Entscheidungen, k1, k2 und k3 sind Konsequenzen, die keine Entscheidungen sind. Der Baum ist insofern unvollständig, als vom Entscheidungsknoten mit der Bedingung b2 zwar der Ja-Zweig abgeht, nicht aber der Nein-Zweig.

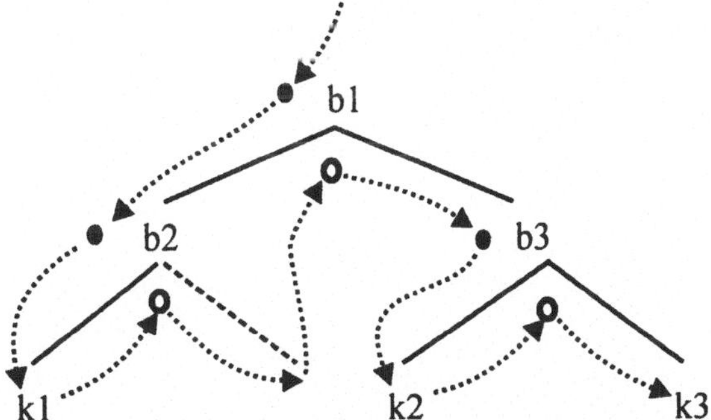

Bild 6-4:   Entscheidungsbaum mit unbesetztem Nein-Zweig

Bei der Zusammenstellung des Programmtexts können wir so tun, als ob der Nein-Zweig vorhanden wäre. Anstatt aber eine konkrete Konsequenz an das betreffende else anzuhängen, fügen wir eine Leeranweisung ein. Diese besteht lediglich aus einem Semikolon, also dem Zeichen, das jede Anweisung abschließt:

```
if (b1)
   if (b2) <k1>
   else    ;              // Leeranweisung
else
   if (b3) <k2>
   else    <k3>
```

Bitte beachten Sie, dass <k1>, <k2> und <k3> keine gültigen Java-Anweisungen sind, sondern nur Platzhalter für solche Anweisungen.

Schlampig geschriebene Verzweigungen verstehen

Wenn Sie Probleme haben, mit den schlampig geschriebenen Verzweigungen eines anderen zurechtzukommen, oder auch, wenn Sie selbst eine geschachtelte Verzweigung geschrieben haben und sie auch verstehen wollen, kann Ihnen mit einer einfachen Regel geholfen werden. Sie heißt **Paarungsregel,** und Sie können damit feststellen, welche if und else zusammengehören. Hier ist sie:

> *Gehe die Anweisung von vorne nach hinten durch.*
> *Suche nach dem jeweils nächsten else und paare es mit*
> *dem nächsten davor liegenden, noch ungepaarten if.*

Damit Sie merken, dass es sich hierbei um eine völlig unverfängliche Sache handelt, führen Sie die Paarung am besten gleich für das vorstehende Beispiel durch. Verbinden Sie zusammengehörige if und else jeweils durch eine Klammer neben dem Programmtext. Den wahren Wert der Paarungsregel werden Sie allerdings erst erkennen, wenn Sie auf stark verschachtelte Anweisungen treffen, die nicht eingerückt sind.

Aufgaben

Aufgabe 6-1: die Paarungsregel anwenden

Die Kleinschmidt Partnervermittlung bietet ihren Kunden ein Programm an, das nach Eingabe eines Partnerprofils einen konkreten Traumpartner vorschlägt. In diesem Programm kommen die folgenden schlampig geschriebenen (nicht eingerückten) geschachtelten Verzweigungen vor. Wenden Sie die Paarungsregel an, um den Sinn der Anweisungen zu erkennen und zeichnen Sie anschließend den dazu gehörigen Entscheidungsbaum.

```
if (maennlich)
if (sportlich)
```

```
if (muskelnWichtiger)
if (prominent) traum = "Arnold Schwarzenegger";
else traum = "Franz Kleinschmidt";
else
if (prominent)traum = "Lothar Matthäus";
else traum = "Egon Kleinschmidt";
else
if (musischBegabt)
(prominent) traum = "Johannes Heesters";
else traum = "Sebastian Kleinschmidt";
else
if (prominent) traum = "Helmut Kohl";
else traum = "Friedrich Kleinschmidt";
else
if (sportlich)
if (prominent) traum = "Franzi von Almsieck";
else traum = "Franziska Kleinschmidt";
else
if (musischBegabt)
if (prominent) traum = "Margot Hellwig";
else traum = "Walburga Kleinschmidt";
else
if (prominent) traum = "Margaret Thatcher";
else traum = "Frieda Kleinschmidt";
```

Aufgabe 6-2: Entscheidungsbäume mit unbesetzten Zweigen (L)

Schreiben Sie den Programmtext für die beiden folgenden Entscheidungsbäume:

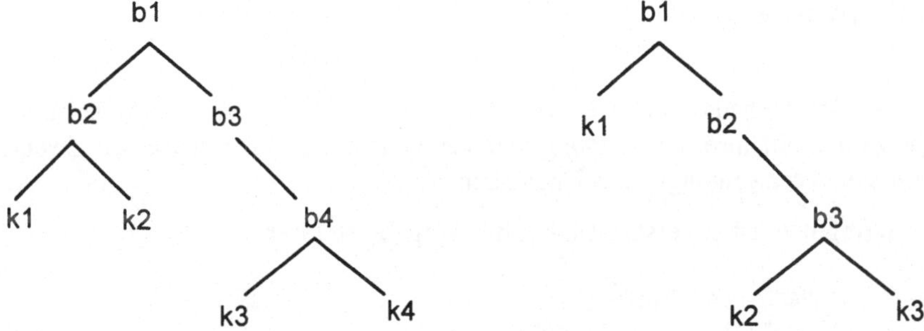

Aufgabe 6-3

Entwerfen und programmieren Sie ein Beratungs- oder Diagnosesystem nach der Art von Pilzex. Beispielthemen:

- Ratgeber für den Autokauf

- Reparaturratgeber fürs Auto

- Ratgeber für die Wahl einer Studienrichtung

- Ratgeber für die Wahl eines Lokals in Ihrer Heimatstadt

- System zur Identifikation einer Tierart

- Ratgeber zur Auswahl einer Geldanlage

6.2   Mehrfachauswahl

Von einer Mehrfachauswahl spricht man, wenn es in Abhängigkeit vom Wert einer Variablen mehr als zwei Möglichkeiten der Fortsetzung gibt, jeweils aber nur eine dieser Möglichkeiten zum Zuge kommen kann.

Wir betrachten im Folgenden einen solchen Fall. Innerhalb eines Programms wollen wir den Benutzer den Namen einer Person eingeben lassen und ihm dann das Alter dieser Person zeigen. Von vier Personen ist uns das Alter bekannt; gibt der Benutzer einen anderen Namen ein, soll die Meldung „Name nicht bekannt" ausgegeben werden (Bild 6-5).

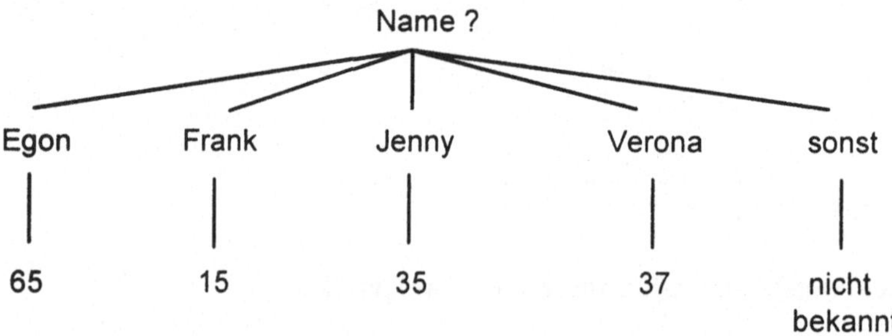

Bild 6-5:   eine Mehrfachauswahl

In Java ist für die Mehrfachauswahl eine besondere Anweisung, die switch-Anweisung, vorgesehen. Wir wollen auf ihre Verwendung hier verzichten, weil man denselben Zweck auch gut mit Hilfe von Verzweigungen erreichen kann.

Das folgende Codefragment ist ein erster Ansatz, die Aufgabe zu lösen:

```
String name = io.readString("Name: ");
if (name.equals("Egon"))   io.writeln("65 Jahre");
if (name.equals("Frank"))  io.writeln("15 Jahre");
if (name.equals("Jenny"))  io.writeln("35 Jahre");
if (name.equals("Verona")) io.writeln("37 Jahre");
if (!(name.equals("Egon")  || name.equals("Frank") ||
      name.equals("Jenny") || name.equals("Verona")))
   io.writeln("Name nicht bekannt");
```

Darin werden fünf unvollständige Verzweigungen benutzt, wovon jede eine der in Bild 6-5 abgebildeten Möglichkeiten behandelt. Es fällt auf, dass der Fall, in dem der Name unbekannt ist, der „Sonst-Fall", eine sehr komplizierte Bedingung erfordert.

Aber auch in anderer Hinsicht erscheint dieser Versuch nicht optimal. Das hängt damit zusammen, dass von den verschiedenen Möglichkeiten bei der Mehrfachauswahl jeweils nur eine auftreten kann. Ist der eingegebene Name „Jenny", so kann er nicht gleichzeit „Egon" oder „Frank" sein.

Nehmen wir an, dass der Benutzer den Namen „Egon" eingibt. Der Egon-Fall ist der erste in unserem Programmstück, so dass bereits die erste der fünf unvollständigen Verzweigungen greift. Obwohl nun an dieser Stelle bereits feststeht, dass bei keiner der folgenden vier Verzweigungen die Prüfung der Bedingung ein positives Ergebnis erbringen kann, müssen trotzdem alle vier geprüft werden. Ein unnötiger Aufwand!

Eine effizientere und elegantere Lösung erhalten wir mit vollständigen, geschachtelten Verzweigungen:

```
if (name.equals("Egon"))       io.writeln("65 Jahre"):
else if (name.equals("Frank")) io.writeln("15 Jahre"):
else if (name.equals("Jenny")) io.writeln("35 Jahre"):
else if (name.equals("Verona")) io.writeln("37 Jahre"):
else io.writeln("Name nicht bekannt");
```

In dieser Fassung werden nur solange Bedingungen geprüft, bis die zum Zuge kommende Möglichkeit gefunden ist. Bild 6-6 zeigt den Entscheidungsbaum, der dieser Formulierung entspricht.

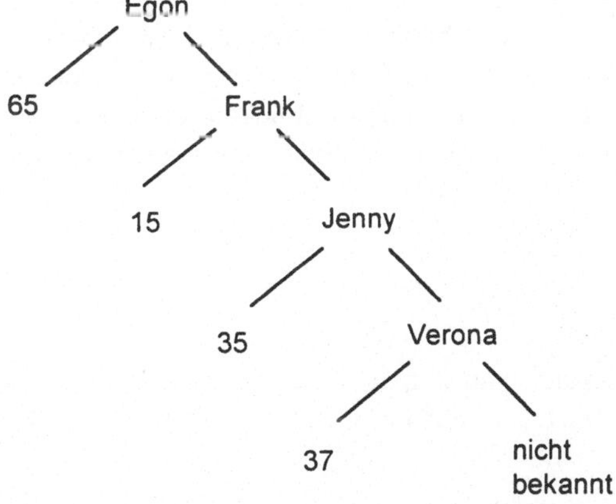

Bild 6-6:   Entscheidungsbaum für die Formulierung der Mehrfachauswahl mit if / else

Aber, aber, so werden Sie vielleicht fragen, wo bleiben die Einrückungen im Text, auf die vorher soviel Wert gelegt wurde? Die Antwort ist: Hier würden sie nur verwirren, weil keine echte mehrstufige Entscheidung vorliegt, sondern eine Mehrfachauswahl mit einander ausschließenden Möglichkeiten.

Geschachtelte Verzweigungen, die eine echte mehrstufige Entscheidung darstellen, sollen mit Einrückungen geschrieben werden. Für die Darstellung einer

*Mehrfachauswahl mit Verzweigungen sind keine Einrü-
ckungen notwendig.*

Aufgaben

Aufgabe 6-4 (L)

Schreiben Sie ein Programm, welches für eine eingelesene Ziffer die Textentsprechung ausgibt, also z.B. „drei" für 3.

Aufgabe 6-5

Wie 6-4, jedoch soll nun der Text eingegeben und die dazu gehörige Ziffer ausgegeben
werden.

Aufgabe 6-6

Wie 6-4, jedoch soll die Textentsprechung für eine ganze Zahl z, $19 < z < 100$, ausgegeben
werden.

6.3   Weitere Schleifentypen

Neben der im vierten Kapitel behandelten abweisenden Schleife gibt es in Java noch zwei
weitere Schleifentypen, die Zählschleife und die annehmende Schleife. Keine von beiden ist
unbedingt nötig, weil man mit der abweisenden Schleife alles ausdrücken kann, was man
mit den anderen beiden Formen auszudrücken vermag, aber sie erlauben in manchen Fällen
bequemere Formulierungen.

Die Zählschleife (for-Schleife)

Die **Zählschleife,** auch for-Schleife genannt, kann man immer dann verwenden, wenn die
Anzahl der Schleifendurchläufe vor dem ersten Durchlauf bestimmt werden kann. Sie hat
die allgemeine Form

```
for ( Initialisierung; Durchführungsbedingung; Veränderungsanweisung)
   Anweisung
```

In der **Initialisierungsanweisung** wird eine Schleifenvariable deklariert und initialisiert.
Diese Variable wird gebraucht, um die Anzahl der Durchläufe zu steuern. Die Initialisierung wird nur einmal vor dem ersten Durchlauf ausgeführt. Gewöhnlich werden für Schleifenvariablen die Namen i oder j benutzt.

Die **Durchführungsbedingung** nennt die Voraussetzung für einen weiteren Schleifendurchlauf. Sie wird vor jedem Durchlauf überprüft. Nur wenn sie erfüllt ist, wird der Schleifenrumpf ausgeführt. Es kann vorkommen, dass die Bedingung bereits vor dem ersten
Durchlauf nicht erfüllt ist, so dass der Schleifenrumpf überhaupt nicht betreten wird.

Die **Veränderungsanweisung** legt fest, wie sich die Schleifenvariable am Ende eines jeden Durchlaufs verändert. Am häufigsten ist (wenn die Schleifenvariable i heißt) die Anweisung i++ bzw. i=i+1, d.h. nach jedem Durchlauf wird i um 1 erhöht.

Die folgende Schleife gibt die ganzen Zahlen von 1 bis 100 rechtsbündig aus. Der Schleifenrumpf besteht hier aus einer Einzelanweisung. Beachten Sie, dass im Schleifenrumpf keine Anweisung zur Fortschreibung der Schleifenvariablen i enthalten ist, weil das Hochzählen von i bereits im Schleifenkopf geregelt ist.

```
for (int i = 1; i < 101; i++)
   io.writeln(i, 4);
```

Das nächste Beispiel zeigt eine Schleife, deren Rumpf aus einer Verbundanweisung, einem Block, besteht. Die Zahlen von 1 bis 100 werden zusammen mit ihren Quadraten ausgegeben.

```
for (int i = 1; i < 101; i++)
{ io.write(i, 4);
   io.writeln(i * i, 8);
}
```

Niemals: die Schleifenvariable im Rumpf fortschreiben!

Die folgende Schleife gibt die ungeraden Zahlen im Bereich 1 bis 100 aus. **Das Beispiel ist nicht zur Nachahmung empfohlen!** Wenn Sie auf Ihre Reputation in der Welt der Programmierer Wert legen, dann verändern Sie niemals die Schleifenvariable einer for-Schleife im Rumpf der Schleife. Für die Angabe der Veränderung ist ein Platz in der Kopfzeile vorgesehen. Jeder Leser des Programms wird dort nachsehen, wenn er wissen will, wie sich die Schleifenvariable nach jedem Durchlauf verändert. Wenn Sie nun zusätzliche Veränderungen in den Schleifenrumpf aufnehmen, täuschen Sie den Leser.

```
for (int i = 1; i < 101; i++)
{ io.writeln(i, 4);
   i = i + 1;                        //verbrecherische Programmierung
}
```

Besser liest sich die folgende Version der Schleife, die auch kürzer ist als die erste:

```
for (int i = 1; i < 101; i = i + 2)
    io.writeln(i, 4);
```

Die annehmende Schleife (do-while-Schleife)

Bei dieser Schleifenart wird die Durchführungsbedingung am Ende des Schleifendurchlaufs überprüft, so dass der Rumpf mindestens einmal ausgeführt wird (Bild 6-7).

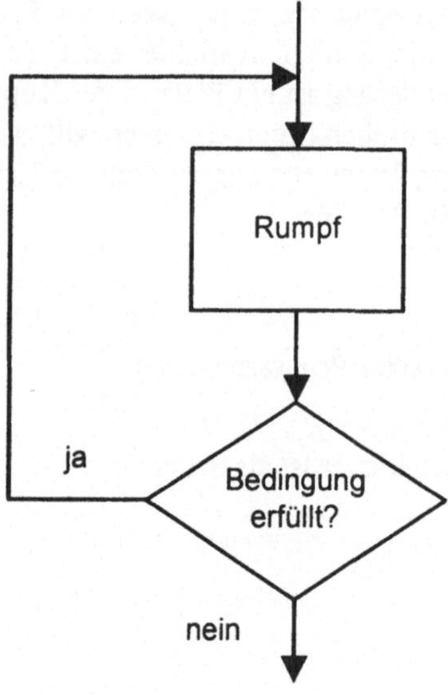

Bild 6-7:   Ablaufdiagramm für die annehmende Schleife

Die allgemeine Form der annehmenden Schleife lautet (Beachten Sie das Semikolon am Ende!):

```
do Anweisung while ( Bedingung) ;
```

Die folgende Schleife gibt die ganzen Zahlen von 1 bis 100 aus:

```
int i = 1;
do
{ io.writeln(i);
  i = i + 1;
}
while (i < 101);
```

6.4 Endlosschleifen und die Anweisung break

Unter Endlosschleifen versteht man Schleifen, die niemals aufhören zu laufen. Sie sind gewöhnlich das Ergebnis eines Programmierfehlers.

Die folgende Schleife ist eine Endlosschleife, weil keine der Variablen, die in der Eingangsbedingung enthalten sind, im Verlauf des Schleifendurchlaufs verändert wird. Das Ergebnis, das sich bei der Prüfung der Eingangsbedingung ergibt, lautet daher immer true.

```
int a = 100;
int b = 1;
while (a > b)
  io.writeln("a ist größer als b");
```

Man hätte die Schleife mit demselben Ergebnis auch so formulieren können:

```
while (true)
  io.writeln("a ist größer als b");
```

Aber auch das ergibt nicht viel Sinn.

Die Anweisung break

Diese Anweisung erlaubt, die Ausführung einer Schleife abzubrechen, also aus der Schleife „herauszuspringen". Der Schleifenkopf while (true), der im obigen Beispiel zu einer Endlosschleife führte, wird in Verbindung mit break zu einem nützlichen Hilfsmittel. In der folgenden Schleife werden vom Benutzer eingegebene positive Ganzzahlen quadriert, bis dieser (als Zeichen des Abbruchs) eine negative ganze Zahl eingibt:

```
int zahl = 0;
while (true)
{ zahl = io.readInt("Zahl (< 0 für Abbruch): ");
  if (zahl < 0) break;
  else io.writeln("Quadrat : " + zahl * zahl);
}
```

6.5   Geschachtelte Schleifen

Wie bei Verzweigungen ist auch bei Schleifen eine Schachtelung möglich. Mit anderen
Worten: der Rumpf einer Schleife kann wieder eine Schleife sein.

Besonders häufig kommen Schachtelungen von zwei Zählschleifen vor. Insbesondere **Sortieralgorithmen** haben oft zwei geschachtelte Zählschleifen. Wir betrachten zunächst jedoch eine sehr viel einfacheres Beispiel, welches besonders bei Erstklässlern sehr beliebt
ist.

Es gibt das Einmaleins von 1*1 bis 10*10 aus und benutzt hierzu zwei Zählschleifen, die
äußere mit der Schleifenvariablen i, die innere mit der Schleifenvariablen j:

```
for (int i = 1; i < 11; i++)
  for (int j = 1; j < 11; j++)
  { io.write(i,5);
    io.write(j,5);
    io.writeln(i*j, 5);
  }
```

Aufgaben

Aufgabe 6-7: Nummernschlösser   (L)

In einer Fabrik für Fahrrad-Nummernschlösser soll der neue Computer die Schließnummern
festlegen.[2] Jedes Schloss wird mit einer dreistelligen Nummer geöffnet. Der Computer soll
alle Nummern ausgeben. Fahrradschlösser mit zwei oder gar drei gleichen Ziffern nimmt
die Kundschaft nicht ab, also darf sie der Computer nicht aufschreiben. Damit nicht soviel
Platz verbraucht wird, soll der Computer jeweils zehn Nummern nebeneinander schreiben,
etwa so:

> 012 013 014 015 016 017 018 019 021 023
>
> 024 025 026 027 028 029 031 032 034 035
>
> usw.

Hinweis: Die Aufgabe mag leichter fallen, wenn Sie schrittweise vorgehen:

- Schreiben Sie das Programm erst so, dass alle möglichen Zahlenkombinationen (also
  auch die unerwünschten) ausgegeben werden, und zwar jede in einer Zeile.

- Ändern Sie dann das Programm so, dass nur die erwünschten Kombinationen ausgegeben werden.

- Ändern Sie das Programm noch einmal, um die vorgeschriebene Ausgabeform herzustellen.

---

[2] Diese wunderschöne Aufgabe stammt aus: H. Erbs u. O. Stolz, Einführung in die Programmierung mit Pascal, Stuttgart 1986.

Ihr Programm soll aus einer ausführbaren Klasse Nummernschloesser und der Klasse IntIO bestehen.

Aufgabe 6-8: Zahlenraten

Schreiben Sie ein Programm, das eine Zufallszahl generiert und den Benutzer diese Zahl erraten lässt. Wie das Programm im einzelnen ablaufen soll, sehen Sie am besten aus dem untenstehenden Beispieldialog.

Zur Generierung der Zufallszahlen können Sie die Klasse Random in der Bibliothek java.util verwenden. Setzen Sie hierfür eine Importanweisung in die oberste Zeile Ihrer ausführbaren Klasse:

```
import java.util.*;
```

Mit

```
Random r = new Random();
```

erzeugen Sie ein Objekt dieser Art. Danach können Sie mit Hilfe der Methode nextInt Zufallszahlen im gewünschten Bereich abrufen:

```
int zahl = r.nextInt(101);
```

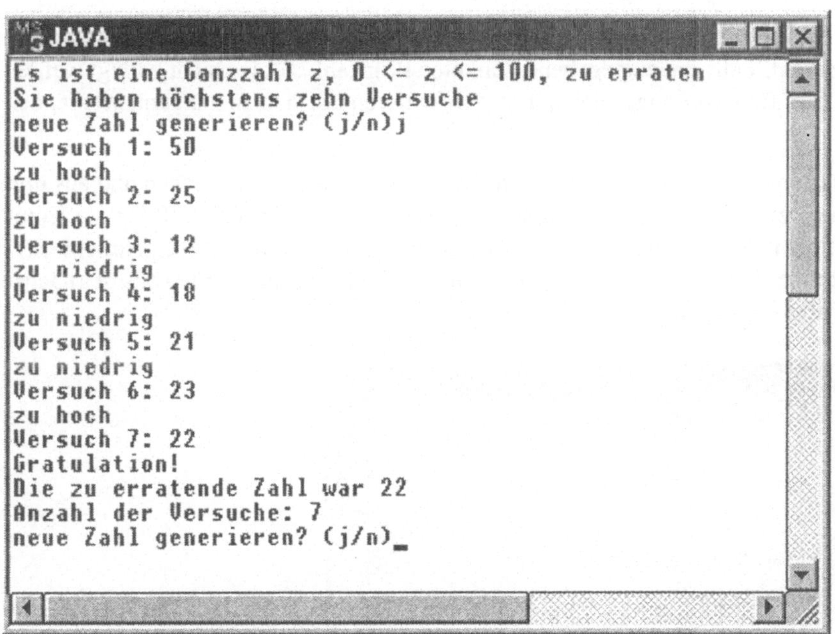

Aufgabe 6-9: Fibonacci-Zahlen (L)

Der italienische Mathematiker Fibonacci (1180 bis ca. 1250) beschäftigte sich in seinem Buch „Liber Abaci" (Das Buch vom Rechenbrett) u.a. mit der Frage, wie viele Kaninchen in einer bestimmten Zeit aus einem Kaninchenpaar entstehen, wenn man die Kaninchen nur macht lässt, was sie gerne tun. Den zeitlichen Verlauf der Population beschreibt Fibonacci durch die Folge

$$1, 1, 2, 3, 5, 8, 13, 21, \ldots$$

Jedes Glied dieser Folge, außer den beiden ersten, entspricht der Summe der beiden vorhergehenden. Schreiben Sie ein Programm, das die ersten n (n vom Benutzer gewählt) Zahlen der Folge ausgibt. Kaufen Sie dann Kaninchen und überprüfen Sie das Ergebnis.

Aufgabe 6-10: Fibonacci-Zahlen

Dies ist eine Variante der vorhergehenden Aufgabe: Ihr Programm soll dem Benutzer erlauben, die n-te Fibonacci-Zahl abzurufen, n = 1, 2, 3 , ...

Aufgabe 6-11: Fibonacci-Zahlen

Und noch eine Variante: Schreiben Sie das Programm so, dass der Benutzer in den Fibonacci-Zahlen „blättern" kann. Er startet mit einer Zahl seiner Wahl (s. Aufgabe 6-10) und kann danach mit den Befehlen v(orwärts) und r(ückwärts) jeweils die vorherige bzw. nachfolgende Zahl abrufen. Wenn der Benutzer an die untere oder obere Grenze des möglichen Bereichs stößt, soll eine entsprechende Meldung ausgegeben werden.

Aufgabe 6-12: Zerlegung einer ganzen Zahl in ihre Primfaktoren (L)

Schreiben Sie ein Programm, das vom Benutzer eingegebene positive ganze Zahlen in ihre Primfaktoren zerlegt. Falls die eingegebene Zahl eine Primzahl ist, also nicht zerlegt werden kann, soll dies dem Benutzer angezeigt werden. Orientieren Sie sich an dem untenstehenden Beispieldialog.

Gestaltungsvorschlag: Das Programm soll dem Koordinatormuster entsprechen und aus drei Klassen bestehen: einer ausführbaren Klasse `Primfaktoren`, der Klasse `IntIO` für die Kommunikation mit dem Benutzer und einer Klasse `Faktorisierer`, welche die eigentliche Zerlegung durchführt. Sehen Sie in `Faktorisierer` eine Methode vor, mit der jeweils der nächste Faktor abgerufen werden kann.

```
Ganzzahl (Abbruch, wenn <= 0):27
Primfaktoren:
=============
3
3
3
Ganzzahl (Abbruch, wenn <= 0):338
Primfaktoren:
============
2
13
13
Ganzzahl (Abbruch, wenn <= 0):0
Programm wird beendet
```

6.6   Wie löst man ein Programmierproblem?

Gemeint sind hier die kleineren Aufgaben, mit denen der Programmieranfänger in seinen ersten beiden Lernjahren zu tun hat. Für größere Programmierprobleme gibt es spezielle Techniken, die hier nicht behandelt werden.

Der wichtigste Grundsatz, der für alle Arten von Programmieraufgaben gilt, lautet:

Erst planen, dann programmieren.

Je größer die Aufgabe ist, umso höher ist der Anteil, den die Planung an der gesamten Entwicklungszeit einnimmt.

Bei den Aufgaben von beschränktem Umfang, die wir hier im Sinn haben, sind es vor allem zwei Themen, auf die sich die Planung konzentriert:

- Es ist eine Aufteilung des gesamten Programms in Klassen zu finden.

- Es müssen geeignete Algorithmen gefunden werden.

Es wird in der Theorie der Softwareentwicklung viel darüber diskutiert, welche dieser beiden Planungsaufgaben man zuerst angehen soll. Soll man zuerst den Aufbau des Systems festlegen oder lieber erst die schwierigen Algorithmen entwerfen?

Wer schon einige größere Programmierprobleme gelöst hat, der weiß, dass es eine Planung, bei der man erst strikt den einen Bereich und dann den anderen bearbeitet, gar nicht gibt. Hat man den einen Teil der Planung hinter sich und vertieft sich anschließend in den anderen, so merkt man meist, dass einige der vorher getroffenen Entscheidungen verbessert werden können. In der Praxis ist die Planung deshalb eher ein Hin- und Herpendeln zwischen den beiden Bereichen.

Jeder Programmierer muss selbst die Form finden, die ihm besser entspricht. Entscheidend ist nur, dass beide Bereiche der Planung durchgeführt werden sollten, bevor man anfängt zu programmieren.

Wie findet man geeignete Klassen?

In einem ersten Schritt kann die Gesamtaufgabe in Verantwortungsbereiche eingeteilt werden. Diese entsprechen den später zu schreibenden Klassen.

Welche Anhaltspunkte gibt es für die Einteilung in Verantwortungsbereiche? Generell können Sie sich an den Grundsätzen für die Gestaltung von Systemen orientieren, die im zweiten Kapitel behandelt wurden. Hier noch einige konkrete Hilfen:

- Muster der Zusammenarbeit, wie z.B. das in diesem Buch vorgestellte Koordinatormuster, geben eine vorteilhafte Struktur vor.

- Der Kern der Programmaufgabe (die „Programmlogik"), also z.B. die Ermittlung von Primfaktoren, sollte stets von der Ein- und Ausgabe getrennt sein.[3] Stellen Sie

---

[3] Bei Beispielen, die nur aus wenigen Zeilen bestehen, wird in diesem Buch manchmal von dem Grundsatz der Trennung von Programmlogik und Ein-/Ausgabe abgewichen.

sich am Besten vor, Sie müssten später das Programm mit einer anderen Benutzeroberfläche ausstatten.

- Viele Klassen haben eine Entsprechung in Systemen außerhalb der Software. Beispiele dafür sind PRoboter, Waehrungsrechner und Chiffrierer. Klassen dieser Art
sind besonders nützlich, wenn wir im Rechner ein externes System nachbilden,
also bei der Simulation. Objekte des simulierten Systems entsprechen dann Objekten des simulierenden Systems.

- Denken Sie auch an die Wiederverwendung einer Klasse. Wenn Ihnen für eine
Klasse neben Ihrer aktuellen Anwendung fünf weitere einfallen, in denen diese
Klasse nützlich sein könnte, sind Sie auf dem richtigen Weg.

- Griffige Namen. Wenn sich eine Klasse mit einem nicht zu langen Namen prägnant
kennzeichnen lässt, ist dies ein gutes Zeichen. Beispiele: Mitarbeiter, Kunde,
Auftrag, Roboter, Waehrungsrechner, Chiffrierer. Aber seien Sie selbstkritisch!
Der Name allein bringt's nicht. Das Verhalten der Klasse muss auch dazu passen.

Schritt für Schritt die Klassen entwerfen

Tasten Sie sich bei der Einteilung in Verantwortungsbereiche bzw. Klassen Schritt für
Schritt vor. Gehen Sie nicht zu schnell in Details. Sie können beispielsweise zunächst jeder
Klasse einen Namen geben und ihren Verantwortungsbereich mit einem einzigen Satz beschreiben. Erst danach gehen Sie daran, die Methoden festzulegen. Widerstehen Sie dabei
der Versuchung, bereits das Innere der Methoden zu planen! Beschränken Sie sich darauf,
die Kopfzeilen zu notieren.

Die Klassen müssen zusammenpassen

Nachdem Sie die Methoden zusammengestellt haben, können Sie für die einzelnen Programmaufgaben **Kollaborationsdiagramme** entwerfen. Auch wenn Sie diese vielleicht zunächst in grober Form zeichnen, sollten Sie im Endergebnis Exaktheit anstreben. Nur so
werden Sie merken, ob Sie alle notwendigen Methoden vorgesehen haben und ob die
Methoden die Informationen liefern, die gebraucht werden.

Wie findet man einen Algorithmus für eine bestimmte Aufgabe?

Anfangs wird es für Sie ein Problem sein, sich die ganzen Anweisungen und Syntaxvorschriften der Programmiersprache zu merken. Da ist es am besten, wenn Sie sich zunächst
ganz von der Programmiersprache lösen und die Aufgabe ohne Rechnerhilfe lösen, also
nur mit Bleistift und Papier. **Formulieren Sie ein konkretes Beispiel**, mit dem Sie probieren können. Sobald Sie eine Ahnung haben, wie Sie das Problem angehen könnten,
schreiben oder zeichnen Sie das Vorgehen möglichst übersichtlich auf das Papier. Es macht
nichts, wenn Sie dazu mehrmals ansetzen müssen.

Die **Umsetzung des Vorgehens** in die Programmiersprache ist nur ein kleiner weiterer
Schritt. Wenn Ihr Programm aus mehreren Klassen bestehen soll, wird sich der Algorithmus
unter Umständen über mehr als eine Klasse erstrecken.

Aufgaben

Die beiden folgenden Aufgaben zeigen, wie man mit Vorüberlegungen zu einer recht einfachen Lösung eines Problems kommen kann.

Aufgabe 6-13: Mustererkennung (L)

Der Benutzer gibt Kleinbuchstaben ein, einen nach dem anderen. Das Programm prüft, ob in der Folge die Folge der Kleinbuchstaben a, e, i, o, u enthalten ist, wobei vor, nach und zwischen diesen Buchstaben beliebige weitere Zeichen erlaubt sind. Sobald die verlangten Buchstaben vorliegen, wird die Eingabe mit einer entsprechenden Meldung für den Benutzer abgebrochen. Beispieldialog s. unten.

Bearbeitungshinweise:

Eine mögliche Lösungsstrategie beruht auf der Unterscheidung verschiedener Zustände, von 0 (noch keiner der gesuchten Buchstaben aufgetreten) bis 5 (alle aufgetreten). Zeichnen Sie hierzu ein Zustandsdiagramm (s. Kapitel 4).

Schreiben Sie Ihre Lösung so, dass sie später leicht mit einer anderen Benutzeroberfläche ausgestattet werden kann.

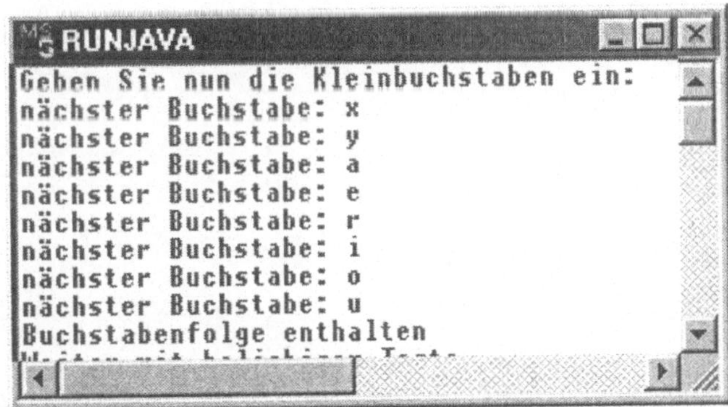

Aufgabe 6-14

Variante zur vorstehenden Aufgabe: die Buchstaben a, e, i, o, u sollen nunmehr in der eingegebenen Zeichenkette **unmittelbar aufeinander** folgen.

7

Rekursion ✧

Rekursion (abgeleitet vom lateinischen recurrere; deutsch: zurücklaufen) bedeutet in der OOP, dass eine Methode sich selbst aufruft. Die Rekursion verursacht eine Wiederholung von Anweisungen, ohne dass dazu Schleifen benötigt würden. Die **rekursive Programmierung** ist damit eine Alternative zur Programmierung mit Schleifen, der **iterativen Programmierung**.

Das Prinzip der Rekursion wird im folgenden nur an wenigen kleinen Beispielen erläutert. Diese reichen aber aus, um einige gute und schlechte Seiten dieser Technik hervorzuheben.[1]

Wir werden im übrigen nur die Texte der rekursiven Methoden betrachten, nicht aber die umgebende Klassen. Instanzen- und Klassenvariablen spielen bei den Beispielen keine Rolle, so dass die Beschränkung auf die Methoden keine Verständnisprobleme bereiten wird.

7.1   Rekursive Definitionen

Rekursive Methoden sind eng verwandt mit der Technik der rekursiven Definition von Begriffen in der Mathematik. Dabei definiert man Dinge, indem man sich auf gleichartige Dinge bezieht. Sie werden jetzt vielleicht an Sätze denken wie "eine Rose ist eine Rose" oder "ein Freund ist ein Freund", aber ganz so einfach macht man es sich nicht. Wir wollen das Prinzip der rekursiven Definition am gängigsten Beispiel betrachten, der Definition der Fakultätsfunktion. Sie lautet:

> Sei n eine ganze Zahl größer oder gleich 0. Die **Fakultät** von n,
> geschrieben n!, ist
>
> | | |
> |---|---|
> | 1 | für n = 0; |
> | n * (n - 1)! | für n > 0. |

Dass wir mit Hilfe dieser Definition für jedes n den Wert von n! benennen können, liegt daran, dass für n = 0 ein konkreter Wert genannt wird, auf dem die Berechnung aller anderen Werte aufbauen kann. Wollen wir z.B. den Wert von 1! bestimmen, so sagt uns die letzte Zeile der Definition, dass er sich aus 1 * (1-1)!, also aus 1 * 0! ergibt. Da wir 0! kennen, können wir 1! bestimmen. Kennen wir aber 1!, so können wir auch leicht 2! bestimmen, usw.

---

[1] Für Studenten der Informatik ist ein tieferes Verständnis der Rekursion wünschenswert. Die Rekursion wird in allen Büchern zu Algorithmen und Datenstrukturen behandelt (s. Lesetipps) und auch in vielen Einführungen in die Informatik.

Die Regel für n = 0 funktioniert also wie ein Anker, ohne den die gesamte Definition ins Schwimmen geriete. Man bezeichnet eine solche Regel auch als **Basis** der Definition, den dazugehörigen Wert von n (hier 0) als **Basisfall**.

7.2 Rekursive Methoden

Kennt der Programmierer eine rekursive Definition einer Größe, dann ist es für ihn nur noch eine Kleinigkeit, eine Methode zu ihrer Errechnung zu schreiben. Er kann die Formulierung der Definition fast wörtlich übernehmen.

Eine rekursive Methode zur Fakultätsberechnung

Die Methode für die Fakultätsfunktion lautet:

```
public long fak(int n)
{ if (n == 0) return 1;
  else return n * fak(n-1);
}
```

Das Ausrufezeichen kann hier leider nicht zur Benennung der Fakultätsfunktion verwendet werden, weil es in der Programmiersprache schon eine feste Bedeutung hat. Wir nehmen deshalb mit fak vorlieb.

Die Anweisung nach dem if behandelt den Basisfall. Die Anweisung, welche die Rekursion hervorruft, steht hinter dem else. Bei der Berechnung von fak(n) ruft die Methode sich selbst mit fak(n-1) auf.

Wie läuft eine rekursive Methode ab?

Für den Programmieranfänger ist es häufig schwer zu akzeptieren, dass das Hinschreiben einer rekursiven Definition genügt, um eine Berechnung anzustoßen. Wir wollen deshalb den Ablauf eines Aufrufs der rekursiven Fakultätsmethode im Detail betrachten (Bild 7-1).

Nehmen wir an, die Fakultät solle für n = 3 errechnet werden. Bei der Abarbeitung dieses Auftrags kommt der else-Zweig zum Zuge, weil die Bedingung für den Basisfall nicht gegeben ist. Die Methode ruft sich nun selbst mit fak(2) auf und wartet auf das Ergebnis dieses Aufrufs. Bei der Ausführung von fak(2) wird wieder der else-Zweig beschritten und die Methode wird zum dritten Mal, nun mit fak(1), aufgerufen. Aus fak(1) erfolgt der Aufruf fak(0), der das Ende der Kette darstellt. Denn nun ist der Basisfall erreicht, so dass der if-Zweig beschritten wird. Der enthält keinen Aufruf der Methode, sondern die Anweisung, den Wert 1 an die auftraggebende Stelle zu liefern. Die auftraggebende Stelle ist für fak(0) der Methodendurchlauf für fak(1). Dort kann der gelieferte Wert in die Berechnung eingebunden werden, so dass auch der Durchlauf für fak(1) abgeschlossen werden kann, und zwar mit der Lieferung des Werts 1 an die auftraggebende Stelle, in diesem Fall den Durchlauf für fak(2). Dort kann nun ebenfalls mit Hilfe des gelieferten Werts die Arbeit abgeschlossen werden. Das Ergebnis 2 wird an den Durchlauf für fak(3) geliefert, wo nun das endgültige Ergebnis 6 errechnet werden kann.

Der Basisfall wird also mit dem vierten Aufruf der Methode erreicht. Man kann sich leicht klarmachen, dass das Funktionieren der Rekursion davon abhängt, dass irgendwann der Basisfall erreicht wird und die Selbstaufrufe der Methode ein Ende nehmen.

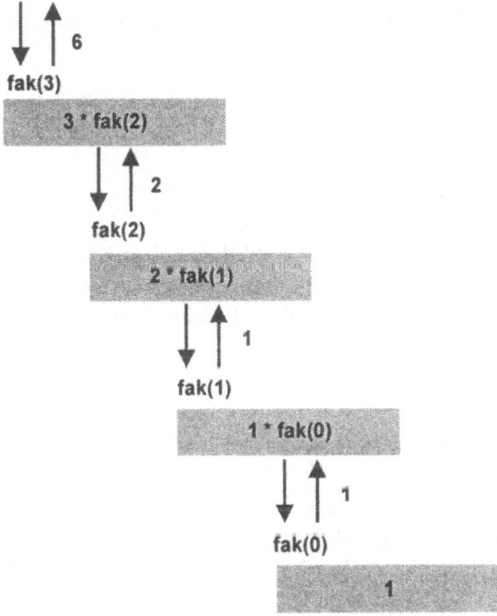

Bild 7-1:   Aufrufe der Fakultätsmethode bei der Errechnung von 3!

Die Bewegung zum Basisfall

Kann es bei der Methode fak passieren, dass der Basisfall nicht erreicht wird? Nun, sicherlich nicht, solange sich der Auftraggeber der Methode an die Definition hält, die ein negatives n ausschließt. Der Aufruf mit einem negativen n würde bewirken, dass sich die rekursiven Aufrufe immer mehr vom Basisfall entfernen und, theoretisch jedenfalls, niemals enden. Tatsächlich wird der Prozess jedoch schnell abbrechen, weil der Rechner über jede noch nicht abgeschlossene Ausführung der Methode Buch führen muss. Und sobald der Speicherplatz nicht mehr ausreicht, wird die Ausführung des Programms abgebrochen.

Obwohl also die Methode fak korrekt programmiert ist, ist sie **nicht robust**. Man kann durch einige Zusätze die Methode so verändern, dass Fehler, die durch nicht definierte Übergabewerte hervorgerufen werden, abgefangen werden, so dass das Programm ordnungsgemäß beendet werden kann. Dies ist jedoch ein anderes Thema, das wir an dieser Stelle nicht vertiefen wollen.

Nicht endende Methodenaufrufe können allerdings auch bei zulässigen Parameterwerten auftreten, wenn die Methode nicht richtig programmiert wurde. Aus den bisherigen Überlegungen ergeben sich drei Prinzipien zur Formulierung einer rekursiven Methode:

1. Die Methode muss einen Basisfall enthalten,

2. die Selbstaufrufe müssen sich auf den Basisfall zu bewegen,

3. der Basisfall muss sicher erreicht werden.

Sie fragen sich vielleicht, ob der dritte Punkt überhaupt notwendig ist und nicht aus dem zweiten folgt. Nun ja, wie man's nimmt. Betrachten Sie hierzu die folgende Variante der rekursiven Fakultätsmethode:

```
public long fak(int n)
{ if (n == 0) return 1;
  else return n * (n-1)*fak(n-2);
}
```

Obwohl sich die rekursiven Aufrufe, zunächst jedenfalls, auf den Basisfall zu bewegen, wird dieser nicht in jedem Fall erreicht. Ist der Übergabeparameter nämlich ungerade, so erfolgt nach dem Aufruf `fak(1)` unmittelbar der Aufruf `fak(-1)`, und die Aufrufe bewegen sich wieder vom Basisfall weg.

Der Algorithmus des Euklid - rekursiv formuliert

Im ersten Kapitel haben Sie den Algorithmus des Euklid zur Ermittlung des größten gemeinsamen Teilers (ggT) zweier natürlicher Zahlen m und n kennengelernt. Diesen Algorithmus kann man kürzer und sehr elegant auf rekursive Art formulieren.

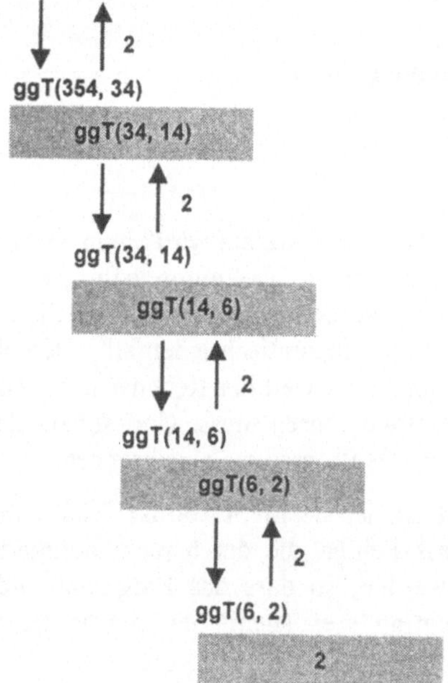

Bild 7-2:   Aufrufe der Methode ggT()

```
public int ggT(int m,int n)
{ if (m % n == 0) return n;
  else return ggT(n,m % n);
}
```

Bild 7-2 zeigt die Kette der rekursiven Aufrufe der Methode ggT bei der Errechnung des ggT von 354 und 34.

Auch eine rekursive *Definition* des ggT ist möglich, welche der Formulierung der rekursiven Methode entspricht. Sie ist allerdings nicht so eingängig wie die geläufige, welche wir im ersten Kapitel verwendet haben.

7.3 Missbrauch der Rekursion: die Methode fibonacci

Die Folge der Fibonacci-Zahlen, welche zeigen sollen, wie sich eine Population von Kaninchen im Laufe der Zeit entwickelt, ist Ihnen schon aus Kapitel 6 bekannt. Dort wurde bereits eine rekursive Definition dieser Folge benutzt, die hier noch einmal wiederholt werden soll:

Die Glieder der Fibonacci-Folge werden wie folgt bestimmt:

> die ersten beiden Glieder haben den Wert 1,
> jedes andere Glied ergibt sich aus der Summe der beiden vorhergehenden.

Wir betrachten nun eine rekursive Methode fibonacci, welche den Wert des n-ten Glieds der Folge liefert. Die Zählung[2] der Glieder beginnt bei 1.

```
public int fibonacci(int n)
{ if (n==1 || n==2) return 1;
  else return fibonacci(n-1) + fibonacci(n-2);
}
```

Die Formulierung ist kurz und elegant wie bei den vorhergehenden Beispielen und bedarf keiner weiteren Erläuterung. Leider ist die Durchführung der Methode weniger elegant.

Bild 7-3 zeigt die Aufrufe für die Errechnung des fünften Glieds der Folge in einer vereinfachten Darstellung. Sie erkennen daraus, dass insgesamt 9 Aufrufe der Methode erfolgen, wobei einige Zwischenergebnisse mehrmals errechnet werden. Die Werte des dritten und des ersten Glieds werden jeweils zweimal ermittelt, der Wert des zweiten Glieds sogar dreimal.

Die Anzahl der Aufrufe steigt mit zunehmendem n dramatisch an (s. auch den Aufgabenteil). Was sich elegant liest, muss also in der Durchführung nicht ebenfalls elegant sein. Eine iterative Lösung wäre in diesem Fall sicherlich effizienter. Zur Ehrenrettung der Rekursion muss allerdings angemerkt werden, dass es auch effizientere rekursive Lösungen gibt als die oben gezeigte. Sie lassen sich nur nicht so leicht lesen.

---

[2] Häufig wird die Zählung bei der Fibonacci-Folge auch mit 0 begonnen, weil der erste Wert der Folge den Bestand zum Zeitpunkt 0, also am Anfang, repräsentiert.

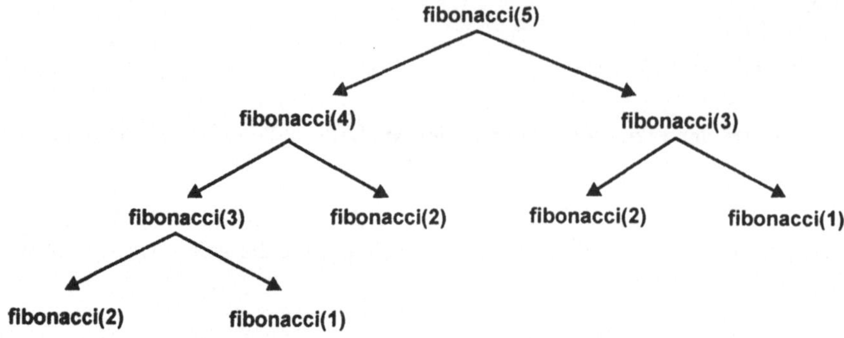

Bild 7-3:   Aufrufe der Methode `fibonacci` zur Ermittlung des fünften Glieds der Folge

7.4   Rekursion oder Iteration?

Jeder rekursive Algorithmus kann auch iterativ formuliert werden und umgekehrt. Für die Fakultät läßt sich z.B. leicht ein iterativer Algorithmus finden, der nicht länger ist als der rekursive:

```
int fak(int n)
{ int f = 1;
  for (int i = 2; i <= n; i++) f = f * i;
  return f;
}
```

In vielen Fällen sind jedoch rekursive Algorithmen kürzer und eleganter zu formulieren als iterative. Sieht man einmal von Entgleisungen wie dem oben dargestellten Fibonacci-Algorithmus ab, so unterscheiden sich die Laufzeiten rekursiver und iterativer Algorithmen nicht allzu sehr. Zählt man also Eleganz und Laufzeit zusammen, so hat die Rekursion zunächst einen kleinen Vorsprung.

Leider ist die Eleganz nicht ganz kostenfrei. Bei der Ausführung rekursiver Algorithmen muss nämlich, wie die Bilder 7-1 bis 7-3 zeigen, über den Stand nicht abgeschlossener Aufrufe Buch geführt werden, falls das Ergebnis der untergeordneten Aufrufe gebraucht wird, um die übergeordneten Aufrufe abzuschließen. Diese Buchführung kostet Speicherplatz, und zwar umso mehr, je mehr Aufrufe ausgelöst werden, bis der Basisfall erreicht ist.

Solange Sie Arbeitsspeicher im Überfluss haben, ist dies nicht so wichtig. Aber denken Sie daran, dass Sie auch einmal mehrere Programme gleichzeitig auf Ihrem Rechner ausführen möchten und dass Ihr Programm vielleicht auf einem Rechner laufen soll, der mehrere Anwender gleichzeitig bedient. Wägen Sie daher immer die Eleganz rekursiver Programmierung gegenüber dem zusätzlichen Speicherbedarf ab.

In der **Praxis** werden rekursive Algorithmen gewöhnlich da verwendet, wo einerseits eine iterative Lösung sehr umständlich zu programmieren wäre und andererseits der zusätzliche Speicherbedarf nicht exzessiv hoch ist.

Aufgaben

Nehmen Sie die Methoden, die Sie bei der Beantwortung der folgenden Aufgaben schreiben, der Einfachheit halber alle in eine einzige Klasse auf. Benutzen Sie eine zweite, ausführbare Klasse, um die Methoden aufzurufen.

Aufgabe 7-1 (L)

Stellen Sie fest, wieviele Aufrufe der Methode `fibonacci` jeweils notwendig sind, um die ersten zehn Glieder der Folge zu ermitteln. Schreiben Sie dann eine rekursive Methode, welche Ihnen die Anzahl der Aufrufe bei der Benutzung von `fibonacci` in Abhängigkeit von der Nummer des Glieds liefert.

Aufgabe 7-2 (L)

Schreiben Sie eine rekursive Methode mit der Kopfzeile

```
public void sternchen(IntIO io, int n)
```

welche n Sternchen auf dem Bildschirm ausgibt.

Aufgabe 7-3 (L)

Schreiben Sie eine rekursive Methode, welche die Quersumme einer vom Benutzer einzugebenden natürlichen Zahl ermittelt. Schreiben Sie auch eine iterative Version dieser Methode.

8

Klassenmethoden und Klassenvariablen

Sehr oft haben Sie im Verlauf dieses Kurses schon das Schlüsselwort `static` benutzt, ohne dass Sie darüber aufgeklärt wurden, was es bedeutet. Dies soll jetzt nachgeholt werden.

Das Wort kann sowohl in Verbindung mit Methoden als auch zusammen mit Variablen gebraucht werden. Eine Methode, die mit `static` ausgezeichnet ist, wird als **Klassenmethode** bezeichnet, eine mit `static` ausgezeichnete Variable als **Klassenvariable**.

Klassenmethoden und Klassenvariablen haben gemeinsam, dass sie niemals im Zusammenhang mit einzelnen Objekten auftreten, sondern mit der Klasse, in der sie deklariert wurden.

8.1   Wofür braucht man Klassenvariablen?

Während bei einer Instanzenvariablen für jedes Objekt der Klasse ein eigener Wert geführt wird, gibt es für eine Klassenvariable nur einen einzigen Wert.

Klassenvariablen können vor allem für zwei Zwecke eingesetzt werden: zur Speicherung von Daten, die nicht einzelne Objekte der Klasse betreffen, sondern deren Gesamtheit, und um Werte bereit zu halten, die häufig und von vielen Programmierern gebraucht werden.

Daten für die Gesamtheit der Objekte einer Klasse

Stellen Sie sich bitte folgenden Fall vor: Innerhalb eines Personalverwaltungsprogramms wird eine Klasse `Mitarbeiter` benutzt. Wird ein neuer Mitarbeiter aufgenommen, so wird ein Objekt dieser Klasse erzeugt. Dabei wird eine Personalnummer für den betreffenden Mitarbeiter festgelegt und als Instanzenvariable im Objekt gespeichert. Der folgende Ausschnitt aus dem Quelltext der Klasse zeigt nur Beginn und Ende der Klasse sowie die Deklaration der Instanzenvariablen:

```java
public class Mitarbeiter
{
   ...


   private int personalnr;
}
```

Angenommen, die Personalnummer des neuen Mitarbeiters ergibt sich aus der zuletzt vergebenen, zu der einfach 1 dazu gezählt wird. Dann ist zur Vergabe einer Personalnummer die Kenntnis der davor vergebenen notwendig. Mit Hilfe einer Klassenvariablen `letzte-Personalnummer` kann man diese Nummer festhalten.

Die Klassenvariable wird wie eine Instanzenvariable außerhalb der Methoden deklariert, führt aber zusätzlich die Spezifikation `static`:

```
public class Mitarbeiter
{
   ...

   private int personalnr;
   private static int letztePersonalnr;
}
```

Die Vergabe der Personalnummer für einen neuen Mitarbeiter könnte im Konstruktor der Klasse `Mitarbeiter` erfolgen. Das folgende, um den Konstruktor erweiterte Codefragment zeigt, wie aus dem Konstruktor heraus die Klassenvariable gelesen und verändert werden kann:

```
public class Mitarbeiter
{
  public Mitarbeiter()
  { Mitarbeiter.letztePersonalnr = Mitarbeiter.letztePersonalnr + 1;
    this.personalnr = Mitarbeiter.letztePersonalnr;
  }

   ...

  private int personalnr;
  private static int letztePersonalnr;
}
```

Es wurde hier absichtlich eine Schreibweise gewählt, die ausführlicher ist als unbedingt nötig. Der Zugriff auf die Klassenvariable beginnt mit dem Namen der Klasse, `Mitarbeiter`, während der Zugriff auf die Instanzenvariable mit `this` beginnt, also dem Namen, mit dem ein Objekt sich selbst anspricht.

Nun ist ja bekannt, dass auf das `this` verzichtet werden kann, wenn der Bezug auf die Variable innerhalb eines Objekts selbst geschieht und keine Namenskonflikte bestehen. Ähnlich ist es bei Klassenvariablen: die explizite Nennung des Klassennamens ist nicht unbedingt nötig, wenn der Zugriff aus der Klasse heraus erfolgt. Es wäre deshalb auch die folgende kürzere Formulierung des Konstruktors möglich gewesen:

```
public Mitarbeiter()
{ letztePersonalnr = letztePersonalnr + 1;
  personalnr = letztePersonalnr;
}
```

Viele Programmierer bevorzugen jedoch die ausführliche Formulierung, um den Charakter der Variablen deutlich zu machen. Dies ist keine schlechte Idee.

Häufig verwendete Konstanten

Klassenvariablen werden oft benutzt, um Werte, die häufig in Programmen gebraucht werden, zur Verfügung zu stellen. Da diese Werte von den Programmen nicht verändert werden müssen und auch nicht verändert werden sollen, spricht man hierbei von **Konstanten** oder manchmal auch von „unveränderlichen Variablen".

Der JDK enthält viele solcher Konstanten. Im Gegensatz zu der Variablen `letzte-Personalnr` im vorhergehenden Beispiel sind diese Konstanten mit `public` ausgezeichnet, weil man auch von außerhalb der Klasse, in der sie deklariert sind, darauf zugreifen will. Zusätzlich sind sie mit der Spezifikation `final` ausgestattet, die besagt, dass sie nicht geändert werden können.

In der Klasse `Math` des JDK sind für die häufig gebrauchten Größen e und π die folgenden Konstanten deklariert:

```
public static final double E
public static final double PI
```

Beachten Sie bitte, dass die Namen hier ganz in Großbuchstaben geschrieben werden. Dies steht im Gegensatz zur Namensgebung bei „echten" (d.h. veränderlichen) Variablen, wo man stets mit einem Kleinbuchstaben beginnt.

Im folgenden Codefragment wird die Konstante PI verwendet, um die Fläche eines Kreises zu berechnen:

```
double radius = io.readDouble("Radius: ");
io.writeln("Fläche: " + radius * radius * Math.PI);
```

8.2   Wofür braucht man Klassenmethoden?

Der Auftrag zur Durchführung einer Klassenmethode geht stets an die Klasse selbst und nicht an bestimmte Objekte. Dies haben Klassenmethoden mit Konstruktoren gemein. Es gibt aber auch wesentliche Unterschiede zwischen Klassenmethoden und Konstruktoren. Während aus einem Konstruktor heraus auf die Instanzenvariablen zugegriffen werden darf, um Anfangswerte für das neu zu erzeugende Objekt zu setzen, sind Instanzenvariablen von Klassenmethoden aus generell nicht erreichbar.

Dies ist auch leicht nachzuvollziehen: die Durchführung einer Klassenmethode geschieht unabhängig von konkreten Objekten, während Instanzenvariablen Werte für die einzelnen Objekte führen. Welches der Objekte einer Klasse sollte gemeint sein, wenn in einer Klassenmethode eine Instanzenvariable angesprochen werden könnte?

Die Methode main ist eine Klassenmethode

Die Kopfzeile der Methode `main` weist diese Methode als eine Klassenmethode aus:

```
public static void main (String[] args)
```

Dass main eine Klassenmethode ist, ist ein formales Erfordernis. Wie Sie wissen, werden Objekte gewöhnlich aus Klassen mit Hilfe von Konstruktoren erzeugt. Der Benutzer, der ein Programm starten will, hat jedoch keinen Zugriff auf einen Konstruktor. Deshalb muss man ihm die Möglichkeit eröffnen, eine Klasse direkt zu starten, oder genauer, die Methode main einer Klasse zu starten.

Weil main eine Klassenmethode ist, ist es nicht möglich, daraus auf Instanzenvariablen zuzugreifen, selbst wenn sie sich in derselben Klasse befinden. Das folgende Codefragment enthält einen Fehler, an dem der Compiler Anstoß nehmen wird:

```
public class EineKlasse
{
  public static void main(String[] args)
  {
    int a = eineVariable; //unzulässiger Zugriff auf die Instanzenvariable
    ...
  }

  private int eineVariable = 10;
}
```

Die Deklaration der Instanzenvariablen in diesem Kontext ist zwar zulässig, aber sinnlos.

Es ist trotzdem möglich, Variablen außerhalb von main zu deklarieren und aus main heraus darauf zuzugreifen. Man muss sie allerdings als Klassenvariablen definieren. Das folgende Textfragment ist formal korrekt:

```
public class EineKlasse
{
  public static void main(String[] args)
  {
    int a = eineVariable;
    ...
  }

  private static int eineVariable = 10;
}
```

Allerdings könnte man in diesem Fall sich genauso gut auf lokale Variablen innerhalb von main beschränken. Die Klassenvariable ist nicht nötig.

Hilfsmethoden zu main

Es ist möglich, innerhalb einer ausführbaren Klasse neben main weitere Klassenmethoden zu verwenden. Dies gestattet beispielsweise, mehrfach gebrauchte Schritte nur einmal zu programmieren und main übersichtlich zu halten. Betrachten Sie das folgende Beispiel. Es wird darin die mehrmals gebrauchte Prüfung, ob sich eine Zahl in einem bestimmten Bereich befindet, in die Hilfsmethode imBereich ausgelagert.

```
public class EineKlasse
{
  public static void main(String[] args) throws Exception
  { IntIO io = new IntIO();
    int a = io.readInt("Zahl 1: ");
    int b = io.readInt("Zahl 2: ");
    if (imBereich(a) && imBereich(b))
      io.writeln(a - b);
  }

  private static boolean imBereich(int zahl)
  { return zahl > 0 && zahl < 100 ? true : false;
  }
}
```

Seien Sie aber zurückhaltend mit der Verwendung von Klassenmethoden. Keinesfalls sollten Sie sich verleiten lassen, eine ausführbare Klasse zu Lasten anderer Klassen auszuweiten, nur weil Sie mit Hilfe von Klassenmethoden den Code auf weitere Methoden verteilen können. Ausführbare Klassen, die Koordinations- und Steuerungsfunktionen wahrnehmen, sind selten wiederverwendbar und sollten daher so klein wie möglich gehalten werden.

Hinzu kommt, dass man nicht auf Klassenmethoden angewiesen ist, wenn man eine Klasse mit umfangreicher Koordinatorfunktion strukturieren will. Weiter unten wird ein Baumuster gezeigt, mit dem man auch in solchen Klassen Instanzenmethoden und Instanzenvariablen verwenden kann. Eine solche Konstruktion ist auf jeden Fall vorzuziehen, weil sie erlaubt, objektbezogene Zustände zu speichern.

Häufig gebrauchte Operationen auf primitiven Datentypen

Hierfür werden im JDK diverse Klassenmethoden zur Verfügung gestellt. Die bereits genannte Klasse Math bietet neben den Klassenvariablen PI und E auch Klassenmethoden an, welche Operationen auf primitiven Datentypen durchführen, z.B.

- `public static int abs(int a)`
  liefert den Betrag der Zahl a

- `public static int max(int a, int b)`
  liefert die größere der beiden Zahlen a und b

- `public static double pow(double a, double b)`
  liefert a^b

Diese Methoden ergänzen die Operationen wie +, - , / und *, die direkt in die Sprache aufgenommen wurden.

Ausnahmefälle bei Operationen auf Objekten

Generell sollten Operationen, die Objekte verändern oder ihnen Dienste abverlangen, nicht als Klassenmethoden realisiert werden, sondern als normale Methoden. Insbesondere sollte ein Auftrag, der den Zustand eines Objekts verändert, stets an dieses Objekt selbst gehen.

In manchen Fällen ist es jedoch angebracht, eine Ausnahme zu machen. Wenn eine Bibliotheksklasse nicht alle Methoden aufweist, die man braucht, und diese Bibliotheksklasse zudem nicht erweiterbar ist, kann man eine Hilfsklasse dazu schreiben, welche diese Methoden in Form von Klassenmethoden bereitstellt.[1]

Eine nicht erweiterbare Bibliotheksklasse des JDK ist z.B. die Klasse String. Sie ist zwar mit vielen nützlichen Methoden ausgestattet, aber es könnte doch sein, dass Programmierer spezielle Anforderungen haben. Wir wollen annehmen, dass jemand in seinen Programmen häufig prüfen muss, ob ein Wort ein Palindrom ist (d.h. von vorne und hinten gelesen gleich ist) oder ob ein Wort ein Anagramm eines anderen ist (d.h. sich aus dem anderen gewinnen lässt, indem man die Reihenfolge der Zeichen ändert).

Das folgende Codefragment zeigt eine Bibliotheksklasse StringUtil, welche Klassenmethoden für diese Zwecke bereitstellt. Die Methode palindrom ist in voller Länge gezeigt, der Rest ist nur angedeutet.

```java
public class StringUtil
{
  public static boolean palindrom(String s)
  { s = s.toUpperCase();
    for (int i = 0; i < s.length()/2 ; i++)
      if (s.charAt(i) != s.charAt(s.length()-1-i))
        return false;
    return true;
  }

  public static boolean anagramm(String s1, String s2)
  { ...
  }

}
```

Beachten Sie bitte, dass der String, auf den die Parametervariable s beim Aufruf der Methode palindrom zeigt, im Verlauf der Methode nicht verändert wird. Der Auftrag

```java
s = s.toUpperCase();
```

verändert den ursprünglichen String nicht, sondern erzeugt einen neuen, der dann der Variablen s zugewiesen wird.

---

[1] In welchen Fällen Bibliotheksklassen erweiterbar sind und in welchen nicht, wird im Kapitel 10 (Vererbung) angesprochen.

Wenn es darauf ankommt, dass etwas nur einmal existiert ✧

In manchen Fällen ist es wünschenswert, dass es von einer Klasse nur ein Objekt gibt. Das ist z.B. bei einer `Druckspooler`-Klasse der Fall. Ein Druckspooler bekommt alle Druckaufträge zugestellt und leitet diese dann geordnet dem Drucker zu, so dass die Ausdrucke nicht durcheinander geraten können. Anders ausgedrückt: der Druckspooler ist die zentrale Anlaufstelle für alle Druckaufträge.

Hier kommt die Beschränkung der Klassenvariablen, dass es von ihnen nur eine Ausprägung geben kann, gerade recht. Wenn man ein `Druckspooler`-Objekt als Klassenvariable hält und Druckaufträge nur über diese Variable in Auftrag gegeben werden, dann hat man die zentrale Anlaufstelle, die man sich wünscht.

Aber wie kann man sicherstellen, dass Druckaufträge immer an diese Klassenvariable erteilt werden? Es könnte ja ein Programmierer auf den Gedanken kommen, sein eigenes `Druck-spooler`-Objekt zu erzeugen und diesem die Druckaufträge zuzustellen.

Um dies zu verhindern, kann man eine trickreiche Konstruktion benutzen. Man deklariert den Konstruktor der Klasse `Druckspooler` als `private`, so dass außerhalb der Klasse keine Objekte davon erzeugt werden können. Braucht eine Stelle im Programm aber das einzige `Druckspooler`-Objekt, das unter der Klassenvariablen geführt wird, so kann es dieses über eine spezielle Klassenmethode von der Klasse Druckspooler anfordern.

Der folgende fragmentarische Quelltext zeigt das Prinzip. Die Methoden, welche die Koordination der Druckaufgaben, also die eigentliche Aufgabe der Klasse, betreffen, sind ausgespart.

```
public class Druckspooler
{
   private Druckspooler() { }

   public static Druckspooler getDruckspooler()
   { return druckspooler;
   }

   //---  hier stehen noch weitere Methoden ---

   private static Druckspooler druckspooler = new Druckspooler();

}
```

Wie Sie sehen, ist der Konstruktor leer. Man muss ihn trotzdem aufnehmen, weil sonst ein Standard-Konstruktor zur Verfügung gestellt würde, der dann mit `public` deklariert wäre.

Der Zugriff auf das einzige Druckspooler-Objekt erfolgt über die Klassenmethode `get-Druckspooler`, die nichts anderes tut, als das bereits beim Laden der Klasse erzeugte Objekt herauszugeben.

Die Anforderung dieses Objekts von einer anderen Stelle aus könnte z.B. so aussehen:

```
Druckspooler d = Druckspooler.getDruckspooler();
```

Diese sehr einfache, aber auch sehr wirksame Konstruktion, mit der hier sichergestellt wird, dass nur ein Exemplar einer Klasse vorhanden ist, ist unter dem Namen **Singleton-Muster** (Singleton Pattern) bekannt.

8.3 Eine ausführbare Klasse, die zugleich Bibliotheksklasse ist

In diesem Abschnitt wird gezeigt, dass es in Java möglich ist, in ausführbaren Klassen Instanzenvariablen zu halten und auch darauf zuzugreifen. Der „Trick" dabei ist, dass man in der Methode main ein Objekt der Klasse erzeugt und benutzt. Bisher hatten wir in main immer nur Objekte anderer Klassen angelegt.

Es ist damit möglich, eine Klasse zu schreiben, die ausführbar ist und zugleich als Bibliotheksklasse benutzt werden kann. Wie das geht, zeigt das folgende Beispiel. Wir greifen hier auf die Lösung der Aufgabe 6-12 zurück, die im sechsten Kapitel gestellt wurde, die Zerlegung einer positiven Ganzzahl in ihre Primfaktoren.

Aufgabenstellung und Lösungsvorschlag für Aufgabe 6-12 beruhten auf drei Klassen. Neben der Klasse IntIO war dies eine ausführbare Klasse Primfaktoren, die als Koordinator fungierte, und eine nicht ausführbare Klasse Faktorisierer, in der die eigentliche Zerlegungsarbeit geleistet wurde (Bild 8-1).

Faktorisierer hat in dieser Konstruktion den Charakter einer **Bibliotheksklasse**: sie beinhaltet eine viel gebrauchte Funktionalität und ist in vielen Programmen zu verwenden, weil sie selbst keine Festlegungen hinsichtlich der weiteren Verwendung der ermittelten Faktoren enthält. Insbesondere werden in dieser Klasse keine Ein- oder Ausgaben gemacht.

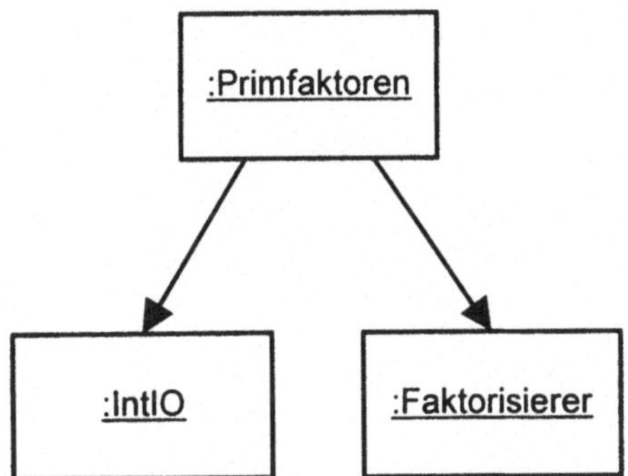

Bild 8-1:   Kollaborationsdiagramm für Aufgabe 6-12 (Primfaktorenzerlegung)

Die folgende, alternative Lösung zeigt, wie man die beiden Klassen Primfaktoren und Faktorisierer der ersten Lösung zu einer einzigen vereinen kann, ohne dass dabei der Charakter der Bibliotheksklasse und die Wiederverwendbarkeit verloren gehen.

Die ausführbare Klasse Faktorisierer2 nimmt darin gleichzeitig die Rolle des Koordinators und des Faktorzerlegers wahr. Die Rolle der Klasse IntIO ist unverändert. Ein Objekt dieser Art ist für die Kommunikation mit dem Benutzer zuständig (Bild 8-2).

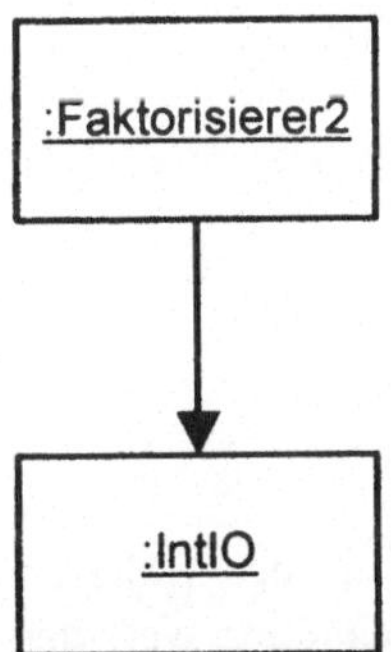

Bild 8-2: Kollaborationsdiagramm der alternativen Lösung

```
public class Faktorisierer2
{
  public Faktorisierer2(int zahl)
  { this.rest = zahl;
  }

  public int naechsterFaktor()
  { int i = 2;
    boolean geteilt = false;
    for (i = 2; i <= rest; i++)
      if (rest % i == 0)
        { rest = rest / i;
```

```
          geteilt = true;
          break;
      }
    return geteilt ? i : 1;
  }
//--------------------------------------------------------------------
  public static void main(String[] args) throws Exception
  { IntIO io = new IntIO();
    while(true)
    { int eingabe = io.readInt("Ganzzahl (Abbruch, wenn <= 0):");
      if (eingabe <= 0)
      { io.writeln("Programm wird beendet");
        break;
      }
      else
      { Faktorisierer2 fakt = new Faktorisierer2(eingabe);       // !!!
        int faktor = fakt.naechsterFaktor();
        if (faktor == eingabe) io.writeln("Primzahl");
        else
        { io.writeln("Primfaktoren:\n============");
          io.writeln(faktor);
          while (faktor != 1)
          { faktor = fakt.naechsterFaktor();
            if (faktor != 1) io.writeln(faktor);
          }
        }
      }
    }
  }
//--------------------------------------------------------------------
  private int rest;
}
```

Der Teil oberhalb des ersten Kommentarstrichs entspricht inhaltlich voll der früheren
Klasse Faktorisierer. Lediglich der Name des Konstruktors wurde abgeändert, weil der
Name der gesamten Klasse sich verändert hat. Die Instanzenvariable rest, welche in der
Lösung von Aufgabe 6-12 in Faktorisierer enthalten war, ist auch hier enthalten und
unterhalb des zweiten Kommentarstrichs platziert.

Der Teil zwischen den beiden Strichen entspricht der früheren Klasse Primfaktoren, die nur
aus der Methode main bestand. Auch hier gibt es kaum Veränderungen im Vergleich zur
Lösung der Aufgabe. Es wird lediglich in der Methode main ein Objekt der Klasse Faktori-
sierer2 (der eigenen Klasse!) erzeugt und benutzt, während in der früheren Lösung ein
Faktorisierer-Objekt angelegt wurde.

Beachten Sie, dass Faktorisierer2 genau so als Bibliotheksklasse nutzbar ist wie Faktorisierer. Man kann beispielsweise in der ausführbaren Klasse Primfaktoren der ersten
Lösung anstatt eines Faktorisierer-Objekts ein Faktorisierer2-Objekt erzeugen und
benutzen, ohne dass davon die Funktion des Programms beeinträchtigt würde. Es wird in
diesem Fall allerdings die Methode main von Faktorisierer2 nicht ausgeführt.

Welche Lösung ist die bessere?

Wenn Faktorisierer bzw. Faktorisierer2 wirklich viel gebrauchte Funktionen beinhalten kann die Frage so nicht gestellt werden. Denn Faktorisierer2 enthält in seiner Methode main ja nur *eine* von vielen Anwendungen, welche die Funktionalität der Faktorenzerlegung in Anspruch nehmen. Für alle anderen Anwendungen muss man ohnehin auf das erste Konstruktionsmuster zurückgreifen.

Die Methode main in einer Bibliotheksklasse ist trotzdem nützlich. Man kann darin ein kleines Testprogramm unterbringen oder aber eine häufig gebrauchte Anwendung der Bibliotheksklasse. In beiden Fällen gewinnt ein Programmierer, der die fertige Bibliotheksklasse nutzen will, daraus Anhaltspunkte, wie deren Methoden nutzbringend verwendet werden können.

Anwendung auf reine Koordinatorklassen

Man kann das gezeigte Konstruktionsmuster, bei dem in der Methode main ein Objekt der eigenen Klasse erzeugt wird, auch für ausführbare Klassen verwenden, welche nur Koordinationsfunktionen wahrnehmen. Im Gegensatz zu einer ausführbaren Klasse, welche nur aus der Methode main besteht, können in einer solchen Klasse dann auch Instanzenvariablen und Instanzenmethoden verwendet werden. Wir werden später darauf zurückkommen.

Aufgaben

Aufgabe 8-1

Programmieren Sie die Methode anagramm der Klasse StringUtil. Unter Umständen könnte Ihnen dabei die Klasse StringBuffer nützlich sein, deren Beschreibung Sie in der Online-Dokumentation des JDK finden.

Aufgabe 8-2

In Kapitel 6 wurde das Diagnosesystem Pilzex vorgestellt. Machen Sie aus der ausführbaren Klasse Pilzex und der Bibliotheksklasse Pilzrater eine ausführbare Bibliotheksklasse Pilzrater2 nach dem Muster von Faktorisierer2.

Aufgabe 8-3

wie Aufgabe 8-2, aber für das Geldautomatenprogramm aus Kapitel 4 (Abschnitt 4.4)

9

Datenbehälter

Mit der Kenntnis der Schleifen und der Verzweigungen kann man schon viele Algorithmen programmieren. Was noch fehlt, ist eine Möglichkeit, viele Daten zugleich im Arbeitsspeicher im Zugriff zu halten.

Java stellt verschiedene Klassen zur Verfügung, die benutzt werden können, um größere Mengen von Daten zu verwalten. Man nennt solche Klassen **Behälterklassen** oder **Datenbehälter**, im Java-Jargon heißen sie aber auch **Kollektorklassen** (collection classes), weil sie Kollektionen von Objekten oder anderen Daten halten.[1]

Unter diesen Klassen ist Array eine sehr vielseitige und leicht anzuwendende. Wir beginnen deshalb dieses Kapitel damit.

9.1   Arrays

Im Deutschen werden Arrays häufig als **Felder** bezeichnet. Wir wollen bei der englischen Bezeichnung bleiben, weil Feld eine Bezeichnung ist, die für viele verschiedene Dinge verwendet wird. Man hat sich mittlerweile auch schon so an den deutsch-englischen DV-Slang gewöhnt, dass er gar nicht mehr weh tut.

Ein **Array** bezeichnet eine Sammlung von Objekten oder primitiven Daten, die alle denselben Typ haben. Obwohl diese Datensammlung unter einem Namen zusammengefasst ist, kann man die einzelnen Elemente separat ansprechen.

Array ist eine Klasse, die mit der Sprache Java mitgeliefert wird. Ein konkretes Array ist daher ein Objekt.

Hinsichtlich der Daten, die in einem Array enthalten sein können, gibt es keinerlei Beschränkungen, außer der, dass sie denselben Typ haben müssen. Sie können z.B. ein Array benutzen, das aus tausend int-Werten besteht, oder eines, das dreihundert Waehrungsrechner-Objekte umfasste. Es ist sogar möglich, ein Array zu definieren, dessen Elemente selbst wieder Arrays sind.

Arrays mit primitiven Daten

Im folgenden Codefragment wird ein Array vom Typ int verwendet. Die einzelnen Elemente werden in einer Schleife vom Benutzer abgefragt, danach wird in einer weiteren Schleife die Summe der eingegebenen Zahlen errechnet.

Im Text sind drei Phasen durch Kommentarzeilen voneinander abgesetzt:

---

[1]   Und weil man die Bezeichnung Behälterklasse (container class) für etwas anderes verbraten hat.

1)   die Deklaration der Arrayvariablen und die Erzeugung des Array-Objekts,

2)   das Einlesen der Werte und die Zuweisung zu den Einzelvariablen,

3)   die Aufsummierung der Werte und die Ausgabe der Summe.

```
int[] z = new int[5];
// ------------------------------------------------
for (int i = 0; i < z.length; i++)
  z[i] = io.readInt("Zahl Nr. " + (i + 1) + " ");
// ------------------------------------------------
int summe = 0;
for (int i = 0; i < z.length; i++)
  summe = summe + z[i];
io.writeln("Summe: " + summe);
```

Wir wollen die ersten beiden Phasen etwas genauer betrachten. Die erste Zeile besteht aus
der Deklaration der Arrayvariablen z, der Erzeugung eines neuen Array-Objekts und der
Zuweisung dieses Objekts an die Variable. Man hätte, etwas länger, auch schreiben können:

```
int[] z;
z = new int[5];
```

Mit new int[5] wird der Behälter angelegt, der bis zu fünf Ganzzahlen aufnehmen kann. In
Bild 9-1 sieht man rechts die Datenfächer, links die Griffe, welche den Zugriff auf die
einzelnen Elemente des Arrays vermitteln. Das Bild zeigt auch, dass die Datenfächer
automatisch mit einem Standardwert vorbesetzt (initialisiert) werden. Bei einem Array von
int ist dies die Zahl 0.

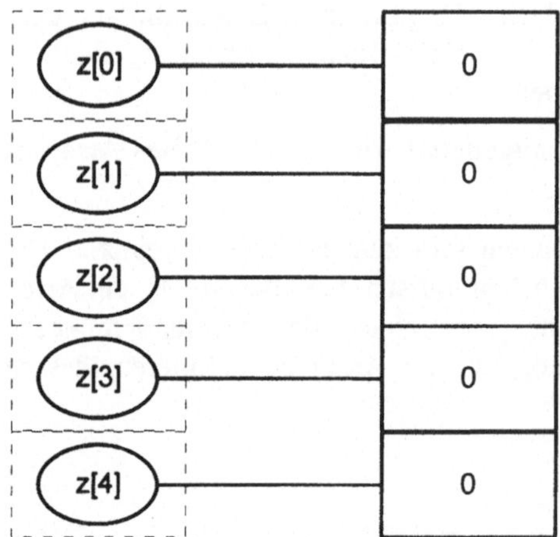

Bild 9-1:   nach der Deklaration der Variablen und der Erzeugung des Array-Objekts

Die Benennung der einzelnen Array-Elemente beginnt interessanterweise nicht bei 1, sondern bei 0. Bei einem Array z des Umfangs 5 heißen demnach die Elemente z[0], z[1],
z[2], z[3] und z[4].

Dementsprechend ist auch der Anfangswert der Schleifenvariablen i in der folgenden for-Schleife 0. Der Ausdruck z.length liefert die Anzahl der Elemente des Arrays, in diesem Fall also 5. Natürlich hätte man stattdessen als Durchführungsbedingung auch i < 5 schreiben können, aber die gewählte Formulierung ist flexibler, weil man so leicht das Array mit einem anderen Umfang deklarieren kann, ohne die for-Schleife zu ändern.

Die Eingabeaufforderung für den Benutzer trägt dem Umstand Rechnung, dass für einen „normalen" Menschen das erste Element gewöhnlich die Nummer 1 trägt.

Nach dem Einlesen und Zuweisen der Daten haben die vom Benutzer eingegebenen Wert die anfänglichen Standardwerte ersetzt (Bild 9-2).

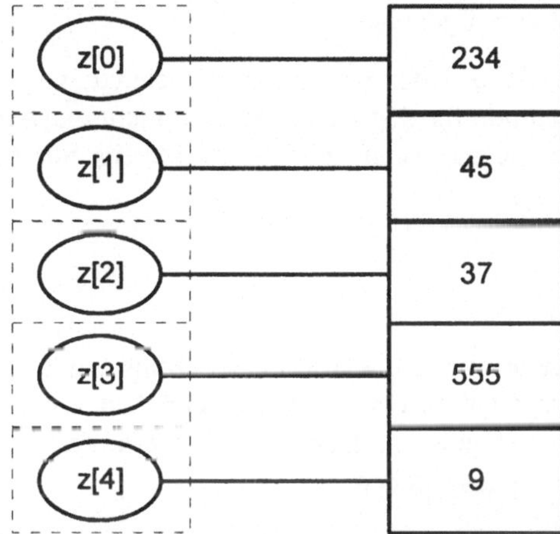

Bild 9-2:   Array nach dem Einlesen der Daten

Die Größe eines Arrays wird bei der Erzeugung des Array-Objekts festgelegt und kann später nicht mehr verändert werden. Es ist natürlich möglich, zur Angabe des Umfangs eine Variable zu verwenden, wie das in der folgenden Variante des Beispiels getan wird:

```
int umfang = io.readInt("Anzahl der Elemente: ");
int[] z = new int[umfang];
// ----------------------------------------------------
for (int i = 0; i < z.length; i++)
  z[i] = io.readInt("Zahl Nr. " + (i + 1) + " ");
// ----------------------------------------------------
int summe = 0;
for (int i = 0; i < z.length; i++)
  summe = summe + z[i];
io.writeln("Summe: " + summe);
```

Sofortige Zuweisung der Daten

Sind die Daten, die im Array abgelegt werden sollen, bereits vor der Ausführung des Programms bekannt, so kann man sie auch gleich bei der Deklaration zuweisen.

In dem folgenden Codefragment wird ein char-Array mit den Buchstaben a, b, c, d und e besetzt. Anschließend werden die Zeichen untereinander ausgegeben.

```java
char[] c = {'a','b','c','d','e'};
for (int i = 0;i < c.length; i++) io.writeln(c[i] + "");
```

Beachten Sie bitte, dass die char-Werte in einfache Anführungszeichen eingeschlossen sind, und nicht in doppelte, wie dies bei Strings üblich ist. In Java werden auf diese Weise die Unterschiede zwischen den Datentypen bewusst hervorgehoben.

Zum Ausgeben der Werte wird die Methode writeln der Klasse IntIO benutzt, welche einen String ausgibt, da eine entsprechende Methode für den Datentyp char nicht existiert. Der Benutzer sieht den Unterschied nicht, da die ausgegebenen Strings jeweils nur aus einem Zeichen bestehen.

Arrays mit Objekten

Ein Array, das Objekte verwaltet, wird auf dieselbe Weise deklariert und erzeugt wie eines, das primitive Daten enthält. Im folgenden Beispiel wird ein Array verwendet, das bis zu sechs Strings enthält. Die Werte werden zunächst eingelesen, dann wird die Gesamtzahl der Zeichen in den eingegebenen Strings errechnet und ausgegeben.

```java
String[] s = new String[6];
for (int i = 0; i < s.length; i++)
  s[i] = io.readString("Nr " + (i + 1)+ " ");

int anzahl = 0;
for (int i = 0; i < s.length; i++)
  anzahl = anzahl + s[i].length();
io.writeln(anzahl + " Zeichen");
```

Um die Länge der einzelnen Strings zu ermitteln, wird die Methode length der Klasse String benutzt. Interessant ist in diesem Zusammenhang, dass die Länge eines Arrays in einer als public deklarierten Instanzenvariablen (length ohne folgende Klammer) festgehalten wird, während für den String eine Methode zur Anwendung kommt.

Wir führen das Beispiel fort, indem wir noch ermitteln, wie viele Male der Buchstabe 'e' in den eingegebenen Strings vorkommt:

```java
anzahl = 0;
for (int i = 0; i < s.length; i++)
  for (int j = 0; j < s[i].length(); j++)
    if (s[i].charAt(j) == 'e') anzahl = anzahl + 1;
io.writeln("Anzahl e's " + anzahl);
```

Hierfür brauchen wir eine Doppelschleife. Mit der äußeren Schleife nehmen wir uns einen String nach dem anderen vor, die innere Schleife geht in dem String, der gerade ‚dran' ist, Zeichen für Zeichen durch und prüft, ob es sich um ein 'e' handelt.

Aufgaben

Aufgabe 9-1

Fahren Sie beim Beispiel des vorangegangenen Abschnitts fort und schreiben sie einen kurzen Algorithmus, der prüft, ob von den eingegebenen Strings zwei oder mehr denselben Wortlaut haben. Es soll in diesem Fall eine entsprechende Meldung ausgegeben werden.

Aufgabe 9-2

Schreiben Sie eine Anwendung, welche die Umsätze (in vollen Tausend) für eine Anzahl von Produkten in Form einer Balkengraphik ausgibt. Die Graphik könnte folgendermaßen aussehen:

```
Seife                ******
Zahnpasta            ********
Rasierwasser         ***
Wimperntusche        ************************
Lidschattencreme     ************
Gelenköl             ****
Hühneraugensalbe     **************
```

Legen Sie für diese Anwendung zwei Klassen an, eine Klasse `Produkt` und eine ausführbare Klasse `Balkengraphik`. Ein Objekt der Klasse `Produkt` soll jeweils die Daten **eines** Produkts verwalten. Vereinfachend wollen wir annehmen, dass diese Daten sich auf die Produktbezeichnung und den Umsatz (in vollen Tausend) beschränken.

Alle Ein- und Ausgaben werden innerhalb der ausführbaren Klasse `Balkengraphik` angestoßen. Diese Klasse erzeugt zunächst ein Array von `Produkt`-Objekten sowie ein Objekt der Klasse `IntIO`. Sie nimmt dann vom Benutzer die Produktdaten entgegen und legt sie in den einzelnen `Produkt`-Objekten ab. Anschließend werden allen Objekten ihre Daten wieder abgefragt, so dass sie in der Balkengraphik ausgegeben werden können.

Aufgabe 9-3 : Textanalyse

Das Programm fordert den Benutzer auf, einen Kurztext (maximal bis zum Ende der Zeile) einzugeben und stellt anschließend die Häufigkeit der Zeichen in diesem Text in Form eines Balkendiagramms dar. Groß- und Kleinbuchstaben werden dabei als Vorkommen desselben Buchstabens gezählt. Kommen also im Text ein 'A' und drei 'a' vor, so ist die Häufigkeit von 'A' gleich 4. Umlaute dürfen nicht eingegeben werden, wohl aber Satzzeichen und Leerzeichen. Die Reihenfolge, in der die Zeichen in der Balkengraphik auftreten, ist unerheblich.

Hat der Benutzer z.B. den Text „Abakadabra, Abakadabra, Abakadabra" eingegeben, so könnte die Balkengraphik folgendermaßen aussehen:

```
A             **************
B             ******
K             ***
D             ***
R             ***
,             **
Leerzeichen   **
```

Bearbeitungshinweis: Konsultieren Sie, falls nötig, den Referenzteil bezüglich der Methoden der Klasse String.

Sortieren - eine häufig gestellte Aufgabe ✧

Eine in der Praxis sehr häufig gestellte Aufgabe ist das Sortieren von Daten. Weil das Sortieren so wichtig ist, haben sich schon viele fähige Leute damit beschäftigt, wie man es am besten macht. Man kennt daher heute viele verschiedene Sortieralgorithmen, die sich in der Effizienz ganz erheblich voneinander unterscheiden. Da für unsere kleinen Anwendungen die Effizienz keine so große Rolle spielt, wollen wir hier ein zwar nicht besonders schnelles, dafür aber leicht verständliches Sortierverfahren betrachten, das **Sortieren durch Auswahl (Selection Sort)**. Denken Sie aber daran, wenn Sie später einmal die Namen Ihrer 50 Millionen Verehrer in aller Wert sortieren, dass es auch schnellere Verfahren gibt.[2]

Sortieren durch Auswahl (Selection Sort)

Bild 9-3 zeigt das Prinzip dieses Sortierverfahrens an einem Beispiel. Eine Folge von Zahlen, die in einem Array abgelegt ist, wird in aufsteigender Reihenfolge geordnet.

Zunächst wird das kleinste Element gesucht und auf den ersten Platz gesetzt. Dies geschieht durch Platztausch mit dem Element, das anfangs auf dem ersten Platz sitzt. Das Element auf dem ersten Platz hat damit seine Endposition erreicht. Im Bild ist dies durch dicke Umrandung kenntlich gemacht. Die Sortierung kann sich nun auf den Rest des Arrays beschränken. Dabei wird wieder das kleinste Element gesucht und durch Platztausch auf den ersten Platz im Rest des Arrays gebracht. Damit sind nun die ersten beiden Elemente des Arrays an ihrer Endposition. Das Verfahren wird nun für immer kleinere Reste des Arrays fortgesetzt, bis alle Elemente ihren Platz gefunden haben.

Rechts ist jeweils die Nummer des Sortierschrittes angegeben. Da für jeden Sortierschritt ein Schleifendurchlauf erforderlich ist, entspricht diese Nummer dem Wert der Schleifenva-

---

[2] Für das Sortieren eines Arrays gibt es mittlerweile in der Klasse Arrays des JDK fertige und effiziente Lösungen. Ein Informatiker sollte nichtsdestoweniger zumindest einen Sortieralgorithmus gelesen und verstanden haben.

riablen. Die Nummerierung beginnt der Einfachheit halber bei 0 anstatt bei 1, weil das erste Element eines Arrays den Index 0 hat. Wir können dann sagen: beim Durchlauf 0 wird das Element mit dem Index 0 an seine endgültige Stelle gesetzt, beim Durchlauf 1 das mit dem Index 1 und so weiter. Der letzte Durchlauf in unserem Beispiel ist der Durchlauf 6. Dabei werden gleich zwei Elemente in ihre Endposition gebracht, die Elemente mit den Indizes 6 und 7. Da nach diesem Durchlauf der Rest des Arrays nur noch aus einem Element besteht, können wir das gesamte Array als geordnet betrachten.

Sie sehen auch, dass bei zwei Durchläufen (2 und 5) kein Platztausch notwendig ist, weil sich das kleinste Element des Restarrays bereits an dessen Anfang befindet.

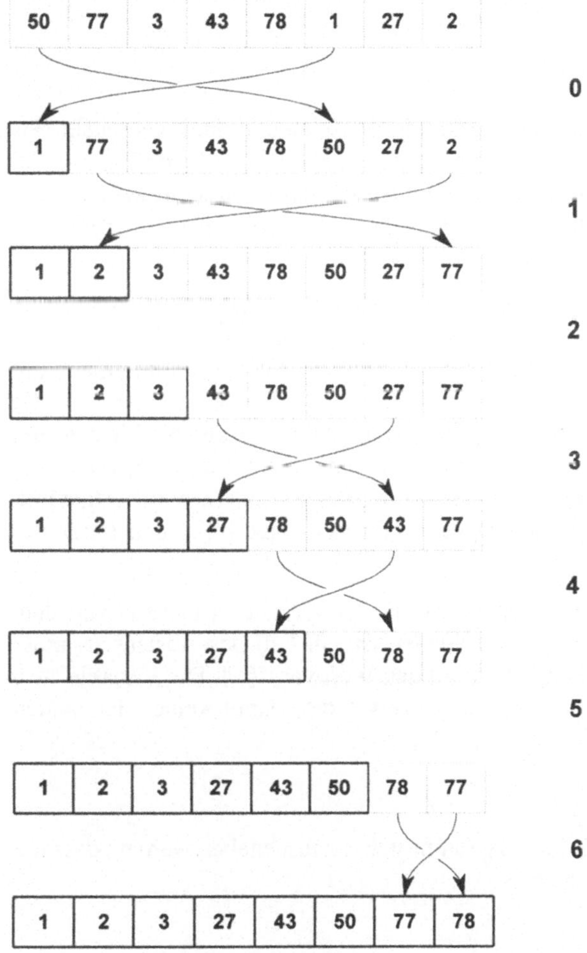

Bild 9-3: Sortieren durch Auswahl

Das folgende Codefragment beruht auf der Annahme, dass das zu sortierende Array f weiter oben als lokale Variable oder als Instanzenvariable deklariert wurde. Dasselbe gilt für den

Parameter `maxInd`, der angibt, bis zu welchem Index das Array tatsächlich mit relevanten Werten gefüllt ist.

```java
double temp = 0;
int small = 0;
for (int i=0;i<=maxInd;i++)
{ small = i;
  for (int j=i+1;j<=maxInd;j++)      // Suche nach dem kleinsten Element
    if (f[j]<f[small]) small = j;  //                in der Restfolge
  if (small != i)
  { temp     = f[small];
    f[small] = f[i];
    f[i]     = temp;
  }
}
```

Die lokalen Variablen `temp` und `small` werden für die Tauschoperationen gebraucht. Sie werden der Ordnung halber mit dem Wert 0 vorbesetzt, obwohl dies hier keine Rolle spielt. Die äußere Schleife mit der Schleifenvariablen `i` sorgt jeweils dafür, dass das kleinste Element der Restfolge nach vorne kommt. Ein Durchlauf dieser Schleife entspricht dem Weg von einem Balken zum nächsten in Bild 9-3.

Die innere Schleife mit der Schleifenvariablen `j` wird gebraucht, um das kleinste Element in der Restfolge zu finden. Die Variable `small` nimmt dabei den Index des Elements auf, das gerade als das kleinste der Restfolge betrachtet wird. Sie wird vor der inneren Schleife auf den Index des ersten Elements der Restfolge gesetzt. Dies ist der Index `i`. Innerhalb der Schleife wird nun für jedes weitere Element geprüft, ob es kleiner ist als das Element mit dem Index `small`. Wenn dies der Fall ist, ist es das kleinste unter den bis dahin betrachteten, und `small` wird auf den Index dieses Elements gesetzt. Dieses Verfahren wird fortgeführt, bis das letzte Element der Restfolge betrachtet wurde. Danach trägt `small` den Index des kleinsten Elements der Restfolge.

Ein Tauschvorgang ist nur nötig, wenn der Index `small` des kleinsten Elements von dem Index `i` des ersten Elements der Restfolge verschieden ist. Im Fall des Austauschs muss `f[i]` den Wert von `f[small]` annehmen und `f[small]` den Wert von `f[i]`. Die Variable `temp` wird zum Zwischenlagern des Werts von `f[small]` verwendet, damit keiner der beiden Werte verloren geht.

Aufgabe 9-4

Wie bei Aufgabe 9-3, jedoch soll das Balkendiagramm stets so ausgegeben werden, dass die größeren vor den kleineren Balken kommen.

Mehrdimensionale Arrays

Arrays können in Java auch mehr als eine Dimension haben. Recht häufig gebraucht werden **zweidimensionale** Arrays. Ein solches Array kann man sich anschaulich als eine Tabelle bzw. eine Matrix vorstellen, wobei die Daten in den einzelnen Feldern der Matrix stehen.

Jedes Feld der Matrix ist über die Kombination aus Zeilen- und Spaltenindex eindeutig ansprechbar.

Das folgende Codefragment speichert die Buchstaben a bis l zunächst in einem zweidimensionalen Array und gibt sie anschließend aus

```
char[][] t = new char[3][4];
t[0][0]='a';  t[0][1]='b';  t[0][2]='c';  t[0][3]='d';
t[1][0]='e';  t[1][1]='f';  t[1][2]='g';  t[1][3]='h';
t[2][0]='i';  t[2][1]='j';  t[2][2]='k';  t[2][3]='l';

for (int i = 0; i < 3; i++)
{ for (int j = 0; j < 4; j++)
    io.write(t[i][j] + "   ");
  io.writeln();
}
```

Die folgende Tabelle zeigt, wie die Buchstaben in der Ausgabe angeordnet sind:

```
a   b   c   d

e   f   g   h

i   j   k   l
```

Aufgaben

Aufgabe 9-5

Bauen Sie das vorstehende Codefragment so aus, dass es nacheinander auch die folgenden Tabellen ausgibt. Benutzen Sie dazu unbedingt Schleifen!

Elemente der Zeilen in umgekehrter Reihenfolge:

```
d   c   b   a

h   g   f   e

l   k   j   i
```

alle Elemente in umgekehrter Reihenfolge:

```
l   k   j   i

h   g   f   e

d   c   b   a
```

transponierte Matrix:

$$
\begin{array}{ccc}
a & e & i \\
b & f & j \\
c & g & h \\
d & h & l
\end{array}
$$

Aufgabe 9-6

Schreiben Sie ein Programm, das ein magisches Quadrat errechnet und ausgibt. Die Größe n des Quadrats soll vom Benutzer gewählt werden können; $1 \le n \le 11$ (s. Aufgabe 2-6).

Aufgabe 9-6: Klasse Matrix ✧

In einer Klasse `Matrix`, die zur Matrizenrechnung dient, sollen folgende Methoden programmiert werden:

```
square(). symmetric(). transposed(). add() und equal().
```

Von diesen Methoden ist in der folgenden Klassendeklaration nur jeweils die Kopfzeile angegeben. Sie soll nicht verändert werden! Die übrigen Methoden sind als Hilfe aufgeführt und können, falls nötig, benutzt werden.

```java
public class Matrix
{
  public Matrix(int rows. int columns. double[][] e)
  { this.rows = rows;
    this.columns = columns;
    for(int i=0; i < rows; i++)
      for(int j=0; j < columns; j++)
        a[i][j] = e[i][j];
  }

  public int getRows()            // Anzahl der Zeilen
  { return rows;
  }

  public int getColumns()         // Anzahl der Spalten
  { return columns;
  }

  public double[][] getElements()  // Array mit den Elementen
  { return a;                      // der Matrix
  }

  public boolean square()          // Prüfung. ob quadratische
                                   // Matrix
```

```
    public boolean symmetric()          // Prüfung, ob symmetrische
                                        // quadratische Matrix

    public boolean equal(Matrix second) // Prüfung, ob die aufgerufene
                                        // Matrix der als Parameter über-
                                        // gebenen gleich ist.

    public Matrix transposed()          // Ermittlung der transponierten
                                        // Matrix

    public Matrix add(Matrix second)    // zu der aufgerufenen Matrix wird
                                        // die als Parameter übergebene Matrix
                                        // second hinzu addiert

    private double[][] a = new double[10][10];  // Elemente
    private int rows, columns;                  // Anzahl Zeilen, Spalten

  }
```

Beachten Sie, dass alle aufgeführten Methoden ihre Ergebnisse an die aufrufende Stelle liefern. Keine der Methoden gibt etwas auf dem Bildschirm aus!

Schreiben Sie auch noch eine ausführbare Klasse `TestMatrix`, mit der Sie die Matrixmethoden testen können.

9.2   Weitere Datenbehälter

Obwohl die Klasse `Array` sehr vielseitig anwendbar und recht einfach zu verwenden ist, benötigt man häufig weitere Behälterklassen. Eine unangenehme Eigenschaft des Arrays ist, dass man die maximale Anzahl der Elemente festlegen muss, bevor man die Daten zuweist. Ist der Umfang der Daten vorher nicht bekannt, so kann man entweder ein sehr großes Array vorsehen und dementsprechend viel Speicherplatz verbrauchen oder aber man riskiert, dass das Array "platzt" und nicht alle Daten aufnehmen kann. Ideal wäre in solchen Fällen ein Behälter, welcher sich dynamisch dem Datenumfang anpasst.

Es gibt einen weiteren Gesichtspunkt, der für eine Vertiefung des Themas Behälter spricht. Er betrifft das Verhältnis zwischen dem Aufbau des Behälters und der Verarbeitung der darin gespeicherten Daten.

Behälter und Verarbeitung

Wenn Sie Kleingärtner sind oder (wie ich) des öfteren einer Kleingärtnerin bei der Arbeit zuschauen, dann wissen Sie, wie wichtig ein Komposthaufen für den Gärtner ist. Komposthaufen ist allerdings nicht gleich Komposthaufen, wie ein Rundgang durch die Gartenkolonie zeigen kann. Fortschrittliche Kleingärtner verwenden einen durchdachten (im Informatikerdeutsch: "intelligenten") Kompostierbehälter. Der anfallende Kompost wird oben hineingeschüttet; unten befindet sich eine Öffnung, aus der die aus dem Kompost entstandene, vom Kleingärtner sehnlichst erwartete wertvolle Erde herausgeschaufelt werden kann.

Der besondere Bau dieses Behälters erlaubt dem Gärtner eine bequeme Verarbeitung von Kompost und Erde. Stellen Sie sich vor, die Gärtner würden einen Behälter benutzen, der unten keine Öffnung besitzt. Sie müssten dann jedesmal, wenn sie die neu gebildete Erde herausnehmen wollen, den darüber befindlichen, noch nicht umgebauten Kompost entfernen. Nach dem Entnehmen der Erde müsste dieser Kompost dann wieder in den Behälter gefüllt werden. Sicherlich ein unbequemes, nicht empfehlenswertes Verfahren.

Das Beispiel zeigt, wie stark die Art der Speicherung und die Verarbeitung voneinander abhängen. Ähnlich wie die Kleingärtner gehen übrigens die Wirte von Betriebskantinen vor, wenn sie das Fach, aus dem die belegten Brötchen entnommen werden sollen, von hinten her auffüllen. Auf diese Weise müssen sie nicht immer alle alten Brötchen wieder herausnehmen, und sie stellen gleichzeitig sicher, dass der Kantinengast die zuerst eingefüllten Brötchen auch zuerst entnimmt. Der wohlerzogene Gast hält sich an diese Strategie und nimmt stets das vorderste Brötchen!

Warteschlange (queue)

Die Wirtschaftswissenschaftler nennen einen Behälter dieser Art einen **Fifo-Speicher** (first in - first out); in anderen Zusammenhängen spricht man von einer **Warteschlange** bzw. einer **Schlange**, und auch die Informatiker benutzen diese Bezeichnung. Schlangen werden beispielsweise von Betriebssystemen zur Verwaltung der Druckaufträge benutzt. Der zuerst erteilte Auftrag wird zuerst abgearbeitet, so dass niemand über Gebühr auf seinen Ausdruck warten muss.

Stapel (stack)

Eine andere häufig gebrauchte Art von Behälter ist der **Stapel** (engl. stack). Beim Stapel wird das zuletzt gespeicherte Element als erstes wieder entnommen. Man spricht deshalb von einem **Lifo-Speicher** (last in - first out). Stapel werden auch im täglichen Leben oft verwendet. Beispielsweise kann ein Maurer die Backsteine, die er an seiner Arbeitsstelle braucht, griffbereit aufstapeln, indem er einen Stein auf den anderen legt. Nimmt er dann die Steine auf, um sie zu verbauen, dann geschieht dies (hoffentlich) in der umgekehrten Reihenfolge des Hinlegens.

Während dem Maurer jedoch die Reihenfolge ziemlich egal ist, weil die Steine im wesentlichen gleich sind, wird in der Informatik bei der Benutzung eines Stapels der Umstand ausgenutzt, dass die eingespeicherten Elemente in umgekehrter Reihenfolge wieder freigegeben werden. Betriebssysteme benutzen z.B. einen Stapel, um die Zwischenergebnisse beim Abarbeiten rekursiver Algorithmen zu speichern. Der Programmierer merkt dies gewöhnlich nur dann, wenn er den rekursiven Algorithmus versehentlich so geschrieben hat, dass kein Basisfall erreicht wird. Es werden dann immer weiter Zwischenergebnisse gespeichert, bis sich schließlich das Betriebssystem mit der Meldung "Stack Overflow" meldet und die Verarbeitung abbricht.

Liste (list)

Eine weitere, sehr vielseitige Behälterart ist die **Liste**. Man versteht darunter eine Folge von gleichartigen Elementen. Listen sind auch außerhalb der Informatik gebräuchlich: die Hausfrau macht sich eine Liste ihrer Einkäufe, der Unternehmer stellt eine Liste seiner Mitarbeiter zusammen, der Schüler erstellt eine Liste der Hausaufgaben, die er eigentlich machen müsste.

Während es bei Schlange und Stapel genaue Vorschriften gibt, an welcher Stelle die Elemente eingefügt und entnommen werden dürfen, gibt es bei der Liste hierfür keine Vorgaben. Prinzipiell können an jeder Stelle Einfügungen und Entnahmen gemacht werden. Kommt es darauf gerade nicht an, macht man die Eintragungen dort, wo sie am bequemsten zu machen sind. So wird z.B. die Hausfrau weitere Einkäufe einfach an das Ende der Liste schreiben. Bei manchen Listen kommt es auch auf die Ordnung der Elemente an. Für den Schüler ist es beispielsweise wichtig, dass die dringlichsten Hausaufgaben am Anfang der Liste stehen, weil es angesichts seiner knapp bemessenen Zeit nicht sicher ist, ob er alle Aufgaben erledigen kann.

9.3 Die Bibliotheksklasse `Stack`

In der Bibliothek `java.util` befindet sich eine fertige Lösung für den Datenbehälter Stapel, die Klasse `Stack`. Die folgende Tabelle gibt einen Überblick über die Methoden, die im folgenden Beispiel verwendet werden:

`public Stack`	legt einen leeren Stapel an
`public Object push(Object item)`	legt das als Parameter übergebene Objekt `item` auf den Stapel
`public Object pop()`	holt das oberste Element vom Stapel
`public boolean empty()`	prüft, ob der Stapel leer ist; gibt `true` zurück, falls ja

Die Elemente, die auf dem Stapel liegen, sind vom Typ `Object`. Diese Klasse ist eigentlich erst Thema des nächsten Kapitels und wird dort eingehend behandelt. Vorerst soll deshalb der Hinweis genügen: auf einen Stapel, der auf der Klasse `Stack` beruht, kann man jede Art von Objekt legen, aber keine Daten primitiver Datentypen.

Wir werden die Klasse `Stack` nun zur Ablage von Strings benutzen. Bei `String` handelt es sich bekanntlich nicht um einen primitiven Datentyp, sondern eine Klasse, so dass einzelne Strings Objekte sind.

Ein Programm zur Palindromprüfung

Ein Palindrom ist ein Wort, das von hinten gelesen genauso lautet wie von vorne gelesen. Beispiele sind reittier, otto, eve. Wir wollen zunächst annehmen, dass die Groß- und Kleinschreibung bedeutsam ist, dass also Reittier kein Palindrom ist.

Unser Programm besteht aus einer ausführbaren Klasse `Palindrompruefung`, in der ein `IntIO`-Objekt und ein Objekt der Klasse `Stack` benutzt wird. Die Zusammenarbeit geschieht nach dem bereits wohlbekannten Koordinatormuster.

Die Idee ist folgende. Wir lassen den Benutzer ein Wort eingeben und legen dann nacheinander die einzelnen Buchstaben dieses Worts auf den Stapel. Danach holen wir die Buchstaben einzeln wieder vom Stapel und setzen sie zu einem Wort zusammen. Da die Buchstaben beim Herunternehmen die umgekehrte Reihenfolge haben, müssen wir zur Prüfung der Palindromeigenschaft nur das neu gebildete Wort mit dem vom Benutzer eingegebenen vergleichen. Ist es gleich, so handelt es sich um ein Palindrom.

Als Datentyp für die Eingabe des Worts nehmen wir natürlich `String`. Die einzelnen Zeichen eines Strings können wir mit Hilfe der Methode `charAt` herausgreifen. Ein kleines Problem ist dabei, dass diese Zeichen den Typ `char` haben, also einen primitiven Datentyp, den wir so nicht auf den Stapel legen können. Ein großes Hindernis ist dies allerdings nicht, denn man kann die einzelnen Zeichen leicht in Strings verwandeln, indem man sie mit einem leeren String verknüpft.

```java
import java.util.Stack;

public class Palindrompruefung
{
  public static void main(String[] args) throws Exception
  {
    IntIO io = new IntIO();
    Stack stack = new Stack();

    String wort = io.readString("Wort: ");    //In dieser Phase werden die
    for (int i = 0; i < wort.length(); i++)   //Zeichen auf den Stapel
      stack.push(wort.charAt(i) + "");        //gelegt.

    String trow = "";                         //In dieser Phase werden die
    while (! stack.empty())                   //Zeichen wieder vom Stapel
      trow = trow + stack.pop();              //geholt und zusammengesetzt

    io.writeln(trow.equals(wort) ? "Palindrom" : "kein Palindrom");
  }
}
```

Die Importanweisung zu Beginn des Texts teilt dem Compiler mit, wo die Klasse `Stack` zu finden ist, die im nachfolgenden Code benutzt wird.

In der abschließenden Ausgabeanweisung wird wieder der bereits bekannte Bedingungsoperator benutzt. Etwas länger hätte man auch schreiben können:

```java
if (trow.equals(wort)) io.writeln("Palindrom");
else io.writeln("kein Palindrom");
```

Der aufmerksame Leser wird vielleicht bemerkt haben, dass in der obenstehenden Methodentabelle die Methode `push` mit einem Rückgabewert aufgeführt war, während im obigen Quelltext von `push` kein Rückgabewert entgegengenommen wird. Hierzu ist zu sagen, dass dieser Rückgabewert nur das Objekt beeinhaltet, das durch die Methode push gerade auf den Stapel gelegt wird. Da wir aus dieser Rückgabe hier keinen Nutzen ziehen können, nehmen wir sie auch nicht entgegen.

Aufgaben

Aufgabe 9-7

Bauen Sie die Klasse Palindrompruefung so aus, dass Groß- und Kleinschreibung bei der Prüfung der Palindromeigenschaft nicht beachtet werden.

Aufgabe 9-8

Fügen Sie in die Klasse Palindrompruefung eine weitere Schleife ein, so dass der Benutzer während eines Programmlaufs wiederholt Wörter überprüfen lassen kann.

9.4   Ein selbst gestrickter Datenbehälter: Konfliktgraph ✧

Am Beispiel der Palindromprüfung konnte man sehen, wie stark der Zusammenhang zwischen dem Algorithmus zur Lösung des Problems und dem verwendeten Datenbehälter ist. Je besser der gewählte Datenbehälter auf das Problem zugeschnitten ist, umso einfacher ist der Algorithmus zu formulieren.

In der Literatur über Algorithmen und Datenstrukturen ist eine Vielzahl von Datenbehältern für alle Arten von Aufgabenstellungen zu finden.[3] Nur für einen geringen Teil davon gibt es in Java fertige Lösungen, obwohl Java im Vergleich zu anderen Programmiersprachen schon eine recht gute Ausstattung an Datenbehältern hat.

Gibt es den Wunschbehälter nicht fertig von der Stange, so muss man ihn selbst programmieren. Glücklicherweise muss man dabei nicht ganz „auf der grünen Wiese" anfangen, sondern kann vorhandene Behälter ausbauen. Im folgenden Beispiel benutzen wir die Klasse Array, um daraus einen Behälter zu bauen, der auf eine bestimmte Art von Problemen wie eine Maßanzug zugeschnitten ist.

Die Aufgabenstellung: Prüfungsplanung

Für eine Menge von Lehrveranstaltungen, die gemeinsame Teilnehmer besitzen, ist ein Klausurterminplan zu erstellen. Hierfür steht eine Menge von Terminen zur Verfügung. Die Klausuren sollen so auf die Termine verteilt werden, dass einerseits die gesamten Prüfungen in möglichst kurzer Zeit absolviert sind, andererseits jeder Student die Klausuren für alle seine Lehrveranstaltungen schreiben kann.

---

[3] Beachten Sie hierzu auch die Lesetipps im Anhang. Die Idee mit dem Konfliktgraphen, nicht aber das folgende Programm dazu, stammt aus A. Aho, J. Ullman: Foundations of Computer Science, New York: Computer Science Press / W. H. Freeman and Company, 1992, S. 1 ff.

Wir wollen vereinfachend annehmen, dass genügend Räume zur Verfügung stehen, um notfalls alle Klausuren gleichzeitig schreiben zu können. Auch sollen alle Räume genügend Sitzplätze besitzen.

Darstellung der Klausuren in einem Konfliktgraphen

Wir wollen unseren Datenbehälter, den Konfliktgraphen, zunächst betrachten, ohne dass wir uns schon Gedanken machen, wie er in Java aussehen wird.

Der Kasten in Bild 9-4 repräsentiert den Behälter. Der Inhalt besteht aus den benannten und zusätzlich mit Nummern versehenen Klausuren. Klausuren mit gemeinsamen Teilnehmern sind durch Striche verbunden. Dies sind die Klausuren, die man nicht gemeinsam schreiben kann oder, anders ausgedrückt, die Klausuren, die zueinander in Konflikt stehen.

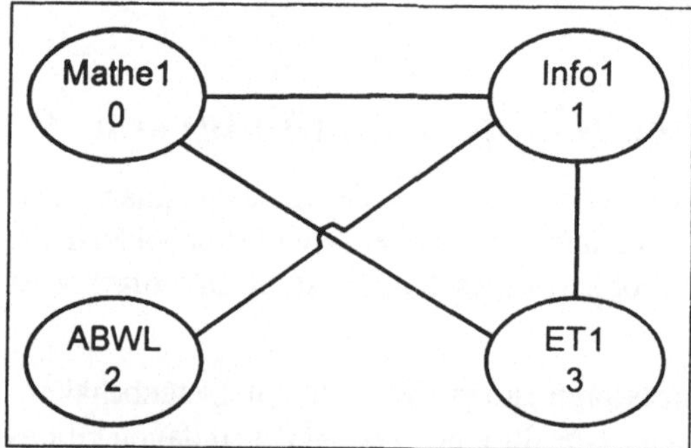

Bild 9-4: Konfliktgraph im Anfangszustand

In der Fachsprache spricht man von den **Knoten** (hier die Klausuren) des Graphen, die durch **Kanten** (hier die Konflikte) miteinander verbunden sind. Aber lassen Sie sich durch die Terminologie nicht stören. Wenn es Ihnen leichter fällt, stellen Sie sich den Behälter als eine Kiste vor, in der beschriftete Eier liegen, die mit Fäden verbunden sind.

Wie gehen wir bei der Einteilung der Klausuren vor? Offensichtlich können wir Klausuren auf einen Termin legen, die nicht miteinander verbunden sind. Mathe1 und ABWL könnten also z.B. problemlos an einem Termin geschrieben werden. Eine solche Menge von Knoten des Graphen, von denen keine zwei direkt miteinander verbunden sind, nennen wir eine **unabhängige Knotenmenge**.

An einem Klausurtermin können wir also eine unabhängige Knotenmenge absolvieren. Wir wollen aber die Überlegung nicht voreilig beenden! Eine Vorgabe in der Aufgabenstellung besagt, dass die gesamten Klausuren möglichst schnell abgewickelt sein sollen. Wir müssen also darauf achten, dass wir möglichst viele Klausuren bzw. Knoten an einem Tag unterbringen. Wenn wir aber probieren, ob wir die unabhängige Knotenmenge {Mathe1, ABWL} noch erweitern können, stellen wir fest, dass dies nicht möglich ist. Gleichgültig, ob wir Info1 oder ET1 hinzunehmen wollen, wir hätten in der resultierenden Knotenmenge stets eine direkte Verbindung. Mit anderen Worten, {Mathe1, ABWL} ist eine **maximale unabhängige Knotenmenge**, also eine, die ohne den Verlust der Unabhängigkeit nicht erweitert werden kann. Der Bequemlichkeit halber wollen wir anstatt von einer maximalen unabhängigen Knotenmenge einfach von einer **Mins** sprechen (Maximal independent node set)

Es ist also ein guter Anfang, wenn wir die Mins {Mathe1, ABWL} aus dem Behälter entnehmen und dem ersten Klausurtermin zuteilen. Im Behälter verbleiben dann die Klausuren Info1 und ET1 (Bild 9-5).

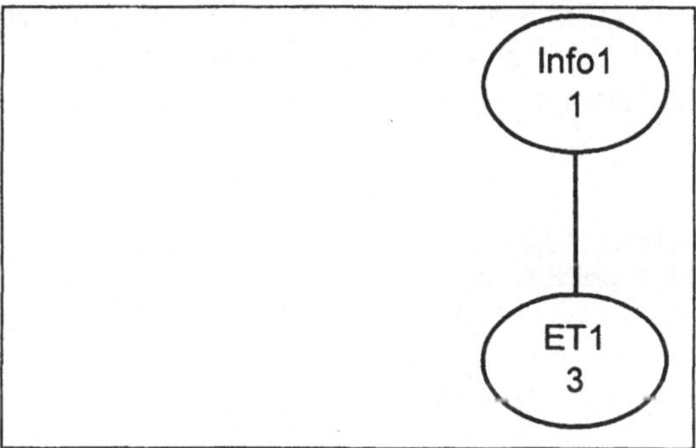

Bild 9-5: Konfliktgraph nach Entfernung der max. unabhängigen Knotenmenge {0, 2}

Von den beiden verbliebenen Knoten können wir einen beliebigen als nächste maximale unabhängige Knotenmenge auswählen und dem Termin 2 zuteilen. Wir wollen annehmen, das sei Info1. Es bleibt dann noch der Knoten ET1 im Graphen, der dem dritten und letzten Termin zugeteilt wird. Die Termintafel lautet demnach:

Termin	Fächer
1	Mathe1, ABWL
2	Info1
3	ET1

Das Beispiel hat gezeigt, dass das Vorgehen keineswegs streng determiniert ist. Wählen wir anfangs eine andere maximale unabhängige Knotenmenge, so kann die Zuordnung zu den Terminen anders ausfallen. Eine zulässige Termintafel ist beispielsweise auch die folgende:

Termin	Fächer
1	Info1
2	Mathe1, ABWL
3	ET1

Das Prüfungsplanungsprogramm

Wir benutzen das bewährte Koordinatormuster und verwenden drei Klassen. Die ausführbare Klasse `Pruefungsplanung` nimmt die Stelle des Koordinators ein, ein Objekt der Klasse `IntIO` ist für die Kommunikation mit dem Benutzer zuständig, und ein Objekt der Klasse `ConflictGraph` verwaltet den Konfliktgraphen und liefert die notwendigen maximalen unabhängigen Knotenmengen.

Bevor wir die Klassen im Detail betrachten, werfen wir noch einen Blick auf einen typischen Dialog zwischen Benutzer und Programm (Bild 9-6). Es wird vorausgesetzt, dass der Benutzer vor dem Aufruf des Programms die Knoten durchnummeriert, beginnend mit 0. Die Verbindungen bzw. Konflikte werden als Zahlenpaare, getrennt durch jeweils ein Leerzeichen, in beliebiger Reihenfolge eingegeben.

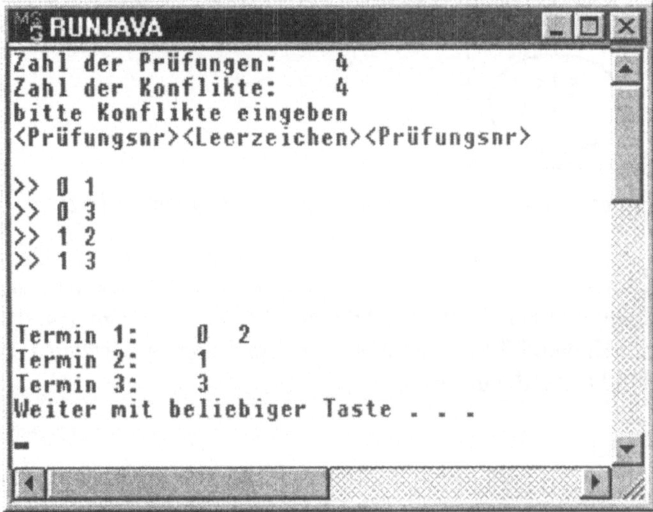

Bild 9-6: Dialog zwischen Benutzer und Programm

Die Zusammenarbeit zwischen den Klassen

Die folgende Tabelle zeigt die Schnittstelle der Klasse `ConflictGraph`:

`public ConflictGraph(int noOfNodes, String[] cons)`	Konstruktor, nimmt als Parameter die Zahl der Knoten und ein Array von Strings mit den Verbindungen
`public int getNodesLeft()`	liefert die Anzahl der noch nicht entnommenen Knoten
`public int[] nextMins()`	liefert die nächste maximale unabhängige Knotenmenge und entfernt die darin enthaltenen Knoten aus dem Behälter

Die Zusammenarbeit zwischen den beteiligten Objekten ist denkbar einfach. Nachdem mit Hilfe des `IntIO`-Objekts die Informationen über Knoten und Verbindungen vom Benutzer eingelesen wurden, wird mit dem Konstruktor ein `ConflictGraph`-Objekt erzeugt. Dabei werden alle für den Aufbau des Graphen notwendigen Daten als Parameter übergeben.

Danach erfolgen im Wechsel jeweils die Abholung der nächsten Mins mit `nextMins` und deren Ausgabe. Vor der Abholung einer Knotenmenge wird mit Hilfe von `getNodesLeft` noch geprüft, ob sich überhaupt noch Knoten im Graphen befinden (Bild 9-7).

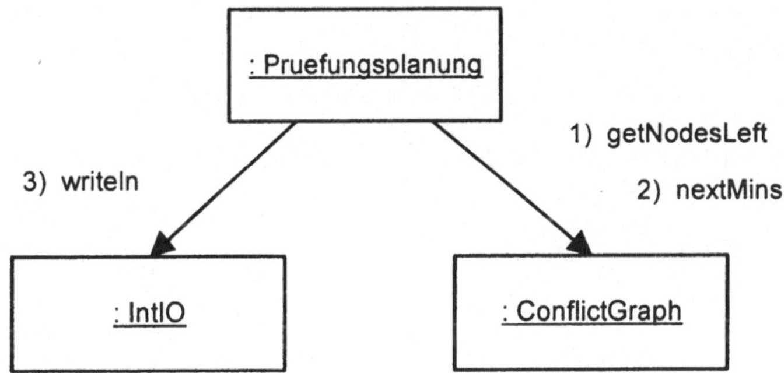

Bild 9-7:   Zusammenarbeit der Objekte bei der Zuordnung eines Prüfungstermins

Dieser Zyklus wird solange wiederholt, bis der Aufruf von `getNodesLeft` ergibt, dass sich keine Knoten mehr im Behälter befinden.

Die ausführbare Klasse `Pruefungsplanung`

Im folgenden Quelltext sind drei Phasen der Verarbeitung durch Kommentarstriche voneinander abgesetzt:

- das Einlesen der Informationen,
- die Erzeugung des Konfliktgraphen,
- die Auswertung und die Ausgabe.

Beachten Sie, dass die vom Benutzer für die Verbindungen eingegebenen Zahlenpaare als Strings entgegengenommen und dem Konstruktor `ConflictGraph` auch in dieser Form (als Array von Strings) übergeben werden.

```
public class Pruefungsplanung
{
  public static void main(String[] args) throws Exception
  {
    IntIO io = new IntIO();
    int knoZahl = io.readInt("Zahl der Prüfungen:    ");
    int verZahl = io.readInt("Zahl der Konflikte:    ");
    String[] cons = new String[verZahl];
    io.writeln("bitte Konflikte eingeben \n" +
```

```
                  "<Prüfungsnr><Leerzeichen><Prüfungsnr>\n");
    for (int i = 0; i < verZahl; i++)
      cons[i] = io.readString(">> ");
    //-------------------------------------------------------
    ConflictGraph cg = new ConflictGraph(knoZahl, cons);
    //-------------------------------------------------------
    int i = 0;
    int[] mins;
    io.advance(2);
    while(cg.getNodesLeft() > 0)
    { mins = cg.nextMins();
      i = i + 1;
      io.write("Termin " + i + ":     ");
      for (int j = 0; j < mins.length; j++)
        io.write(mins[j] + "  ");
      io.writeln();
    }
  }
}
```

Vorüberlegungen zur Programmierung des Konfliktgraphen

Wie bereits angekündigt, bedienen wir uns zur Verwaltung des Konfliktgraphen der Dienste
der Klasse Array. Wir bauen mit Hilfe eines zweidimensionalen Arrays eine sog. **Adjazenz-matrix** auf. Für unser Beispiel sieht sie anfangs so aus:

	0	1	2	3
0	true	true	false	true
1	true	true	true	true
2	false	true	true	false
3	true	true	false	true

Die Zeilen- und Spaltenbenennungen repräsentieren die Knoten des Graphen. Die Wahrheitswerte in den Zellen haben unterschiedliche Bedeutung, je nachdem, wo sie sich befinden:

- true im Schnittpunkt der Zeile i mit der Spalte j, wenn i ≠ j, bedeutet, dass vom
  Knoten i zum Knoten j eine Verbindung besteht, der Eintrag false bedeutet entsprechend, dass keine Verbindung besteht.

- true im Schnittpunkt der Zeile i mit der Spalte i (also bei den Zellen der Diagonale) bedeutet, dass der betreffende Knoten sich noch im Graphen befindet,
  false bedeutet, dass er schon herausgenommen wurde.

Wenn ein Knoten herausgenommen wurde, dann sollen für diesen Knoten auch keine Verbindungen mehr angezeigt werden. Seine Zeile und seine Spalte sollen dann nur `false`-Werte enthalten.

Man kann die Aufgabe, den Konfliktgraphen zu verwalten, auch so formulieren: Aus der Adjazenzmatrix ist jeweils die nächste Mins herauszufinden. Danach ist die Matrix zu berichtigen.

Wie findet man die nächste Mins?

Aus den Vorüberlegungen wurde deutlich, dass es unerheblich ist, welche der möglichen maximalen unabhängigen Knotenmengen man zuerst auswählt. Eine natürliche Reihenfolge ist, dass wir am oberen Ende der Matrix beginnen und uns Zeile für Zeile nach unten arbeiten. Wir beginnen also in der Zeile 0.

Dort sehen wir an dem Wert true in der Zelle (0,0), dass sich der Knoten 0 noch im Graphen befindet. Wir suchen nun alle Knoten, die nicht mit ihm verbunden sind. Das ist einfach, da wir dafür nur in derselben Zeile nachschauen müssen, bei welchen Spalten sich ein `false` befindet. Das ist hier die Spalte 2. Die erste Mins ist also {0, 2}.

Um die Matrix anzupassen, müssen wir die Zeilen und Spalten der herausgenommenen Knoten mit `false` besetzen. Wir erhalten dann folgende Matrix:

	0	1	2	3
0	false	false	false	false
1	false	true	false	true
2	false	false	false	false
3	false	true	false	true

Um die nächste Mins zu finden, steuern wir die nächste Zeile an, die einen noch nicht herausgenommenen Knoten repräsentiert. In unserem Beispiel ist dies die Zeile des Knotens 1. Die Inspektion der Zeile zeigt, dass darin zwar noch zweimal der Wert `false` steht, dass aber diese Werte sich auf bereits herausgenommene Knoten beziehen. Die Mins besteht demnach nur aus {1}.

Die Matrix wird nun von neuem angepasst, indem die Spalten und Zeilen von 1 mit false besetzt werden.

	0	1	2	3
0	false	false	false	false
1	false	false	false	false
2	false	false	false	false
3	false	false	false	true

Die Zeile des Knotens 2 enthält nur noch den Wert `false`, so dass sie übersprungen wird. In
der Zeile des Knotens 3 wird schließlich die letzte Mins gefunden. Sie besteht nur aus dem
Knoten 3. Nach dessen Herausnahme enthält die Matrix in allen Zellen den Wert `false`:

	0	1	2	3
0	false	false	false	false
1	false	false	false	false
2	false	false	false	false
3	false	false	false	false

Der Graph ist damit vollständig abgearbeitet.

Die Klasse `ConflictGraph`

Diese Vorüberlegungen haben Sie nun genügend auf die Klasse `ConflictGraph` vorbereitet.
Innerhalb der Klasse werden drei Instanzenvariablen geführt, um den jeweiligen Zustand
des Graphen festzuhalten:

```java
private boolean[][] n;
private int current;
private int nodesLeft;
```

Das Array n **nimmt die Adjazenzmatrix auf,** current **zeigt auf die als nächste zu bearbeiten-
de Zeile und** nodesLeft **hält fest, wie viele der Knoten noch nicht herausgenommen wurden.**

Im Konstruktor werden diese Variablen mit den Anfangswerten versehen:

```java
public ConflictGraph(int noOfNodes, String[] cons)
{
  if (noOfNodes > 0)

//---------------------------------------------------- Vorbesetzung des Arrays

  { n = new boolean[noOfNodes][noOfNodes];
    for (int i = 0; i < noOfNodes; i++)
      for (int j = 0; j < noOfNodes; j++)
        n[i][j] = (i == j ? true : false);

//-------------------- Lesen der Verbindungen und Einarbeiten in das Array

    for (int i = 0; i < cons.length; i++)
    { String first  = "";
      String second = "";
      StringTokenizer t = new StringTokenizer(cons[i]);
      first  = t.nextToken();
      second = t.nextToken();
      n[Integer.parseInt(first)][Integer.parseInt(second)] = true;
```

```
        n[Integer.parseInt(second)][Integer.parseInt(first)] = true;
    }

//---------------------------Initialisierung der restlichen Variablen

    current = 0;
    nodesLeft = noOfNodes;
    }

  else nodesLeft = 0;
}
```

Die einzelnen Phasen sind durch Kommentarklammern getrennt. In der **ersten Phase** wird das Array mit `false`-Werten vorbesetzt. Lediglich die Zellen der Diagonale erhalten den Wert `true`.

In der **zweiten Phase** werden die Verbindungen zwischen den Knoten in das Array eingearbeitet. Hierzu wird zunächst ein Objekt der Klasse `StringTokenizer` benutzt, um einen String, der jeweils die Nummern zweier verbundener Knoten enthält, in zwei Strings `first` und `second` zu zerlegen, von denen jeder die Nummer eines Knoten enthält. Bei der anschließenden Speicherung der Verbindung im Array müssen die beiden Strings mit der Klassenmethode `Integer.parseInt` in Ganzzahlen verwandelt werden. Beachten Sie, dass jede Verbindung zweifach eingetragen werden muss. Gibt es eine Verbindung zwischen i und j, so betrifft dies die Zellen (i, j) und (j, i).

Die **dritte Phase** ist ohne weitere Erläuterungen verständlich.

Die Methode `getNodesLeft` gibt lediglich den Wert der Instanzenvariablen `nodesLeft` zurück:

```
public int getNodesLeft()
{ return nodesLeft;
}
```

Erheblich länger ist die Methode `nextMins`:

```
public int[] nextMins()
{
  //--------------- Anzahl der Elemente in der nächsten Mins werden bestimmt

  int dummy = 1;
  for (int i = 0; i < n.length; i++)
    if (!n[current][i] && n[i][i]) dummy++;
  int[] mins = new int[dummy];

  //---- Array mins wird mit den Nummern der herauszunehmenden Knoten gefüllt

  mins[0] = current;
  int j = 1;
  for (int i = 0; i < n.length; i++)
  { if (!n[current][i] && n[i][i])
    { mins[j] = i;
```

```
      j = j + 1;
    }
  }

  //---- Der Graph wird fortgeschrieben; Zeilen und Spalten gelöschter Knoten
  //-----werden auf false gesetzt, die Zahl restlicher Knoten korrigiert

  for (int k = 0; k < dummy; k++)
  { for (int i = 0; i < n.length; i++)
      n[mins[k]][i] = false;
    for (int i = 0; i < n.length; i++)
      n[i][mins[k]] = false;
  }
  nodesLeft = nodesLeft - mins.length;

  //--------------------- Suche nach der nächsten zu verarbeitenden Zeile

  if (nodesLeft > 0)
    while (!n[current][current]) current++;

  return mins;
}
```

Der Ablauf der Methode lässt sich in vier Phasen unterteilen, die durch Kommentare hervorgehoben sind.

In **Phase 1** wird der Umfang der nächsten Mins bestimmt. Hierfür werden in der Zeile, die durch current bestimmt ist, die false-Werte der Knoten gezählt, die sich noch im Graphen befinden. Danach kann das Array mins erzeugt werden, welches diese Mins aufnehmen soll.

In der **zweiten Phase** werden dann diese Knoten in das Array mins aufgenommen. Das erste Element ist dabei der Knoten current selbst. Das Array mins ist das Hauptergebnis der Methodendurchführung, das weiter unten an den Auftraggeber geliefert wird.

In der **dritten Phase** werden die Zeilen und Spalten der Knoten, die in mins aufgenommen wurden, mit false-Werten gefüllt. Die Korrektur der Anzahl noch enthaltener Knoten schließt diese Phase ab. Danach repräsentiert das Array n den Stand des Graphen nach der Herausnahme der Mins.

In **Phase 4** wird der Zeiger current so versetzt, dass er auf die nächste Zeile von n zeigt, die einen noch enthaltenen Knoten repräsentiert. Danach folgt nur noch der Abschluss der Methode mit der Ablieferung des Ergebnisses mins.

Aufgaben

Aufgabe 9-9 (H)

Bauen Sie die ausführbare Klasse Pruefungsplanung so aus, dass der Benutzer auch die Namen der Prüfungen eingeben kann und bei der Ausgabe des Ergebnisses anstelle der Knotennummern diese Namen genannt werden.

Aufgabe 9-10

Der Konfliktgraph kann auch zur Bearbeitung anderer Probleme benutzt werden. Angenommen, Sie möchten Ihren hundertsten Geburtstag feiern und dazu alle Ihre alten Freunde einladen. Zwischen den Freunden gibt es aber starke Animositäten, so dass Sie lieber mehrere Feiern abhalten wollen, die dann harmonisch zusammengesetzt sein sollen. Mit einem Konfliktgraphen können Sie diese Einladungen planen.

Fallen Ihnen noch weitere Anwendungen ein?

Aufgabe 5.7

10
Vererbung

Vererbung (engl. inheritance) bewirkt, dass Klassen Verhalten und Variablen anderer Klassen übernehmen können, zusätzlich aber noch über eigenes Verhalten und eigene Variablen verfügen.

10.1 Wofür braucht man Vererbung? Praxisbeispiele

Anhand von zwei Beispielen werden zunächst die wichtigsten Anwendungen der Vererbung in der Praxis demonstriert, ohne dass wir dabei in die Details gehen. Wie Sie selbst die Vererbung benutzen können, lernen Sie im darauf folgenden Abschnitt.

Geplante Klassenhierarchien

In Programmen zur Personalverwaltung, zur Personalplanung und in Personal-Informations-Systemen findet man meist eine Klasse mit dem Namen Mitarbeiter. Die Objekte dieser Klasse repräsentieren die Mitarbeiter des Unternehmens. Sie dienen zum Speichern und Wiederlesen der Mitarbeiterdaten. Diesen Zwecken dienen Methoden wie

```
setFamilienstand
setKinderzahl
setUrlaubsanspruch
getFamilienstand
getKinderzahl
getUrlaubsanspruch
```

und viele andere mehr. Daneben könnten zum Verantwortungsbereich der Klasse Mitarbeiter auch Aufgaben gehören, die nicht direkt mit der Pflege von Mitarbeitereigenschaften verbunden sind, sondern allgemein mit der Personalverwaltung. Es seien hier nur einige der vielen Aufgaben genannt:

- Ermittlung von Brutto- und Nettoentgelt

- Ermittlung des offenen Betrags in der Betriebskantine

- Bekanntgabe des Resturlaubs

- Ermittlung der Krankheitstage im laufenden Monat, im Jahr oder im Durchschnitt der letzten fünf Jahre.

Besonders der erste Punkt in dieser Aufzählung zeigt uns aber, dass eine einheitliche Regelung für alle Mitarbeiter zu pauschal wäre. Normalerweise gibt es in einem Unternehmen verschiedene Arten von Arbeitnehmern, für die jeweils eine andere Methode der Entgeltberechnung angewandt werden muss. Arbeiter erhalten einen Stundenlohn, der zusammen mit den abgeleisteten Stunden den Gesamtlohn eines Monats bestimmt. Außertarifliche Mitarbeiter bekommen häufig Überstunden nicht bezahlt, weil diese zu ihrer vertraglichen Arbeitsleistung gehören, während für tarifliche Mitarbeiter sogar ein Zuschlag bezahlt wird, wenn sie Überstunden leisten. Besondere Berechnungsvorschriften kann es auch für Mitglieder der Geschäftsführung und für Vorstandsmitglieder geben.

Soll man nun für alle diese Mitarbeiterarten eigene Klassen mit eigenen Methoden schreiben? Dies hieße sicherlich das Kind mit dem Bade auszuschütten, denn neben Unterschieden gibt es auch sehr viele Gemeinsamkeiten zwischen den Mitarbeitern. Alle tragen einen Namen, besitzen eine Adresse, einen Familienstand, einen Lebenslauf usw., und man benötigt dieselben Methoden für alle, um auf diese Daten zuzugreifen.

Die Vererbung bietet die Möglichkeit, eine Basisklasse `Mitarbeiter` zu schreiben, welche alle Daten und Methoden enthält, die für alle Mitarbeiter gleichermaßen relevant sind. Die Besonderheiten einzelner Mitarbeiterarten z.B. hinsichtlich der Gehaltsermittlung werden in speziellen Klassen geregelt, die auf der Basisklasse aufbauen oder, im objektorientierten Jargon, diese beerben.

Spezialisierung als Grundlage der Vererbung

Die Vererbung beruht gewöhnlich auf einer **Spezialisierung** von Objekten. So sind Arbeiter und Angestellte spezielle Arten von Mitarbeitern, übertarifliche Angestellte sind wiederum spezielle Angestellte, und bei einem Geschäftsführer handelt es sich um einen speziellen übertariflichen Angestellten.

Mathematisch betrachtet ist die Spezialisierung eine **Teilmengenbildung**: Die Menge der Angestellten ist eine Teilmenge der Menge der Mitarbeiter, die Menge der außertariflichen Angestellten stellt eine Teilmenge der Menge der Angestellten dar, und die Menge der Geschäftsführer ist eine Teilmenge der Menge der außertariflichen Angestellten.

Spezialisierungsbeziehungen zwischen Klassen lassen sich gut anhand von **Klassendiagrammen** planen und dokumentieren. Wir wollen für die Darstellung der Spezialisierung ein eigenes Symbol verwenden, eine große, nicht gefüllte Pfeilspitze (Bild 10-1). Die Spitze ist von den speziellen Klassen ausgehend auf die allgemeinere Klasse gerichtet oder, anders ausgedrückt, von den **Unterklassen** auf die **Oberklasse**. Obwohl es prinzipiell möglich wäre, dass eine Klasse mehrere Oberklassen hat, wollen wir uns auf jeweils eine Oberklasse beschränken, weil Java nur diesen Fall unterstützt. Es gibt allerdings auch Programmiersprachen, welche mehrere Oberklassen für eine Klasse zulassen ("Mehrfachvererbung").

Sind die Verbindungen von den Unterklassen zur Oberklasse in einer einzigen Pfeilspitze zusammengeführt, wie dies in Bild 10-1 zweimal der Fall ist, so wird angenommen, dass die Unterklassen keine gemeinsamen Objekte haben.

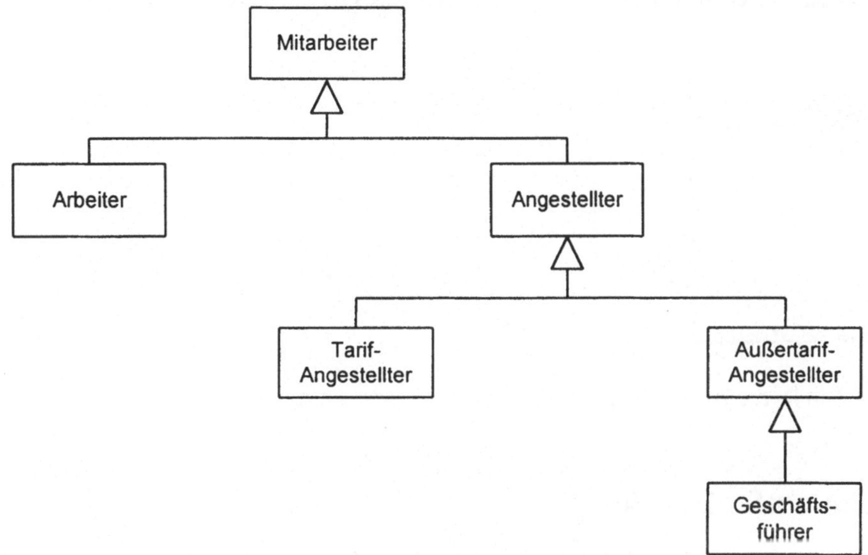

Bild 10-1:   Spezialisierungshierarchie (Vererbungshierarchie)

Wenn sich Spezialisierung über mehrere Ebenen hinweg zieht wie in Bild 10-1, spricht man von einer **Spezialisierungshierarchie** oder **Vererbungshierarchie**.[1]

Benutzung von Bibliotheksklassen

Bibliotheksklassen lassen sich in vielen Fällen nicht so verfassen, dass bereits alle Bedürfnisse der künftigen Anwender berücksichtigt sind. Dies ist vor allem bei der **Programmierung graphischer Benutzeroberflächen** der Fall, die Sie im nächsten Kapitel kennenlernen werden. Für viele Elemente socher Oberflächen gibt es vorgefertigte Lösungen, sie enthalten aber gewöhnlich nicht alles, was man für sein eigenes Programm braucht.

Nehmen wir als Beispiel ein Anwendungsfenster (Frame). Dies ist ein Element, in das alle anderen Elemente einer graphischen Benutzerfläche eingebettet sind. Es bildet also den äußeren Rand einer solchen Oberfläche. In der Bibliothek java.awt befindet sich zwar eine Klasse Frame, aber wenn man davon ein Objekt erzeugt und ihm den Befehl zur Anzeige erteilt, sieht man auf dem Bildschirm nur ein leeres Fenster, das so zu nichts nütze ist (Bild 10-2). Es enthält weder eine Überschrift noch irgendwelche anderen Elemente, die der Benutzer anklicken oder in die er etwas eintragen könnte.

Will man ein nutzbringendes Anwendungsfenster haben, so muss man die Klasse Frame beerben, indem man eine Unterklasse davon anlegt, und muss in diese Unterklasse all das einfügen, was man für sein eigenes Programm an Interaktionselementen wie Schaltflächen,

---

[1] Streng genommen ist Vererbung nicht an Spezialisierung gebunden. Vererbung ohne Spezialisierung führt jedoch zu unüberschaubaren und schlecht wartbaren Programmen und wird deshalb hier nicht in Erwägung gezogen.

Ankreuzfeldern, Beschriftungen usw. benötigt. Wie das geht, erfahren Sie im nächsten Kapitel.

Bild 10-2: Ein leeres Anwendungsfenster, aus der Klasse Frame erzeugt

10.2 Ein einfaches Beispiel

Die Realisierung der Vererbung in Java soll nun an einem sehr einfachen Beispiel demonstriert werden. Es handelt sich um ein kleines Programm, das die Daten von Personen unterschiedlicher geographischer Herkunft verwaltet und jede Person einen landestypischen Gruß ausgeben läßt. Bild 10-3 zeigt die beteiligten Personenklassen in einer Spezialisierungshierarchie

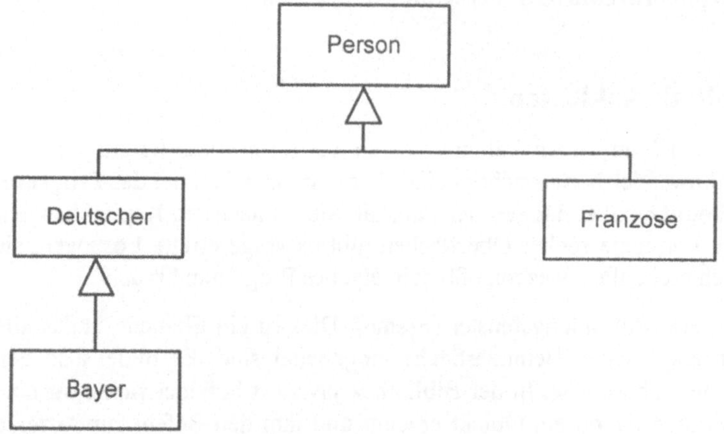

Bild 10-3: Spezialisierungshierarchie (Vererbungshierarchie)

Die oberste Klasse in der Hierarchie, Person, muss Methoden und Variablen bereitstellen, welche für alle Personen gleichermaßen gelten:

```
public class Person
{

    public Person(String name)
```

```
    { this.name = name;
    }

    public String getName()
    { return name;
    }

    private String name;
}
```

Eine Methode zum Grüßen wurde vorerst nicht aufgenommen, weil wir gar nicht wissen
können, wie eine Person grüßt, deren Nationalität wir nicht kennen.

Unterklassen

Unterklassen sind prinzipiell nicht anders aufgebaut als andere Klassen auch. In der Kopfzeile der Klassendeklaration wird mit einem besonderen Hinweis die Unterordnung unter
die Oberklasse erklärt.

Wir beginnen mit den Klassenbeschreibungen der Klassen Franzose und Deutscher. Sie
weisen nur minimale Unterschiede auf, so dass wir sie zusammen besprechen können. Beide
Klassenbeschreibungen enthalten in der Kopfzeile den Hinweis extends Person, mit dem
die Unterordnungsbeziehung zur Oberklasse Person hergestellt wird:

```
public class Franzose extends Person
{
  public Franzose(String name)
  { super(name);
  }

  public String getGruss()
  { return "Bonjour";
  }
}


public class Deutscher extends Person
{
  public Deutscher(String name)
  { super(name);
  }

  public String getGruss()
  { return "Guten Tag";
  }
}
```

Die Konstruktoren beider Klassen bekommen den Namen der Person als Parameter mit. Innerhalb der Konstruktoren wird mit `super(name)` der Konstruktor der Oberklasse aufgerufen. Der Aufruf des Oberklassenkonstruktors ist Pflicht, wenn nicht die parameterlosen Standardkonstruktoren benutzt werden.

Die Methode `getGruss` in beiden Klassen stellt eine echte Erweiterung gegenüber der Oberklasse dar. Die Methode `getName` der Oberklasse sowie die Instanzenvariable `name` brauchen in den beiden Klassen nicht mehr aufgeführt zu werden. Sie werden von der Oberklasse auf die beiden Unterklassen vererbt.[2]

Überschreiben von Methoden

`Deutscher` hat eine Unterklasse `Bayer`, welche berücksichtigt, dass Bayern anders grüßen als normale Deutsche und auch sonst noch einige Eigenheiten haben. Die Klasse `Bayer` hat zwei Oberklassen, von denen sie erben kann: die direkte Oberklasse `Deutscher` und deren direkte Oberklasse `Person`.

Programmiertechnisch weist die Klasse `Bayer` die Eigenheit auf, dass in ihr die Methode `getGruss` überschrieben wird. **Überschreiben** bedeutet, dass eine Methode angelegt wird, welche in Bezeichnung, Parametern und (soweit vorhanden) dem Typ des Rückgabewerts einer Methode in einer der Oberklassen entspricht, aber einen anderen Inhalt als diese hat. In unserem Beispiel ist es so, dass der Wortlaut des bayerischen Grußes ein anderer ist als der des normal-deutschen.

Die Methode `setLieblingsbier` stellt eine Erweiterung gegenüber den Oberklassen dar. Sie kommt der Vorliebe der Bayern für alkoholische Getränke entgegen und soll den Einsatz des Programms beim Oktoberfest ermöglichen. Ebenfalls eine Erweiterung ist die Instanzenvariable `lieblingsbier`, welche von `setLieblingsbier` mit einem Wert versorgt wird.

```java
public class Bayer extends Deutscher
{
  public Bayer(String name)
  { super(name);
  }

  public void setLieblingsbier(String bier)
  { lieblingsbier = bier;
  }

  public String getGruss()
  { return "Grüß Gott. hoast a " + lieblingsbier + "?";
  }

  private String lieblingsbier;
}
```

---

[2]　Die Instanzenvariable `name` ist allerdings, weil sie als `private` deklariert wurde, in der Unterklasse nicht sichtbar. Das macht aber nichts, weil ihr Wert über die öffentliche Methode `getName` erhältlich ist.

Ein erweitertes Klassendiagramm

Bevor wir das kleine Programm betrachten, das alle diese Klassen benutzt, wollen wir noch auf eine Erweiterung des Klassendiagramms eingehen, die gerade bei der Planung und Dokumentation von Vererbungsbeziehungen sehr nützlich ist.

Wir erweitern das Diagramm so, dass es neben den Namen der Klassen auch noch deren Methoden und Instanzenvariablen enthält. Damit man diese drei Teile auseinanderhalten kann, wird der Kasten zur Darstellung der Klasse in drei Abschnitte unterteilt (Bild 10-4).

Wie detailliert die Methoden und Variablen im Diagramm aufgeführt werden, hängt vom Verwendungszweck des Diagramms und auch von Vorlieben des Entwicklers ab. In einem frühen Stadium der Programmplanung genügt es meist, die Methoden nur mit ihren Namen aufzuführen; auf die Angabe von Rückgabewert, Parametern und Zugriffsspezifikation kann man verzichten.[3] Auch kann man bei der Auflistung der Instanzenvariablen die Angabe des Datentyps weglassen. Verwendet man das Diagramm jedoch zur Dokumentation, so können detailliertere Angaben sehr hilfreich sein.

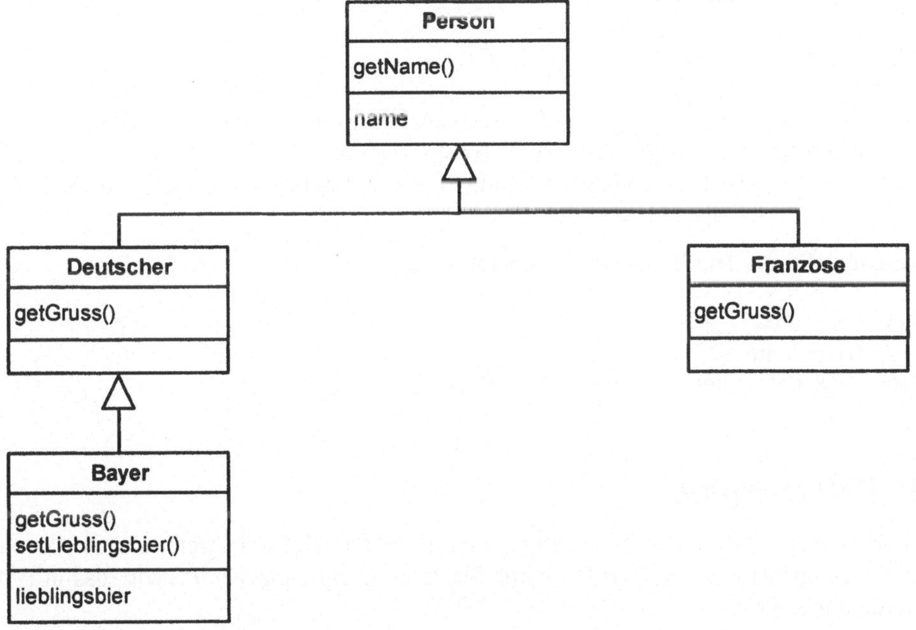

Bild 10-4: Spezialisierungshierarchie im erweiterten Klassendiagramm

---

[3] Die leere Klammer nach den Methodennamen hebt hervor, dass es sich um eine Methode und nicht um eine Variable handelt

Benutzung der Klassen: die ausführbare Klasse GrussAusgabe1

Die ausführbare Klasse GrussAusgabe1 legt zunächst von jeder der besprochenen Klassen, ausgenommen Person, je ein Objekt an, um diese Objekte dann danach grüßen zu lassen. Es wäre nicht sinnvoll, auch von Person ein Objekt zu erzeugen, da diese Klasse über keine Methode zur Abgabe eines Grußes verfügt.

```java
public class GrussAusgabe1
{
  public static void main(String[] args) throws Exception
  { IntIO io = new IntIO();
    Franzose jean  = new Franzose("Jean");
    Deutscher hans = new Deutscher("Hans");
    Bayer sepp     = new Bayer("Sepp");
    sepp.setLieblingsbier("Franziskaner Weiße");
    io.writeln(jean.getName() + ": " + jean.getGruss());
    io.writeln(hans.getName() + ": " + hans.getGruss());
    io.writeln(sepp.getName() + ": " + sepp.getGruss());
  }
}
```

Beachten Sie, dass jedes der Objekte Methoden ausführt, die auf unterschiedlichen Ebenen der Vererbungshierarchie angesiedelt sind. Beispielsweise wird das Objekt sepp mit den Methoden setLieblingsbier und getName aufgerufen, von denen sich die eine direkt in der Klasse Bayer befindet, die andere in der Klasse Person.

Die Ausgabe, die auf dem Bildschirm erscheint, lautet:

```
Jean: Bonjour
Hans: Guten Tag
Sepp: Grüß Gott. hoast a Franziskaner Weiße?
```

10.3 Polymorphie

Wie findet die Java-Maschine die richtige, auszuführende Methode, wenn ein Objekt aus einer Vererbungshierarchie aufgerufen wird? Sie folgt einem einfachen Prinzip, das in Bild 10-5 verdeutlicht wird.

Beim Aufruf einer Methode wird zunächst in der Klasse des beauftragten Objekts gesucht, ob dort diese Methode vorhanden ist. Ist dies der Fall, so wird die Methode ausgeführt. Wird die Methode in der Klasse nicht gefunden, so wird die Suche in der nächsthöheren Klasse fortgesetzt. Spätestens in der obersten Klasse der Hierarchie wird die Methode gefunden und ausgeführt.

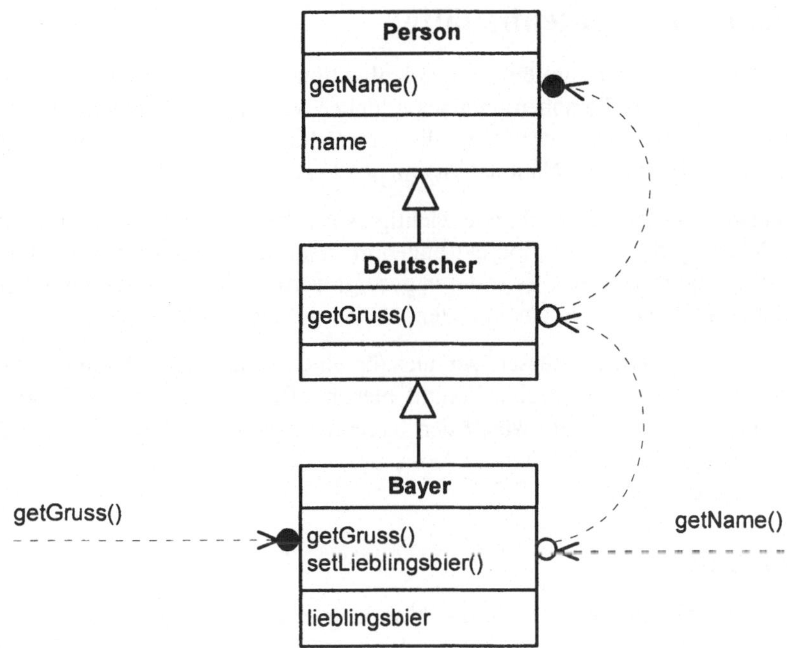

Bild 10-5: Auswahl der auszuführenden Methode

Bild 10-5 zeigt zwei solcher Suchvorgänge für ein Objekt der Klasse Bayer. Bei dem links dargestellten Aufruf mit der Methode getGruss endet die Suche nach der Methode sehr schnell, denn getGruss wird schon in der Klasse Bayer gefunden. Der Aufruf mit der Methode getName hat dagegen eine längere Suche zur Folge. Sie beginnt ebenfalls bei Bayer und führt über die direkte Oberklasse bis in die Wurzel der Vererbungshierarchie.

Polymorphie bei Methoden und Objekten

Polymorphie bedeutet im Deutschen **Vielgestaltigkeit**. Der Begriff lässt sich im Zusammenhang mit einer Vererbungshierarchie sowohl auf Methoden als auch auf Objekte beziehen.

Bei **Methoden** besagt Polymorphie, dass in den verschiedenen Klassen einer Vererbungshierarchie mehrmals eine Methode mit demselben Namen und denselben Parametern vorkommen kann, dass aber der Inhalt dieser Methoden unterschiedlich sein kann (und es normalerweise auch ist). Ein Beispiel in der oben betrachteten Personenhierarchie ist die Methode getGruss, die dreimal vorkommt und jedes Mal etwas anderes macht.

Auf **Objekte** bezogen bedeutet Polymorphie, dass ein Objekt einer unteren Klasse in der Hierarchie sich stets auch wie ein Objekt der darüber liegenden Klassen verhalten kann, nämlich wenn es Methoden ausführt, die auf den darüber liegenden Klassen definiert und an die Unterklasse vererbt wurden. Ein Objekt der Klasse Bayer verhält sich wie ein Objekt der Klasse Bayer, wenn es die Methode setLieblingsbier ausführt, aber wie ein Objekt der Klasse Person bei der Durchführung der Methode getName.

10.4 Ein Beispiel mit Datenbehälter

Wir wollen nun ein Array benutzen, um eine ganze Kollektion von Personen zu verwalten.
Natürlich sollen in diesem Array Personen unterschiedlicher Nationalität Aufnahme finden
können. Trotzdem erwarten wir, wenn wir innerhalb einer Schleife alle Personenobjekte im
Array grüßen lassen, dass sie das ihrer Nationalität entsprechend tun.

Aus dem Vorangegangenen wurde deutlich, wie wichtig es ist, dass das Javasystem erkennt,
welcher speziellen Klasse jedes Personenobjekt angehört, denn die Methode `getGruss` ist
für diese Klassen völlig unterschiedlich. Es soll nun gezeigt werden, dass dies auch möglich
ist, wenn verschiedenartige Personen in einem Datenbehälter geführt werden.

Bei der Deklaration unseres Arrays müssen wir uns für einen bestimmten Datentyp ent-
scheiden. Aus unserer Vererbungshierarchie kommt hierfür offensichtlich nur die Klasse
`Person` in Frage, denn jede andere Wahl würde den Kreis der möglichen Personen zu sehr
einschränken.

Eine abstrakte Klasse

Es ergibt sich nun ein kleines formales Hindernis. Man kann ein Objekt der Klasse `Person`
nur mit Methoden aufrufen, die in dieser Klasse oder einer Oberklasse davon deklariert
wurden. Da `Person` in unserer Hierarchie keine Oberklasse hat, beschränkt sich die Auswahl
auf die Methoden, die in `Person` selbst deklariert wurden. Dort fehlt aber eine Methode zum
Grüßen, weil angesichts der Unsicherheit, wie ein solcher Gruß lauten sollte, auf die Deklaration verzichtet wurde. Nun brauchen wir aber gerade diese Methode. Was ist zu tun?

Die Lösung heißt **abstrakte Methode** bzw. **abstrakte Klasse**. Es ist möglich, in `Person` die
Methode `getGruss` aufzunehmen, ohne ihre Ausführung zu programmieren. Wir müssen
diese Methode dann allerdings mit dem Schlüsselwort `abstract` kennzeichnen und die
ganze Klasse ebenfalls. Eine Folge dieser Deklaration ist, dass man von der Klasse `Person`
kein Objekt erzeugen darf, aber das wollen wir ohnehin nicht. All diese Überlegungen
führen uns zu dem überarbeiteten Klassendiagramm in Bild 10-6.

Von den Klassen der Personenhierarchie benötigt lediglich `Person` eine neue Deklaration.

```
    abstract public class Person
    {
      public Person(String name)
      { this.name = name;
      }

      public String getName()
      { return name;
      }

      abstract public String getGruss();

      private String name;
    }
```

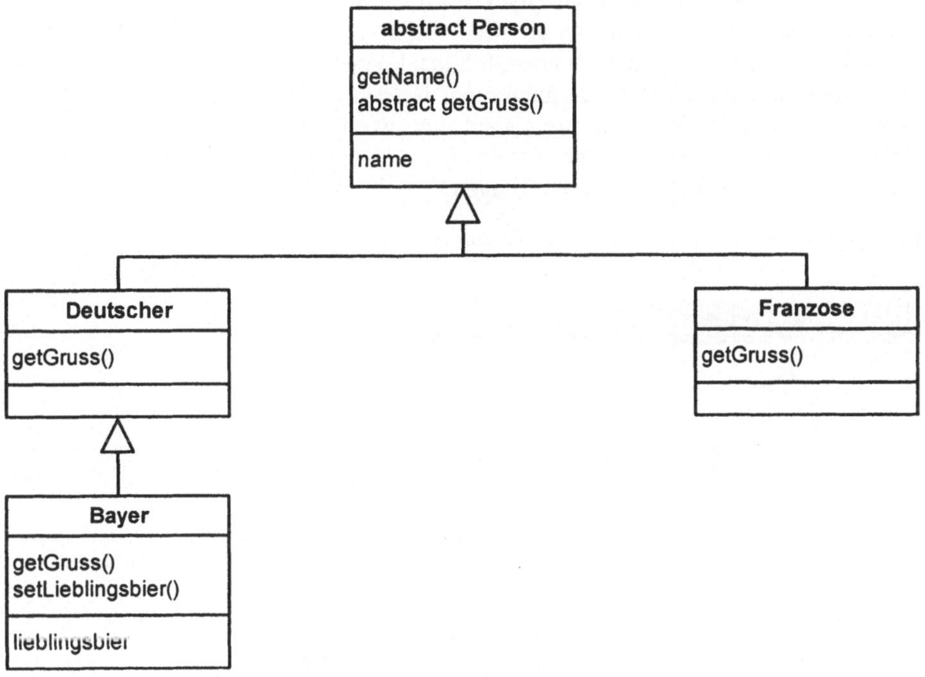

Bild 10-6: Personenhierarchie mit abstrakter Oberklasse

Die ausführbare Klasse GrussAusgabe2

Sie ersetzt die Klasse GrussAusgabe1 der ersten Version des Beispiels.

```
public class GrussAusgabe2
{
  public static void main(String[] args) throws Exception
  { IntIO io = new IntIO();
    Person[] p = new Person[3];
    p[0] = new Franzose("Jean");
    p[1] = new Deutscher("Hans");
    p[2] = new Deutscher("Verona");
    for (int i=0;i<3;i++)
      io.writeln(p[i].getName() + ": " + p[i].getGruss());
  }
}
```

Es wird zunächst ein Person-Array erzeugt und der Variablen p zugewiesen. Dann werden die einzelnen Objekte erzeugt und in das Array eingestellt. Beachten Sie, dass das Array zwar vom Typ Person ist, dass die einzelnen Objekte darin aber mit dem Konstruktor ihrer speziellen Klasse erzeugt werden müssen, also als Franzose bzw. Deutscher. Würden wir dies nicht tun, hätte das Javasystem keinerlei Information über diesen speziellen Typ.

Auf die Aufnahme eines Bayern in das Array wurde vorerst verzichtet. Der aufmerksame Leser weiß bereits, weshalb: wir haben die Methode setLieblingsbier nicht als abstrakte Methode in die Klasse Person aufgenommen, folglich können die Objekte eines Arrays vom Typ Person nicht mit dieser Methode aufgerufen werden. Da aber der Gruß des Bayern untrennbar mit seinem Lieblingsbier zusammenhängt, würde unser Programm nicht richtig funktionieren. Weiter unten soll aber gezeigt werden, wie wir Bayern trotzdem dazu bringen können, einen vernünftigen Gruß hervorzubringen.

Bild 10-7 zeigt die Ausgabe des kleinen Programms:

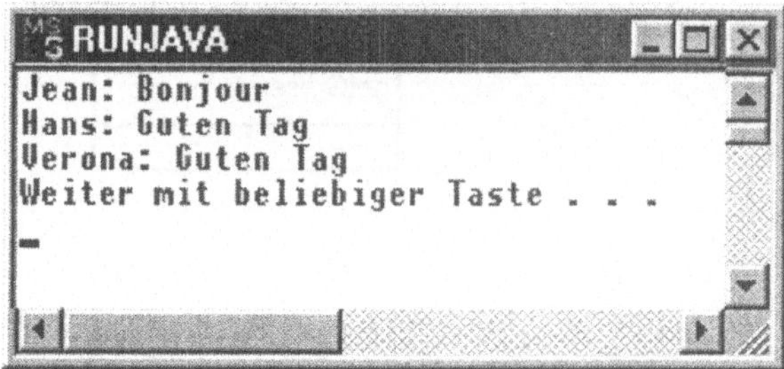

Bild 10-7

Aufgaben

Aufgabe 10-1

Schreiben Sie eine Klasse Schwabe.

Aufgabe 10-2

In der vorliegenden Fassung des Programms wird den einzelnen Elementen des Arrays bereits im Quelltext ihre spezielle Klasse zugewiesen. Beispielsweise ist dort schon fixiert, dass Element p[0] vom Typ Franzose ist.

Wir wollen nun die Aufgabe für das Javasystem erschweren, indem wir erst zur Laufzeit bekanntgeben, welchen speziellen Typ die einzelnen Elemente haben. Schreiben Sie hierzu das Programm so um, dass der Benutzer die Daten der Elemente eingibt. Er soll bei jedem Element zuerst gefragt werden, welcher Nationalität die Person angehört, und danach den Namen eingeben können.

Für das Javasystem bedeutet dies, dass es erst zur Laufzeit die speziellen Typen der einzelnen Elemente erfährt. Es wird sich bei der Ausführung des Programms zeigen, dass auch in diesem Fall die richtigen Methoden ausgeführt werden.

10.5 Typumwandlungen

Wie bereits diskutiert, scheiterte die Aufnahme eines Bayern in GrußAusgabe2 daran, dass die Methode setLieblingsbier nicht als abstrakte Methode in Person definiert war. Wir könnten dies natürlich nachholen, hätten dann aber das Problem, dass wir dann auch in den Klassen Deutscher und Franzose der zweiten Ebene eine Methode dieses Namens vorsehen und ausprogrammieren müssten.

Deshalb wollen eine andere Lösung verwenden. Es geht, grob gesagt, folgendermaßen: Ein Bayer wird sein Lieblingsbier dann zur Kenntnis nehmen, wenn wir ihn als echten Bayern und nicht als unspezifizierte Person ansprechen. Im Programm benutzen wir dafür den sog. **Typumwandlungsoperator (Casting-Operator)**.

```
public class GrussAusgabe3
{
  public static void main(String[] args) throws Exception
  { IntIO io = new IntIO();
    Person[] p = new Person[3];
    p[0] = new Franzose("Jean");
    p[1] = new Deutscher("Hans");
    p[2] = new Bayer("Edmund");

    Bayer eddi = (Bayer)p[2];                     //Typumwandlungsoperator
    eddi.setLieblingsbier("Paulaner Weisse");

    for (int i=0;i<3;i++)      io.writeln(p[i].getName() + ": " +
       p[i].getGruss());
  }
}
```

Mit der Anweisung

```
    Bayer eddi = p[2];
```

würden wir an dem Datenfach des Person-Objekts, an dem bereits der Griff p[2] befestigt ist, lediglich einen zweiten Griff mit dem Namen eddi befestigen. Die vollständige Anweisung mit dem Typumwandlungsoperator

```
    Bayer eddi = (Bayer)p[2];
```

bewirkt zusätzlich, dass das Objekt über den Griff eddi mit seinem speziellen Typ Bayer sichtbar und ansprechbar ist, während über den Griff p[2] nur diejenigen Methoden verfügbar sind, die bereits auf der Ebene von Person deklariert wurden.

Aufgabe 10-3

Erweitern Sie das Programm, das Sie bei Aufgabe 10-2 geschrieben haben, so, dass auch Bayern und Schwaben in das Personenarray aufgenommen werden können.

Implizite und explizite Typumwandlungen

Wenn ein Objekt mit dem Konstruktor einer Klasse A erzeugt wurde und einer Variablen der Klasse B zugewiesen wird, liegt eine Typumwandlung vor. Wird dabei der Typumwandlungsoperator angewandt, wie oben dargestellt, sprechen wir von einer **expliziten** Umwandlung.

Implizite (stillschweigende) Umwandlungen liegen vor, wenn der Typumwandlungsoperator nicht benutzt wird. In GrussAusgabe3 gibt es davon gleich drei Beispiele:

```
p[0] = new Franzose("Jean");
p[1] = new Deutscher("Hans");
p[2] = new Bayer("Edmund");
```

Generell sind Typumwandlungen bei Objekten nur entlang der Über- bzw. Unterordnungsbeziehungen einer Vererbungshierarchie möglich. Es wäre beispielsweise nicht statthaft, ein Objekt der Klasse PRoboter, die wir im vierten Kapitel benutzt haben, einer Variablen vom Typ Person zuzuweisen.

Ob eine explizite Umwandlung notwendig ist, hängt davon ab, ob die Zuweisung in der Hierarchie nach oben oder unten gerichtet ist. Während Zuweisungen an eine Variable einer „höheren" Klasse („upcasting") ohne Umwandlungsoperator funktionieren, muss bei Zuweisungen an Variablen darunter liegender Klassen („downcasting") stets der Operator angewandt werden.

Der Grund für die unterschiedliche Behandlung ist wohl, dass das Downcasting mit Risiko behaftet und nicht in allen Fällen angebracht ist. Mit der Pflicht zur expliziten Umwandlung soll der Programmierer angehalten werden, seine Schritte genau zu überdenken. Angenommen, wir würden in GrußAusgabe3 die folgenden Zeilen einfügen:

```
Bayer hansi = (Bayer)p[1];
hansi.setLieblingsbier("Kölsch");
```

Sie wissen natürlich, dass das Objekt, auf das p[1] verweist, vom speziellen Typ Deutscher ist, so dass die Typumwandlung nicht sinnvoll ist. Der Compiler bringt nichtsdestoweniger keine Fehlermeldung. Lässt man das Programm dann laufen, so stürzt es beim Versuch, die Methode setLieblingsbier auszuführen, ab.

Beide Formen der Typumwandlung gibt es übrigens auch bei primitiven Datentypen. Java lässt hier implizite Umwandlungen zu, wenn die umzuwandelnden Daten ohne weiteres den Anforderungen des neuen Typs genügen können. Die folgenden Anweisungen sind zulässig:

```
int x    = 337;
double y = x;
```

Nicht zulässig ist dagegen

```
double x = 3.887;
int y    = x;
```

weil eine Ganzzahl die Nachkommastellen nicht fassen könnte. Dabei ist es unerheblich, ob tatsächlich Nachkommastellen vorhanden sind; der Typ ist entscheidend. Auch mit dem Wert 3.0 für die double-Zahl wären die Anweisungen so nicht korrekt. Hier sind also explizite Umwandlungen angebracht:

```
double x = 3.887;
int y    = (int) x;
```

10.6 Die Klasse `Object`: Wurzel der Java-Klassenhierarchie

Klassen haben es in Java schön. Sie erben nämlich in jedem Fall etwas, auch wenn ihnen kein Programmierer explizit eine Erbschaft zugedacht hat.

Der edle Spender ist die Klasse `Object`, die mit der Java-Sprache mitgeliefert wird. Sie regelt allgemeine Dinge, die für alle Objekte in Java gelten müssen. Jede Klasse, die ein Programmierer schreibt, beruht auf dieser Klasse oder einer Unterklasse von ihr. Da diese Erbschaft Pflicht ist, verzichtet Java darauf, dass die Programmierer ein explizites `extends Object` in die Kopfzeilen ihrer Klassen schreiben.

Ist diese Erbschaft wertvoll? Grundsätzlich schon - es gibt ein paar nützliche Methoden, die in der Klasse `Object` definiert sind. Sie werden allerdings als Programmieranfänger noch wenig Gebrauch von diesen Methoden machen. Wichtiger ist die Tatsache, dass der Programmierer einen gemeinsamen Oberbegriff für Objekte aller Arten zur Verfügung hat. Dies erlaubt z.B., ein Array von Objekten zu deklarieren und darin ganz unterschiedliche Objekte zu halten.

Es ist zudem immer nützlich zu wissen, dass überhaupt eine Erbschaft da ist. Sie werden später Bibliotheksklassen benutzen, die auf der vierten oder fünften Stufe in der Vererbungshierarchie stehen. Um alle verfügbaren Methoden nutzen zu können, müssen Sie die Oberklassen und deren Methoden kennen.

Noch einmal: Datenbehälter

Die meisten der Datenbehälter-Bibliotheksklassen, die innerhalb des JDK zur Verfügung stehen, sind so geschrieben, dass die Elemente, die in diesen Behältern gespeichert werden können, vom Typ `Object` sind. Für einen Programmierer, der eine solche Bibliotheksklasse benutzt, hat dies gleich zwei Vorteile:

- Da `Object` die oberste aller Klassen ist, ist jede andere Klasse eine Unterklasse davon. Damit ist ein problemloses Upcasting zu `Object` möglich, so dass ein Behälter für beliebige Klassen verwendet werden kann, für eine Sammlung von `String`-Objekten genauso wie für eine solche von `PRoboter`-Objekten.

- Es ist möglich, in einer Sammlung auch Objekte unterschiedlicher Typen abzulegen. Falls dies gewünscht wird, kann man Strings und Roboter zusammen in einem Behälter speichern.

Wir werden das Thema Behälter nochmals im zwölften Kapitel im Rahmen einer Fallstudie aufgreifen. An dieser Stelle wollen wir die neuen Erkenntnisse dazu nützen, etwas mehr Licht auf ein früheres Beispiel zu werfen. In Kapitel neun hatten wir einen Behälter der Klasse `Stack` zur Palindromprüfung benutzt. Das kurze Programm sei hier noch einmal wiedergegeben:

```java
import java.util.Stack;

public class Palindrompruefung
{
```

```
   public static void main(String[] args) throws Exception
   {
     IntIO io = new IntIO();
     Stack stack = new Stack();

     String wort = io.readString("Wort: ");      //In dieser Phase werden die
     for (int i = 0; i < wort.length(); i++)     //Zeichen auf den Stapel
       stack.push(wort.charAt(i) + "");          //gelegt.

     String trow = "";                           //In dieser Phase werden die
     while (! stack.empty())                      //Zeichen wieder vom Stapel
       trow = trow + stack.pop();                //geholt und zusammengesetzt

     io.writeln(trow.equals(wort) ? "Palindrom" : "kein Palindrom");
   }
 }
```

Stack ist eine jener Behälterklassen, welche Elemente vom Typ `Object` speichert. Dementsprechend erwartet die Methode `push`, mit deren Hilfe ein Element auf den Stapel gelegt wird, ein `Object`-Objekt als Parameter. Tatsächlich übergeben wird in der Anweisung

```
   stack.push(wort.charAt(i) + "");
```

ein `String`-Objekt. Dies funktioniert ohne explizite Typumwandlung, weil `String` in der Vererbungshierarchie unterhalb von `Object` liegt.

Ein Stück weiter unten werden mit Hilfe von `pop` Elemente vom Stapel geholt:

```
   trow = trow + stack.pop();
```

Auf den ersten Blick scheint dies nicht zulässig zu sein, denn `trow` ist ein String und `pop` liefert `Object`-Objekte. Da die Zuweisung von oben nach unten in der Hierarchie erfolgt, müsste eigentlich eine explizite Umwandlung stattfinden.

Der scheinbare Widerspruch löst sich auf, wenn man die Bedeutung des Konkatenationsoperators + näher betrachtet. Er bewirkt, dass das von `pop` gelieferte Objekt vor der Verbindung mit dem alten Wert von `trow` in ein `String`-Objekt verwandelt wird. Das + alleine besagt schon explizit, dass das Ergebnis von `pop` in einen String verwandelt werden soll. Deshalb ist der eigentliche Umwandlungoperator hier nicht mehr nötig.

10.7 Klassen, die sich nicht beerben lassen

Es gibt Klassen, die sind so knausrig, dass sie nicht nur nichts an potentielle Erben weitergeben, sondern sogar verhindern, dass überhaupt Erben da sind. Die Klasse `String` ist z.B. so eine Klasse.

Deklariert man eine Klasse mit dem Schlüsselwort `final` (endgültig), so verhindert man damit, dass davon Unterklassen gebildet werden können. Bei `String` ist das der Fall. Die Kopfzeile im Quelltext dieser Klasse lautet:

```
public final class String
```

Weshalb verhindert ein Entwickler, dass seine Bibliotheksklassen beerbt werden? In manchen Fällen mag eine Rolle spielen, dass der Entwickler nicht will, dass jemand die von ihm geschriebene Bibliothek weiter ausbaut und vermarktet. Oft ist aber der Gedanke an die Schnelligkeit die treibende Kraft. Der Compiler kann eine Klasse, die keine Unterklassen haben kann, in schnelleren Code umwandeln.

Was soll ein Programmierer machen, der zu einer endgültigen Klasse zusätzliche Funktionen braucht? Eine Möglichkeit wurde im achten Kapitel gezeigt. Dort wurde eine Hilfsklasse `StringUtils` vorgestellt, welche Klassenmethoden zur Verarbeitung von Strings enthielt.

Aufgabe 10-4

Können Sie sich weitere Verfahren vorstellen, mit denen man Klassen erweitern kann, die mit `final` deklariert sind?

11

Graphische Benutzeroberflächen und Ereignisverarbeitung

In diesem Kapitel werden Sie lernen, wie Sie in Java graphische Benutzeroberflächen nutzen können (Graphical User Interface, GUI). Der wichtigste Unterschied zu den bisher benutzten textorientierten Benutzeroberflächen ist, dass der Benutzer von nun an mit der Maus arbeiten kann und nicht mehr alles mit der Tastatur eintippen muss.

Wir werden das Schwergewicht zunächst auf die Gestaltung der Oberfläche legen und hierzu Programme betrachten, die noch nicht auf die Eingaben der Benutzer reagieren. Im weiteren Verlauf des Kapitels werden wir dann die Anwendungen zu vollwertigen Programmen umgestalten, indem wir sie um die Ereignisverarbeitung erweitern.

Für dieses Kapitel gilt noch mehr als für die vorangegangenen, dass wir uns bei der Auswahl des Stoffs einschränken müssen. GUI-Programmierung beruht auf mächtigen Klassenbibliotheken, und es wäre ein Unding, hier einen größeren Teil davon vorstellen zu wollen. Stattdessen wollen wir uns auf das Erlernen der Prinzipien konzentrieren.

11.1 Die Klassenbibliotheken AWT und Swing

Die Bibliotheken AWT (Abstract Windowing Toolkit) und Swing liefern dem Java-Programmierer das Handwerkszeug, das er zur Gestaltung graphischer Oberflächen braucht. Wir benutzen daraus zunächst zwei Arten von Klassen:

- Klassen zur Gestaltung von **Interaktionselementen**. Interaktionselemente nehmen Eingaben des Benutzers auf oder dienen der Ausgabe von Informationen für den Benutzer. Wichtige Interaktionselemente-Klassen in der Bibliothek AWT sind `Button` (Schaltfläche), `Label` (Textausgabefeld), `Choice` (Auswahlliste), `TextField` (Texteingabefeld), `TextArea` (Texteingabefläche) und `Canvas` (Zeichenfläche).

- Klassen für **Darstellungsflächen**. Um Interaktionselemente zeigen zu können, muss man sie in Darstellungsflächen einbetten. Häufig gebrauchte Klassen dieser Art sind `Frame` (Anwendungsfenster), `Window` (Fenster), `Applet` und `Panel`.

Bild 11-1 zeigt die meisten der genannten Interaktionselemente, eingebettet in ein Anwendungsfenster (Frame). Rechts neben dem jeweiligen Element steht jeweils in kursiver Schrift der Name der Bibliotheksklasse, auf dem das Element beruht.

Im AWT sind sowohl Interaktionselemente als auch Darstellungsflächen direkte oder indirekte Unterklassen der Klasse `Component` (s. Anhang). Die Darstellungsflächen sind dabei der Klasse `Container` untergeordnet, die selbst eine Unterklasse von `Component` ist.

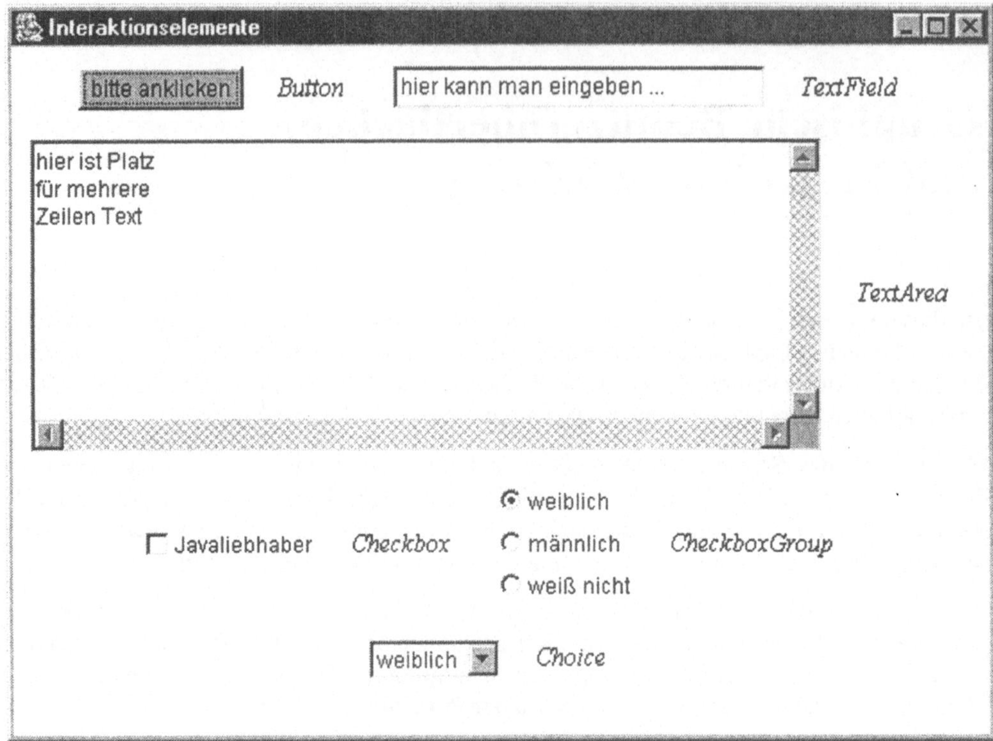

Bild 11-1: Interaktionselemente, eingebettet in ein Anwendungsfenster

Die Bibliotheksklassen können zum Teil unverändert benutzt werden. Farben, Größen, Beschriftungen und das sonstige Erscheinungsbild werden in diesem Fall mit speziellen Methoden gestaltet. Daneben gibt es auch Bibliotheksklassen, die man nur sinnvoll benutzen kann, indem man Unterklassen davon anlegt, sie also beerbt.

Swing ist eine neuere Bibliothek, welche schönere Oberflächen erzeugt als das ältere AWT. Da Swing umfangreicher und etwas komplizierter ist als AWT, werden wir in unseren Beispielen AWT verwenden (bis auf eine Ausnahme). Die Gestaltungsprinzipien sind dieselben, so dass ein späteres Umsteigen auf Swing nicht schwierig ist.

11.2 Verwendung eines Anwendungsfensters (Frame)

Wir brauchen nun die Klasse `IntIO` **nicht mehr. Stattdessen betten wir die Ein- und Ausgaben in ein Objekt der Klasse** `Frame` **bzw., genauer, in ein Objekt einer Unterklasse dieser Klasse ein. Denn die Klasse** `Frame` **ist eine jener Klassen, die man nur dann sinnvoll benutzen kann, wenn man sie beerbt.**

Im ersten Beispiel werden wir nichtsdestoweniger die Klasse `Frame` **direkt benutzen. Die folgende ausführbare Klasse** `EinFrame` **erzeugt ein Objekt der Klasse** `Frame` **und zeigt es auf dem Bildschirm.**

```
import java.awt.*;

public class EinFrame
{
  public static void main(String[] args)
  { Frame f = new Frame();
    f.setTitle("ein Frame");
    f.setSize(150,100);
    f.show();
  }
}
```

Beachten Sie die Importanweisung für die Bibliothek `java.awt`. In der Klasse `EinFrame` werden `setTitle()` und `setSize()` benutzt, zwei der Methoden, die dem Programmierer zur Verfügung stehen, um das Erscheinungsbild des Frames zu beeinflussen. Die Methode `show()` sorgt für die Darstellung auf dem Bildschirm. Bild 11-2 zeigt die Ausgabe.

Bild 11-2: Ein leeres Anwendungsfenster (Frame)

Ein wunder Punkt im Verhalten dieses Anwendungsfensters ist seine Reaktion auf Versuche des Benutzers, ihn durch Anklicken der Schaltfläche in der rechten oberen Ecke zu schließen und damit das Programm zu beenden. Er reagiert leider überhaupt nicht darauf.

Wollen wir ein schließbares Anwendungsfenster, so müssen wir eine Unterklasse von `Frame` bilden und diese entsprechend ausstatten. Der folgende Quelltext der Klasse `ClosableFrame` zeigt die Lösung:

```
import java.awt.*;
import java.awt.event.*;

public class ClosableFrame extends Frame
{
  public ClosableFrame()
  { addWindowListener(new WindowAdapter()
      { public void windowClosing(WindowEvent e)
        { System.exit(0);
        }
      }              );
  }
}
```

Der Text des Konstruktors ist Ihnen natürlich nicht verständlich, und er wird es bis auf weiteres auch bleiben. Die Reaktion des Anwendungsfensters auf das Anklicken erfordert Ereignissteuerung, und die ist erst später dran. Den Vorgriff müssen wir machen, weil wir ein schließbares Fenster benötigen. Ignorieren Sie den Text einfach bei der Benutzung der Klasse.

Der Quelltext der ausführbaren Klasse, welche das schließbare Fenster benutzt, ist gegenüber der ersten Fassung nur leicht verändert:

```
import java.awt.*;

public class EinFrame1
{
  public static void main(String[] args)
  { ClosableFrame f = new ClosableFrame();
    f.setTitle("closable");
    f.setSize(150.100);
    f.show();
  }
}
```

Die Ausgabe ist nahezu identisch, nur der Titel hat sich geändert (Bild 11-3):

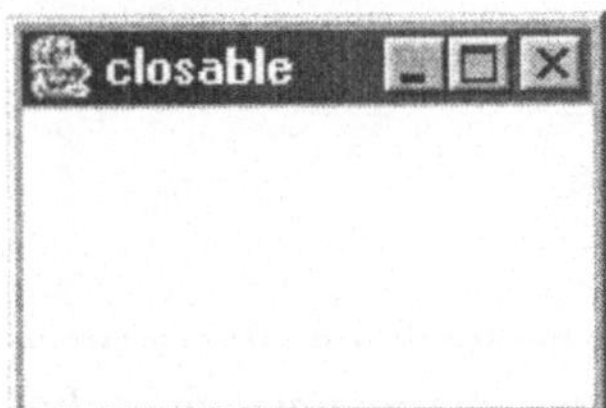

Bild 11-3: Das leere, aber schließbare Anwendungsfenster

Wir werden die Klasse `ClosableFrame` im Rest des Kapitels für unsere Anwendungen benutzen.

11.3 Layoutgestaltung: Layout-Manager

In den meisten anderen Programmiersprachen werden die Bildschirmpositionen der einzelnen Elemente vom Programmierer direkt bestimmt, indem er ihre Koordinaten angibt. Dies ist in Java grundsätzlich auch möglich; es ist jedoch nicht die bevorzugte Lösung. In Java können Layouts nämlich so flexibel gestaltet werden, dass sie sich automatisch an unterschiedliche Umgebungen anpassen.

Ein solches Layout entsteht durch das Zusammenwirken von Darstellungsflächen und Layout-Managern. Jede Darstellungsfläche wird einem Layout-Manager ausgestattet, welcher die eingefügten Elemente nach einem bestimmten Prinzip anordnet. Verschiedene

Layout-Manager benutzen unterschiedliche Prinzipien, so dass die Wahl des Managers für eine Darstellungsfläche ein wichtiges Gestaltungshilfsmittel ist.

Ein **FlowLayout-Manager** ordnet die Elemente in der Darstellungsfläche nebeneinander an, soweit dafür Platz vorhanden ist. Was nicht in eine Zeile passt, wird in die nächste verschoben. Bild 11-4 zeigt fünf Schaltflächen (Klasse Button), welche von diesem Manager in einem Anwendungsfenster angeordnet wurden.

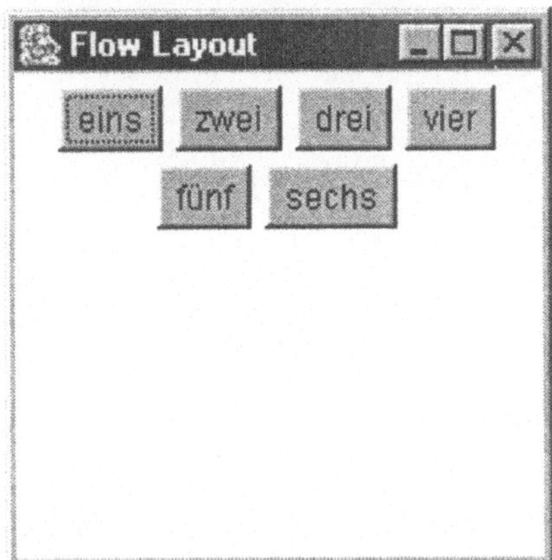

Bild 11-4: Schaltflächen, von einem FlowLayout-Manager angeordnet

Etwas weniger grob arbeitet ein **GridLayout-Manager**. Er ordnet die Elemente mit Hilfe von unsichtbaren horizontalen und vertikalen Trennlinien in ein Gitternetz ein. Durch die Reihenfolge des Einfügens kann man steuern, wo die einzelnen Elemente landen. Das Einfügen beginnt in der ersten Zeile und schreitet innerhalb der Zeile von links nach rechts fort (Bild 11-5).

Bild 11-5: Schaltflächen, von einem GridLayout-Manager angeordnet

Indem man Zwischenräume zwischen den Elementen vorgibt, kann man das Erscheinungsbild variieren (Bild 11-6).

Bild 11-6:   Veränderung des Erscheinungsbild durch Zwischenräume

Stattet man eine Darstellungsfläche mit einem **BorderLayout-Manager** aus, so kann man die Platzierung der Elemente durch Angabe einer Richtung (Center, North, South, West, East) bestimmen (Bild 11-7). Auch hier lässt sich das Erscheinungsbild durch Angabe von Zwischenräumen zwischen den Elementen variieren.

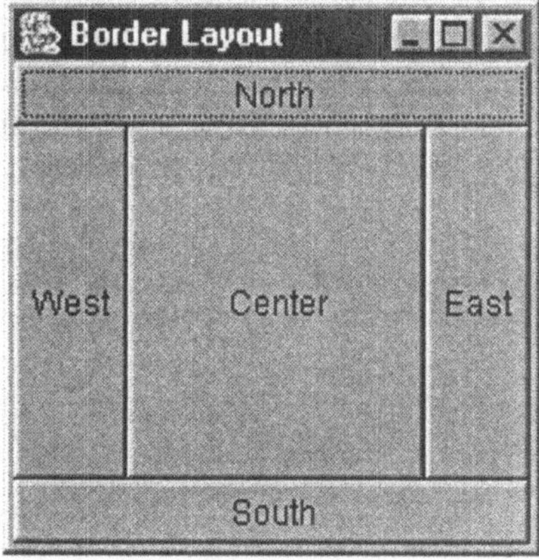

Bild 11-7:   Schaltflächen, von einem BorderLayout-Manager angeordnet

Der mächtigste Layout-Manager ist der **GridBagLayout-Manager**. Er erlaubt eine sehr differenzierte Bildschirmgestaltung, verlangt aber relativ hohen Programmieraufwand und viel Geduld. Wir werden ihn deshalb in unseren Beispielen nicht verwenden.

Der Layout-Manager einer Darstellungsfläche kann dem Konstruktor bei ihrer Erzeugung als Parameter mitgegeben werden. Alternativ kann man einen parameterlosen Konstruktor verwenden und später den Layout-Manager mit der Methode setLayout übergeben, die für alle Darstellungsflächen verfügbar ist. Wird überhaupt kein Layout-Manager übergeben, so gilt automatisch der **Standardmanager**, der bei der Klasse Frame der BorderLayout-Manager ist.[1]

Der GridLayout-Manager in Aktion: Farbwahl1

Wir betrachten nun die Oberflächengestaltung eines Programms, das dem Benutzer fünf Schaltflächen anbietet, die mit Namen von Farben beschriftet sind. Daneben ist eine freie Fläche (Bild 11-8). Klickt der Benutzer eine Schaltfläche an, geschieht gar nichts. Wir wollen aber später das Programm so ausbauen, dass es die freie Fläche mit der Farbe füllt, deren Schaltfläche der Benutzer gedrückt hat.

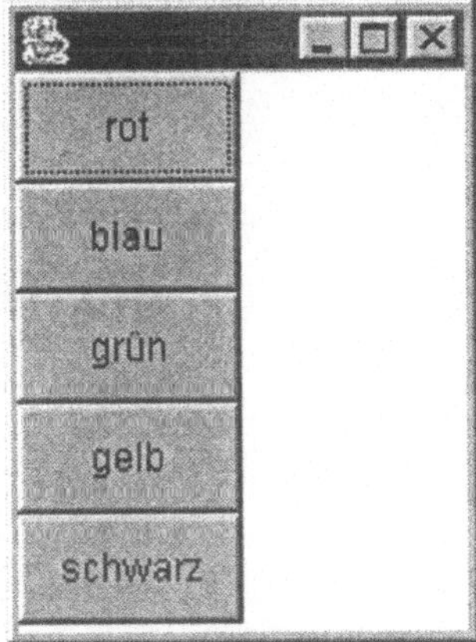

Bild 11-8:   Oberfläche des Programms Farbwahl1

Zur Erzeugung dieses Layouts wird der GridLayout-Manager gleich zweimal verwendet. Das Anwendungsfenster wird mit einem Gitter ausgestattet, das aus einer Zeile und zwei Spalten besteht. In die beiden Zellen des Gitters werden zwei weitere Darstellungsflächen vom Typ Panel eingefügt. Ein Panel ist eine Fläche ohne Rand, die für den Benutzer normalerweise unsichtbar ist, wenn sie nicht vom Programmierer mit einem Rand ausgestattet wird.

Das Panel, das in die erste (die linke) Zelle des Anwendungsfensters eingefügt wird, erhält ein GridLayout mit fünf Zeilen und einer Spalte zur Aufnahme der Schaltflächen. In das zweite Panel wird nichts eingefügt; man braucht deshalb nicht explizit einen LayoutManager zu setzen, sondern kann sich mit dem Standardmanager begnügen (Das ist beim Panel der FlowLayout-Manager).

Die **Schachtelung von Darstellungsflächen** ist neben der Zuordnung eines Layout-Managers ein weiteres wichtiges Gestaltungshilfsmittel. Es gibt kaum ein Layout, das ohne Schachtelung auskommt.

---

[1]   Früher war es der FlowLayout-Manager. Durch diese und ähnliche Veränderungen im JDK kann es passieren, dass eine Anwendung plötzlich ein ganz anderes Erscheinungsbild bekommt.

```java
import java.awt.*;

public class Farbwahl1
{
  public Farbwahl1()
  { frame.setLayout(new GridLayout(1,2));
    p1 = new Panel(new GridLayout(5,1));
    p2 = new Panel();
    b[0] = new Button("rot");
    b[1] = new Button("blau");
    b[2] = new Button("grün");
    b[3] = new Button("gelb");
    b[4] = new Button("schwarz");
    for(int i=0;i<5;i++) p1.add(b[i]);
    frame.add(p1);
    frame.add(p2);
    frame.setSize(150,200);
    frame.show();
  }

  public static void main(String[] args)
  { Farbwahl1 f1 = new Farbwahl1();
  }

  private ClosableFrame frame = new ClosableFrame();
  private Panel p1, p2;
  private Button[] b = new Button[5];
}
```

Es wird hier ein Programmaufbau verwendet, der bereits im Kapitel 8 vorgestellt wurde.
Innerhalb der Methode main wird ein Objekt der Klasse selbst erzeugt. Ansonsten geschieht
in main nichts. Das wird sich auch nicht ändern, wenn das Programm später um die Ereignisverarbeitung erweitert wird.

Völlig anders als bei den bisher betrachteten Klassen ist hier der Konstruktor sehr umfangreich. Er enthält den gesamten Aufbau des Layouts. Hier werden die Layout-Manager zugewiesen, die Schaltflächen erzeugt, und die Elemente in die Panels bzw. das Anwendungsfenster eingesetzt.

Beachten Sie bitte die Formulierung der ersten Zeile

```java
frame.setLayout(new GridLayout(1,2));
```

in der dem Anwendungsfenster ein GridLayout-Objekt zugewiesen wird. Dieser Vorgang
hätte auch etwas länger so formuliert werden können:

```java
GridLayout g = new GridLayout(1,2);
frame.setLayout(g);
```

Die kürzere Form ist jedoch ausreichend, weil das GridLayout-Objekt weder im Konstruktor noch in einer anderen Methode von Farbwahl1 angesprochen werden muss. Weil man keinen Zugriff benötigt, benötigt man auch keine Variable und kann den Auftrag zur Erzeugung des Objekts gleich in der Parameterklammer geben.

Die Variablen, die im Konstruktor angesprochen werden, sind größtenteils als Instanzenvariablen deklariert. Weshalb dies so ist, ist im jetzigen Stadium des Programms nicht offensichtlich. Es wird aber deutlich werden, wenn das Programm um die Ereignisverarbeitung erweitert wird. Man muss dann nicht nur vom Konstruktor aus, sondern auch von anderen Stellen auf diese Variablen zugreifen können.

Verwendung einer Auswahlliste (Choice)

Mit einer Auswahlliste (Klasse Choice) ist es möglich, auch Wahlmöglichkeiten mit vielen Optionen platzsparend zu präsentieren. Zunächst zeigt sich die Liste als ein Kästchen mit einem nach unten gerichteten Pfeil, der den Benutzer auffordern soll, die weiteren Optionen durch Anklicken sichtbar zu machen (Bild 11-9).

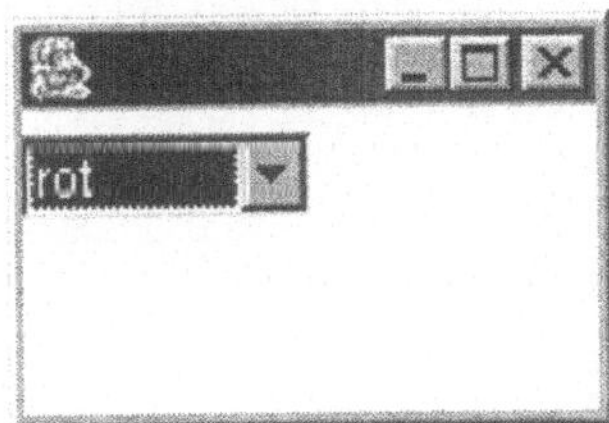

Bild 11-9:   Verwendung einer Auswahlliste anstelle von Schaltflächen

Im aufgeklappten Zustand geht eine solche Liste häufig über das Anwendungsfenster hinaus (Bild 11-10).

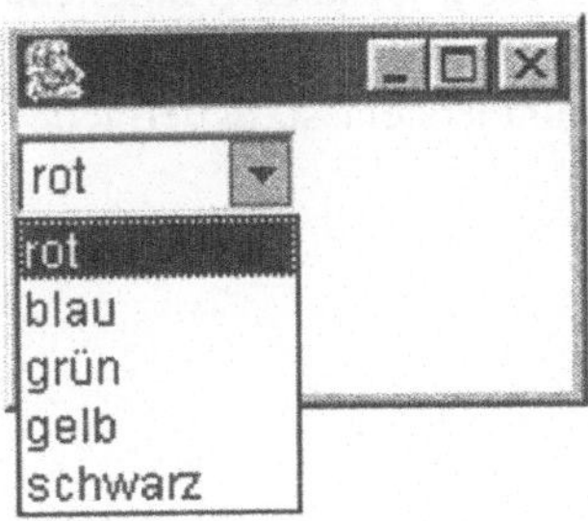

Bild 11-10:   aufgeklappte Auswahlliste

Der folgende Quelltext von Farbwahl2 ähnelt natürlich stark dem der Schaltflächen-Version Farbwahl1. An die Stelle des Button-Arrays ist eine Instanzenvariable für das Choice-Objekt getreten; im Konstruktor werden diesem Objekt mit Hilfe der Methode addItem die einzelnen Einträge hinzugefügt.

```java
import java.awt.*;

public class Farbwahl2
{
  public Farbwahl2()
  { frame.setLayout(new GridLayout(1,2));
    p1 = new Panel();
    p2 = new Panel();
    c.addItem("rot");
    c.addItem("blau");
    c.addItem("grün");
    c.addItem("gelb");
    c.addItem("schwarz");
    p1.add(c);
    frame.add(p1);
    frame.add(p2);
    frame.setSize(150,100);
    frame.show();
  }

  public static void main(String[] args)
  { Farbwahl2 f2 = new Farbwahl2();
  }

  private ClosableFrame frame = new ClosableFrame();
  private Panel p1, p2;
  private Choice c = new Choice();
}
```

Verwendung von Optionsfeldern (CheckboxGroup)

Optionsfelder (Klasse `Checkbox` bzw. `CheckboxGroup`) sind eine sehr benutzerfreundliche
Möglichkeit, eine Auswahl zu präsentieren, wenn nur eine von mehreren Optionen gewählt
werden kann. Die einzelnen Felder werden zu einer Gruppe zusammengefasst, in der genau
ein Feld markiert ist.

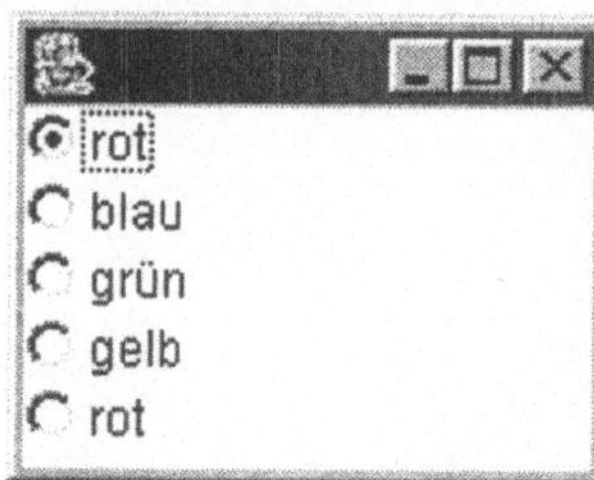

Bild 11-11: Auswahl mit Optionsfeldern

Als Layout-Manager für das linke Panel muss nun wieder ein `GridLayout`-Objekt verwendet
werden, das wie in der Schaltflächen-Version fünf Zeilen und eine Spalte hat.

Damit die fünf Felder als eine Einheit behandelt werden, muss zusätzlich zu einem Checkbox-Array eine CheckboxGroup deklariert werden. Im Konstruktor Farbwahl3 werden die einzelnen Elemente des Checkbox-Arrays gleich bei ihrer Erzeugung diesem Checkbox-Group-Objekt zugeordnet.

```java
import java.awt.*;

public class Farbwahl3
{
  public Farbwahl3()
  { frame.setLayout(new GridLayout(1,2));
    p1 = new Panel(new GridLayout(5,1));
    p2 = new Panel();
    cbx[0] = new Checkbox("rot", cbg, true);
    cbx[1] = new Checkbox("blau", cbg,  false);
    cbx[2] = new Checkbox("grün", cbg,  false);
    cbx[3] = new Checkbox("gelb", cbg,  false);
    cbx[4] = new Checkbox("rot", cbg,  false);
    for (int i = 0; i < 5; i++) p1.add(cbx[i]);
    frame.add(p1);
    frame.add(p2);
    frame.setSize(150,100);
    frame.show();
  }

  public static void main(String[] args)
  { Farbwahl3 f3 = new Farbwahl3();
  }

  private ClosableFrame frame = new ClosableFrame();
  private Panel p1, p2;
  private Checkbox[] cbx = new Checkbox[5];
  private CheckboxGroup cbg = new CheckboxGroup();
}
```

Vorteile der Java-Layouttechnik

Sie werden sich vielleicht fragen, weshalb man in Java diese umständliche Methode mit den Layoutmanagern und dem Ineinanderschachteln der Darstellungsflächen anwendet. Es wäre doch viel leichter, wenn der Programmierer die einzelnen Interaktionselemente durch Angabe ihrer Bildschirmkoordinaten direkt im Anwendungsfenster platzieren könnte.

In der Tat verlangt die Layouttechnik von Java dem Programmierer einiges ab. Der Mehraufwand wird aber durch höhere Flexibilität der Anwendung aufgewogen. Layouts mit absoluter Positionierung der Elemente sind sehr von der Systemumgebung abhängig, in der das Programm gerade läuft. Eine Schaltfläche auf einem Windows-System hat eine andere Größe als eine auf einem Macintosh, und ein Linux-System hat wieder andere Schaltflächen. Was auf dem einen System gut aussieht, kann auf einem anderen chaotisch wirken.

Die relative Positionierung der Elemente, wie sie in Java angewendet wird, ist sehr viel robuster in Bezug auf Systemunterschiede. Obwohl in Java auch eine absolute Positionierung möglich ist, empfiehlt es sich, die beschriebene Technik der relativen Positionierung anzuwenden.

Aufgaben

Aufgabe 11-1

Suchen Sie in der JDK-Dokumentation nach den Klassen FlowLayout, BorderLayout, GridLayout, Frame, Panel, Button, Choice, Checkbox, CheckboxGroup, Label, TextField und TextArea und verschaffen Sie sich einen Überblick über die unmittelbaren und ererbten Methoden dieser Klassen. Schlagen Sie begleitend dazu die Darstellung der AWT-Klassenhierarchie im Anhang dieses Buchs auf.

Aufgabe 11-2

Schreiben Sie nach dem Muster der Beispiele in den vorangegangenen Abschnitten ein Programm mit graphischer Oberfläche zur Ermittlung der Primfaktoren von Ganzzahlen, die vom Benutzer eingegeben werden sollen. Beschränken Sie sich auf die Programmierung der Oberfläche! Ihr Programm soll noch nicht auf Eingaben reagieren.

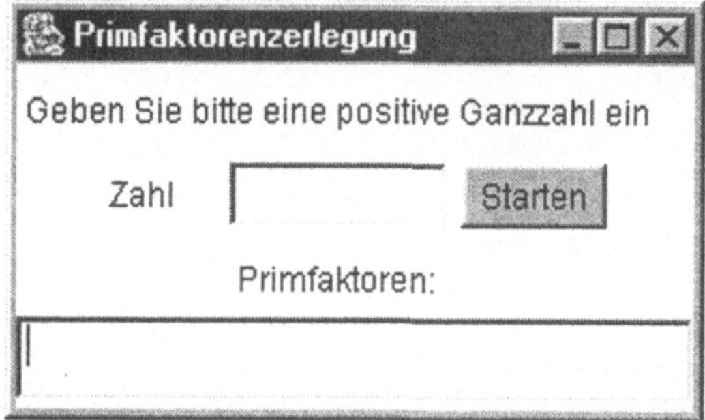

11.4 Prinzipien der Ereignisverarbeitung

In den folgenden Abschnitten lernen Sie, wie man Programme mit graphischer Benutzeroberfläche dazu bringt, auf die Eingaben des Benutzers zu reagieren. Wir bauen bei dieser Gelegenheit die Beispiele des vorhergegangenen Kapitels aus und erwecken sie zum Leben.

Ereignisse

Aktionen des Benutzers, wie das Klicken mit der Maus auf ein Interaktionselement im Anwendungsfenster oder das Drücken einer Taste der Tastatur, sind Ereignisse, auf die das Programm adäquat reagieren muss. Es gibt eine Vielzahl möglicher Ereignisse, die ein Benutzer auslösen kann. Nicht jede Anwendung muss auf alle Ereignisse reagieren. Kleine Programme wie die in diesem Buch verwendeten reagieren meist nur auf zwei oder drei verschiedene Ereignisse, komplexe Anwendungen wie z.B. Textverarbeitungssysteme müssen dagegen auf viele verschiedene Ereignisse eine Reaktion parat haben.

Ereignisverarbeitung

Das Prinzip der Ereignisverarbeitung in Java ist so einfach wie genial. Jedem Element des Anwendungsfensters, das auf Benutzereingaben reagieren soll, wird ein **Hörerobjekt** eingepflanzt, welches das Ereignis aufnimmt ("hört") und angemessen darauf reagiert.

Zum Einpflanzen der Hörer sind spezielle Methoden verfügbar, die leicht anzuwenden sind. Da die Hörer Objekte sind, beruhen sie auf Klassen. Und da die Reaktion eines Hörers auf ein Ereignis von Programm zu Programm sehr unterschiedlich sein wird, ist es nicht möglich, fertig programmierte Hörerklassen zur Verfügung zu stellen. Man muss sie daher selbst schreiben. Dies geschieht allerdings nach strengen Formvorschriften.

Hörerklassen und Hörerschnittstellen

Die Vorschriften, welche den Aufbau einer Hörerklasse bestimmen, sind in Form von **Schnittstellen** (im Javajargon: interfaces) vorgegeben. Eine Schnittstelle beschreibt den prinzipiellen Aufbau einer Klasse. Wie eine Klasse hat eine Schnittstelle einen Namen und kann Variablen und Methoden besitzen. Allerdings beschränkt sich die Beschreibung der Methoden auf die Kopfzeile; es ist also nichts programmiert.

Die Schnittstelle ActionListener beschreibt den Aufbau von Hörerobjekten, die auf **Aktionsereignisse** reagieren. Ein Aktionsereignis (ActionEvent) wird beispielsweise durch das Klicken auf eine Schaltfläche ausgelöst. ActionListener sieht eine Methode

```
public void actionPerformed (ActionEvent e)
```

vor, in der geregelt werden muss, was geschehen soll, wenn der Benutzer ein Ereignis ausgelöst hat.

Der Programmierer, der eine Hörerklasse schreiben will, bezieht sich in seiner Klassendeklaration auf die Schnittstelle (Schlüsselwort implements) und vervollständigt die Methode actionPerformed(), z.B. folgendermaßen:

```
class RotHoerer implements ActionListener
{ public void actionPerformed(ActionEvent e)
  { p2.setBackground(new Color(200,0,100));
    p2.repaint();
  }
}
```

Der Parameter e vom Typ ActionEvent in der Parameterklammer von actionPerformed verkörpert das Ereignis, welches durch die Benutzeraktion hervorgerufen wurde. Ereignisse sind in Java selbst Objekte, deren Klassen aber bereits voll ausprogrammiert sind.

Beim Eintreten des Ereignisses, hier also beim Anklicken der Schaltfläche, übernimmt das Hörerobjekt das Ereignis und führt die Methode `actionPerformed` aus. Das Ereignisobjekt enthält Details über das auslösende Ereignis und kann bei Bedarf in `actionPerformed` ausgewertet werden.

11.5 Hörerklassen als innere Klassen schreiben

Wir greifen zuerst die Schaltflächen-Variante `Farbwahl1` wieder auf und bereiten es so auf, dass es auf Anklicken der Schaltflächen mit einer entsprechenden Färbung des Panels auf der rechten Seite reagiert. Die Klasse heißt nun `Farbwahl1a`.

```java
import java.awt.*;
import java.awt.event.*;

public class Farbwahl1a
{
  public Farbwahl1a()
  {
    frame.setLayout(new GridLayout(1.2));
    frame.setSize(150.200);
    b[0] = new Button("rot");
    b[1] = new Button("blau");
    b[2] = new Button("grün");
    b[3] = new Button("gelb");
    b[4] = new Button("schwarz");
    b[0].addActionListener(new RotHoerer());
    b[1].addActionListener(new BlauHoerer());
    b[2].addActionListener(new GruenHoerer());
    b[3].addActionListener(new GelbHoerer());
    b[4].addActionListener(new SchwarzHoerer());
    for(int i=0;i<5;i++) p1.add(b[i]);
    frame.add(p1);
    frame.add(p2);
    frame.show();
  }

  public static void main(String[] args)
  { Farbwahl1a f1 = new Farbwahl1a();
  }

  private ClosableFrame frame = new ClosableFrame();;
  private Panel p1 = new Panel(new GridLayout(5.1));
  private Panel p2 = new Panel();
  private Button[] b = new Button[5];

  class RotHoerer implements ActionListener
  { public void actionPerformed(ActionEvent e)
    { p2.setBackground(new Color(200.0.100));
```

```
        p2.repaint();
      }
   }

   class BlauHoerer implements ActionListener
   { public void actionPerformed(ActionEvent e)
     { p2.setBackground(Color.blue);
       p2.repaint();
     }
   }

   class GruenHoerer implements ActionListener
   { public void actionPerformed(ActionEvent e)
     { p2.setBackground(Color.green);
       p2.repaint();
     }
   }

   class GelbHoerer implements ActionListener
   { public void actionPerformed(ActionEvent e)
     { p2.setBackground(Color.yellow);
       p2.repaint();
     }
   }

   class SchwarzHoerer implements ActionListener
   { public void actionPerformed(ActionEvent e)
     { p2.setBackground(Color.black);
       p2.repaint();
     }
   }
}
```

Sie haben sicherlich bemerkt, dass gegenüber der ersten Fassung eine zusätzliche Importanweisung dazu gekommen ist. Die Bibliothek `java.awt.event` enthält die Klassen, die zur Ereignisverarbeitung benötigt werden. Aber es sind noch einige andere Dinge in dieser Klassendeklaration bemerkenswert.

Die Hörerklassen am Ende des Texts sind nicht etwa an die Klasse `Farbwahl1a` angefügt, sondern Bestandteile dieser Klasse selbst. Solche Klassen, die in eine andere Klasse eingelagert sind, nennt man **innere Klassen**. Man kann sie anwenden, wenn man Objekte beschreiben will, welche nur im Kontext der Hauptklasse (hier `Farbwahl1a`) gebraucht werden. Innere Klassen zu benutzen, hat vor allem zwei Vorteile:

- Da die Texte von inneren Klassen und der Hauptklasse kompakt in einer Datei gebündelt sind, ist es leichter, einen Überblick zu gewinnen.

- Die Objekte, die aus den inneren Klassen erzeugt werden, haben freien Zugriff auf alle Methoden und Instanzenvariablen der Hauptklasse.

Die Hörerklassen des Beispiels nutzen den freien Zugriff auf die Instanzenvariablen, indem sie das rechte Panel p2 beauftragen, eine bestimmte Farbe anzunehmen. Hierfür wird die Methode setBackground benutzt, die für alle Darstellungsflächen zur Verfügung steht.

Die Parameter dieser Methodenaufrufe bedürfen einer Erläuterung. Die Deklaration von setBackground() verlangt, dass der Parameter ein Objekt der Klasse Color sein muss. Die Klasse Color ist eine Bibliotheksklasse des AWT, welche gestattet, eine große Menge unterschiedlicher Farben darzustellen. Die Gestaltung einer Farbe in Java erfolgt normalerweise nach dem RGB-Verfahren. Zur Erzeugung eines Color-Objekts werden dem Konstruktor von Color drei ganzzahlige Werte im Bereich [0,255] mitgegeben. Hierbei steht der erste für den Rot-Anteil, der zweite für den Grün-Anteil und der dritte für den Blau-Anteil der Farbe. Beispielsweise kann man mit new Color(255.0.0) ein kräftiges Rot erzeugen, mit new Color(0.0.255) ein genauso kräftiges Blau; new Color(0.0.0) ergibt Schwarz, mit new Color(255.255.255) erhält man Weiß.

Für die gebräuchlichsten Farben stellt die Klasse Color fertige Color-Objekte in Form von allgemein zugänglichen Klassenvariablen bereit. Diese Klassenvariablen tragen die Namen der entsprechenden Farben, also z.B. red, blue, black, white, green oder yellow. Da wir in unserer Anwendung nur Standardfarben benutzen, greifen wir in den Hörerklassen auf diese fertigen Color-Objekte zu und ersparen uns damit, selbst solche Objekte zu erzeugen. Eine Ausnahme bildet die Klasse RotHoerer, damit Sie die Anwendung des Konstruktors Color auch einmal gesehen haben.

Im Konstruktor Farbwahl1a wird für jede verwendete Schaltfläche ein Objekt der dazu passenden Hörerklasse erzeugt und mit der Methode addActionListener der Schaltfläche eingepflanzt. Dies ist alles, was wir tun müssen, um die Anwendung mit einer funktionsfähigen Ereignisverarbeitung auszustatten. Klickt nun zur Laufzeit der Benutzer eine der Schaltflächen an, so wird dieses Ereignis automatisch vom zuständigen Hörer aufgenommen und durch Ausführung der Methode actionPerformed bearbeitet.

Eine Hörerklasse für alle Schaltflächen?

Der Aufbau unserer Farbwahlanwendung ist nicht der einzig mögliche, und mancher Programmierer hätte vielleicht eine andere Lösung bevorzugt. Ein Diskussionspunkt unter Java-Programmierern ist die Gestaltung von Hörerklassen. Ist es wirklich notwendig, für jede der Schaltflächen unserer Anwendung eine spezielle Hörerklasse zu schreiben oder könnte man auch mit einer einzigen Hörerklasse für alle Schaltflächen auskommen?

Prinzipiell geht es auch mit einer einzigen Hörerklasse. Wir haben dann allerdings das Problem, dass Aufrufe der Methode actionPerformed durch verschiedene Ereignisse ausgelöst werden können. Da die Reaktion auf die verschiedenen Ereignisse unterschiedlich ist (es wird jeweils eine andere Farbe verwendet), muss actionPerformed zuerst feststellen, welche der Schaltflächen die Quelle des Ereignisses ist. Hierzu kann das Objekt e vom Typ ActionEvent ausgewertet werden, das an actionPerformed als Parameter übergeben wird.

In der folgenden Klasse FarbHoerer wird die Methode getActionCommand der Klasse ActionEvent benutzt, um die angeklickte Schaltfläche herauszufinden. Die Methode gibt die Beschriftung der Schaltfläche als String zurück. Anschließend muss in einer Mehrfachauswahl die adäquate Reaktion bestimmt werden, die sich aus dem Inhalt dieses Strings ergibt:

```
class Farbhoerer implements ActionListener
  {
    public void actionPerformed(ActionEvent e)
    { String s = e.getActionCommand();
      if (s.equals("rot"))        p2.setBackground(Color.red);
      else if (s.equals("blau"))  p2.setBackground(Color.blue);
      else if (s.equals("grün"))  p2.setBackground(Color.green);
      else if (s.equals("gelb"))  p2.setBackground(Color.yellow);
      else if (s.equals("schwarz")) p2.setBackground(Color.black);
      p2.repaint();
    }
  }
```

Der Konstruktor unserer ausführbaren Klasse ändert sich ebenfalls. Zum Einpflanzen der Hörer in die Schaltflächen kann nunmehr eine Schleife benutzt werden:

```
for (int i = 0; i < 5; i++)
      b[i].addActionListener(new Farbhoerer());
```

Ist diese Lösung besser als unsere erste? Sie führt zu erheblich kürzerem Programmtext, was ein Vorteil ist. Nachteilig ist allerdings die unübersichtliche Mehrfachauswahl im "Universalhörer" FarbHoerer. Im Vergleich dazu sind die speziellen Hörerklassen der ersten Version verständlicher und auch leichter zu warten.

Die Version mit Auswahlliste

Zur Reaktion auf die Auswahl durch den Benutzer wird ein Hörerobjekt benötigt, das der Vorgabe der Schnittstelle ItemListener genügt. Innerhalb der Hörerklasse regelt die Methode itemStateChanged die Reaktion des Hörers auf die Wahl des Benutzers.

Das Ereignis, das durch die Wahl ausgelöst und dem Hörerobjekt übergeben wird, ist vom Typ ItemEvent. Damit itemStateChanged richtig auf die Wahl reagieren kann, muss bekannt sein, welches der Listenelemente gewählt wurde. Dies kann mit Hilfe der Methode getSelectedItem der Klasse Choice festgestellt werden.

```
public class Farbwahl2a
  {
    public Farbwahl2a()
    { frame.setLayout(new GridLayout(1.2));
      p1 = new Panel();
      p2 = new Panel();
      c.addItem("rot");
      c.addItem("blau");
      c.addItem("grün");
      c.addItem("gelb");
      c.addItem("schwarz");
```

```
        c.addItemListener(new WahlHoerer());
        p1.add(c);
        frame.add(p1);
        frame.add(p2);
        frame.setSize(150.100);
        frame.show();
    }

    public static void main(String[] args)
    { Farbwahl2a f2 = new Farbwahl2a();
    }

    private ClosableFrame frame = new ClosableFrame();
    private Panel p1. p2;
    private Choice c = new Choice();

    class WahlHoerer implements ItemListener
    { public void itemStateChanged(ItemEvent e)
        { String s = c.getSelectedItem();
          if (s.equals("rot"))        p2.setBackground(Color.red);
          else if (s.equals("blau"))  p2.setBackground(Color.blue);
          else if (s.equals("grün"))  p2.setBackground(Color.green);
          else if (s.equals("gelb"))  p2.setBackground(Color.yellow);
          else if (s.equals("schwarz"))p2.setBackground(Color.black);
          p2.repaint();
        }
    }
}
```

Die Mehrfachauswahl in der Methode itemStateChanged ist hier gar nicht zu umgehen, da wir nicht jedem Listenelement einen eigenen Hörer einpflanzen können.

11.6 Elemente neu ordnen: das Programm Wechsel

Bei den bisher in diesem Kapitel behandelten Anwendungen wurden von den Hörern nur minimale Veränderungen an der Bildschirmausgabe vorgenommen. Es wurde die Farbe von Panels verändert, die Anordnung der graphischen Elemente im Anwendungsfenster und die Identität der Elemente blieben jedoch unangetastet.

Bei größeren Anwendungen müssen häufig die Elemente neu angeordnet werden, oder es müssen Elemente gegen andere ausgetauscht werden. Wir studieren nun die Neuanordnung an einem sehr kleinen Beispiel: Dem Benutzer wird im Anwendungsfenster lediglich eine Schaltfläche mit der Aufschrift „Seitenwechsel" präsentiert (Bild 11-12). Klickt er sie an, wandert die Schaltfläche auf die gegenüberliegende Seite des Anwendungsfensters.

Das Anwendungsfenster ist mit einem GridLayout von einer Zeile und zwei Spalten ausgestattet. In die beiden Zellen dieses Gitters sind Panels eingefügt, deren Standardlayout, das FlowLayout, belassen wurde. In eines dieser Panels wird abwechselnd die Schaltfläche eingefügt.

Zwar wäre es möglich gewesen, die Schaltfläche auch direkt in das Anwendungsfenster einzufügen. Das Erscheinungsbild hätte dann aber sehr viel anders ausgesehen: die Schaltfläche hätte die gesamte Zelle ausgefüllt.

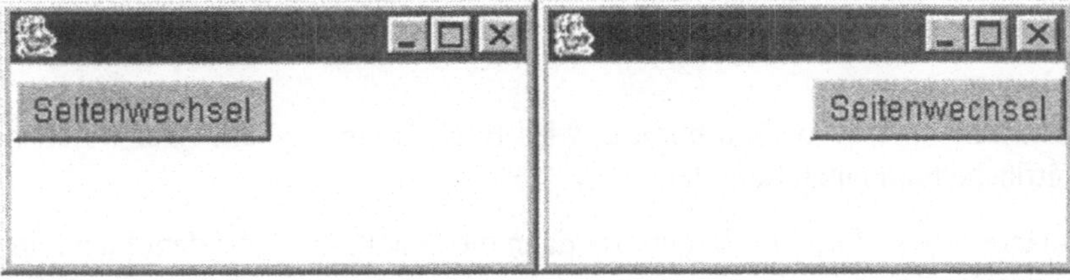

Bild 11-12

```java
import java.awt.*;
import java.awt.event.*;

public class Wechsel
{
  public Wechsel()
  { frame.setLayout(new GridLayout(1,2));
    p1 = new Panel();
    p2 = new Panel();
    p1.add(b);
    links = true;
    b.addActionListener(new WechselHoerer());
    frame.add(p1);
    frame.add(p2);
    frame.setSize(200,100);
    frame.show();
  }

  public static void main(String[] args)
  { Wechsel w = new Wechsel();
  }

  private ClosableFrame frame = new ClosableFrame();
  private Panel p1, p2;
  private Button b = new Button("Seitenwechsel");
  private boolean links;

  class WechselHoerer implements ActionListener
  { public void actionPerformed(ActionEvent e)
    { if (links)
      { p1.removeAll();
        p2.add(b);
      }
      else
```

```
          { p2.removeAll();
            p1.add(b);
          }
          links = !links;
        }
     }
 }
```

Mit Hilfe einer Variablen `links` vom Typ boolean wird Buch darüber geführt, auf welcher Seite sich die Schaltfläche momentan befindet.

Der Hörer fragt zunächst diese Variable ab, entfernt dann die Schaltfläche aus dem Panel, in dem sie sich gerade befindet und setzt sie in das andere Panel. Zum Entfernen dient die Methode `removeAll`, die für alle Darstellungsflächen zur Verfügung steht. Nach dieser Umschichtung wird auch die Variable `links` umgestellt.

Aufgaben

Aufgabe 11-3 (L)

Schreiben Sie ein Programm mit GUI, das vom Benutzer eingegebenen Ganzzahlen in ihre Primfaktoren zerlegt. Wenn Sie bereits Aufgabe 11-2 gelöst haben, können Sie das dafür geschriebene Programm weiterverwenden. Die Oberfläche könnte sich z.B. folgendermaßen präsentierten:

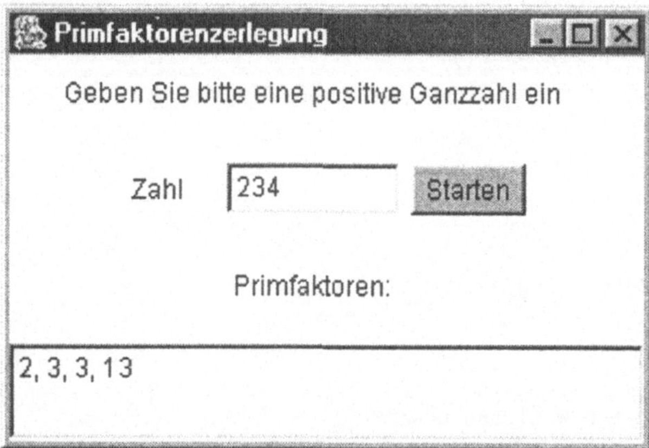

Verwenden Sie zur Ermittlung der Primfaktoren die Klasse `Faktorisierer2` aus dem achten Kapitel.

Aufgabe 11-4

Sie haben nun eine Fülle von Übungsmöglichkeiten, wenn Sie die Programmbeispiele, die in den vorangegangenen Kapiteln mit textorientierten Oberflächen realisiert wurden, nun mit graphischen Oberflächen ausstatten.

Diese Umstellung dürfte keine Probleme bereiten, weil wir bisher bei der Anwendung des Koordinator-Musters immer die Ein- und Ausgaben vom Kern der Anwendung getrennt und in verschiedenen Klassen untergebracht haben. Die Klassen, die diesen Kern beinhalten (die „Programmlogik") können für die Lösung mit GUI unverändert benutzt werden.

Die folgenden Beispiele bieten sich zur Umstellung auf GUI an:

- Währungsumrechnung (Kapitel 3)

- Kennzahlenermittlung (Kapitel 4)

- Robotersimulation (Kapitel 4)

- Simulation eines Geldautomaten (Kapitel 4)

- Pilzberatung (Kapitel 6)

- Zahlenraten (Kapitel 6)

- Blättern in den Fibonacci-Zahlen (Kapitel 6)

- Palindromprüfung (Kapitel 9)

- Magisches Quadrat (Kapitel 9)

Aufgabe 11-5

Schreiben Sie ein Programm, das den Benutzer eine Stadt aus einer Auswahlliste wählen lässt und in einem daneben stehenden Textfeld (Klasse `TextField`) das Land ausgibt, in dem die gewählte Stadt liegt. Suchen Sie selbst in der Java-Dokumentation nach einer Methode, mit der Sie den Inhalt eines Textfelds setzen und ändern können.

11.7 Variante: ausführbare Klasse beerbt `Frame`

In der folgenden Variante der ausführbaren Klasse `Wechsel` wird nicht, wie bei allen Beispielen vorher, ein Objekt von `ClosableFrame` als Instanzenvariable geführt, sondern die ausführbare Klasse beerbt selbst die Klasse `Frame`. Sie repräsentiert damit selbst ein Anwendungsfenster und ist als solches auf dem Bildschirm darstellbar.

```java
import java.awt.*;
import java.awt.event.*;

public class Wechsel2 extends Frame
{
  public Wechsel2()
  {
    addWindowListener(new WindowAdapter()
          { public void windowClosing(WindowEvent e)
            { System.exit(0);
            }
          }             );
```

```
    this.setLayout(new GridLayout(1.2));
    p1 = new Panel();
    p2 = new Panel();
    p1.add(b);
    links = true;
    b.addActionListener(new WechselHoerer());
    this.add(p1);
    this.add(p2);
    this.setSize(200.100);
    this.show();
  }

  public static void main(String[] args)
  { Wechsel2 w = new Wechsel2();
  }

  private Panel p1. p2;
  private Button b = new Button("Seitenwechsel");
  private boolean links;

  class WechselHoerer implements ActionListener
  { public void actionPerformed(ActionEvent e)
    { if (links)
      { p1.removeAll();
        p2.add(b);
      }
      else
      { p2.removeAll();
        p1.add(b);
      }
      links = !links;
    }
  }
}
```

Da in Frame, wie am Anfang des Kapitels dargelegt, nicht für eine Möglichkeit zum Schließen des Fensters gesorgt ist, muss man den Text für eine solche Vorrichtung in den Konstruktor von Wechsel2 einfügen. Es ist derselbe Text, der schon vorher für ClosableFrame benutzt wurde.

Ansonsten unterscheidet sich Wechsel2 nur wenig von Wechsel. Die Instanzenvariable frame für das ClosableFrame-Objekt ist weggefallen. Die Aufträge, die sich in Wechsel an frame richteten, richten sich in Wechsel2 an das in der Methode main geschaffene Wechsel2-Objekt selbst. Der Name frame wird dementsprechend durch this ersetzt.

Ein Vorteil gegenüber dem in Wechsel verwendeten Konstruktionsmuster ist, dass in das Gesamtsystem eine Klasse weniger eingeht, denn ClosableFrame wird hier nicht mehr gebraucht. Andererseits muss man in jede ausführbare Klasse, die nach diesem Muster aufgebaut ist, den Text einfügen, der das Schließen des Fensters erlaubt.

Vorteile und Nachteile halten sich also die Waage. In der Praxis wird das Muster nichtsdestoweniger häufig benutzt, und deshalb ist es nützlich für Sie, es zu kennen. Sie werden es auch in den beiden Fallstudien des nächsten Kapitels wiederfinden.

12

Fallstudien

Bei den beiden Fallstudien dieses Kapitels handelt es sich um mittelgroße Programme, die Ihnen den Übergang von den bisher betrachteten, sehr kleinen Beispielen zu den sehr viel größeren Programmen der Praxis erleichtern sollen.

Beide Anwendungen sind ausbaufähig und eignen sich als Ausgangsbasis für größere Projekte.

12.1 Verschiebespiel

In diesem Abschnitt lernen Sie eine etwas umfangreichere Anwendung kennen, die über eine graphische Benutzeroberfläche verfügt. Es geht allerdings nicht nur um graphische Benutzeroberflächen, sondern auch um **Architektur**. Die Anwendung ist nämlich so flexibel gestaltet, dass die Benutzeroberfläche mit geringem Aufwand gegen eine andere ausgetauscht werden kann.

Um diese Flexibilität zu demonstrieren, ist das Programm zunächst mit einer Oberfläche nach Art des AWT ausgestattet worden. Diese wird dann ersetzt durch eine Oberfläche, die mit Hilfe der neuen Bibliothek Swing erstellt wird. In der abschließenden Aufgabe werden Sie selbst die Anwendung mit einer dritten, textorientierten Benutzerfläche versehen.

Bei dem Verschiebespiel, das wir für unser Beispiel verwenden, handelt es sich um eine Nachbildung eines beliebten Spiels, das Ihnen sicher gut bekannt ist.

Die graphische Benutzeroberfläche

Sie ist mit Hilfe der Interaktionskomponenten des AWT gestaltet (Bild 12-1). Klickt der Benutzer eine der Zahlen an, so tauschen die gedrückte Schaltfläche und die leere Schaltfläche die Plätze. Wird eine Schaltfläche gedrückt, welche nicht unmittelbar über oder neben der leeren Schaltfläche liegt oder wird die leere Schaltfläche selbst gedrückt, geschieht überhaupt nichts. Die Aufgabe ist gelöst, wenn die Zahlen in aufsteigender Reihenfolge angeordnet sind und die leere Schaltfläche sich in der rechten unteren Ecke befindet.

Beim Aufruf der Anwendung findet der Benutzer eine Anordnung der Schaltflächen vor, die durch Zufallsauswahl generiert wurde. Der Benutzer kann jederzeit mit einem Druck auf die Schaltfläche "neues Spiel" eine neue zufällige Anordnung der Zahlen veranlassen.

Bild 12-1: AWT-Oberfläche des Verschiebespiels

Die Architektur: Trennung von Programmlogik und GUI

Mit Programmlogik wird im Informatikerjargon jener Teil einer Anwendung verstanden, in dem es um die inhaltliche Ermittlung der Programmergebnisse geht. Die Darstellung der Ergebnisse selbst, also die Benutzeroberfläche, rechnet man nicht zur Programmlogik.

Wir wollen hier nicht darüber diskutieren, ob die Wortschöpfung "Programmlogik" eine glückliche ist. Fest steht, dass sie uns hilft, eine nützliche Regel zur Gestaltung der Architektur einer Anwendung auszudrücken: Programmlogik und Benutzeroberfläche sollten in getrennten Klassen untergebracht werden. Der Grund liegt auf der Hand! Haben wir die Benutzeroberfläche in separaten Klassen isoliert, können wir sie leicht austauschen, ohne den Kern der Anwendung ändern zu müssen.

Wie viele Klassen jeweils für Programmlogik und Benutzeroberfläche notwendig sind, hängt natürlich vom Umfang der Anwendung ab. Unser Verschiebespiel kommt mit je einer Klasse aus, benutzt daneben aber noch einige Bibliotheksklassen, vor allem für die graphische Darstellung.

Die Klasse VSAWTUI ist die ausführbare Klasse, die man zum Start der Anwendung aufrufen muss. Sie enthält die Benutzeroberfläche und wickelt dementsprechend die Kommunikation mit dem Benutzer ab. Gleichzeitig fungiert sie als Koordinator. Die eigentliche Spielabwicklung, insbesondere die Durchführung der Spielzüge und das Generieren von Anfangsbelegungen, findet in der Klasse Verschiebespiel statt. Die Aufgabe von VSAWTUI beschränkt sich also darauf, die Kommunikation durchzuführen und die Wünsche des Benutzers in geeigneter Form an die Klasse Verschiebespiel weiterzugeben.

Hierzu braucht die Benutzeroberfläche Zugriff auf ein Objekt der Klasse Verschiebespiel. Wir erreichen dies, indem wir ein Objekt dieser Klasse als Instanzenvariable in die Klasse VSAWTUI aufnehmen.

Bild 12-2 zeigt die Zusammenarbeit zwischen der Benutzeroberfläche und dem Verschiebespiel-Objekt anhand eines groben Kollaborationsdiagramms.

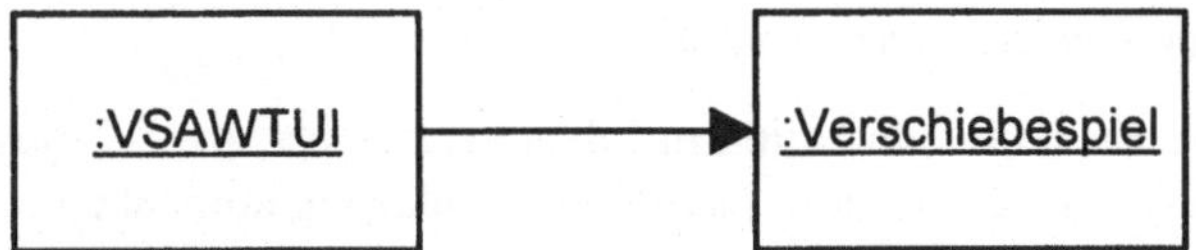

Bild 12-2: grobes Kollaborationsdiagramm

Die Benutzeroberfläche delegiert alle Aufgaben, welche die inhaltliche Gestaltung des Spiels betreffen, an das Verschiebespiel-Objekt weiter.

Die Klasse Verschiebespiel bietet nur wenige öffentliche Methoden an:

```
public void neu()
```

Hiermit wird das Verschiebespiel-Objekt beauftragt, zufallsgesteuert eine neue Ausgangsposition des Spiels zu erzeugen (eine „Belegung"). Diese Ausgangsposition wird im Verschiebespiel-Objekt gespeichert.

```
public boolean schiebe(int wahl)
```

Hiermit wird dem Verschiebespiel-Objekt der Schiebewunsch des Benutzers übermittelt. Der übergebene Parameter enthält die Nummer der zu verschiebenden Schaltfläche. Der zurückgelieferte Wert vom Typ boolean zeigt an, ob die gewünschte Verschiebung statthaft war (true) oder nicht (false).

```
public int[][] belegung()
```

Mit dieser Methode kann das Verschiebespiel-Objekt über die aktuelle Belegung befragt werden. Das muss regelmäßig nach Aufrufen von neu oder schiebe geschehen. Die Belegung wird in Form eines zweidimensionalen Arrays geliefert, von dem der erste Index die Zeilen des Spiels repräsentiert, der zweite die Spalten.

Die Softwareentwickler sprechen von einer **schmalen Schnittstelle**, wenn die Berührungspunkte zwischen den Teilen eines Systems gering sind. Schmale Schnittstellen sind generell erstrebenswert, weil sie die Abhängigkeiten zwischen den Systemteilen reduzieren und damit Wartungsarbeiten erleichtern. Unsere Anwendung verfügt über eine solche schmale Schnittstelle, denn

- die Auftragserteilung erfolgt nur in einer Richtung,

- es gibt sehr wenige verschiedene Aufträge,

- mit diesen Aufträgen werden jeweils nur wenige Parameter übermittelt.

Die ausführbare Klasse VSAWTUI

In dieser Klasse sind nur die Methode main und der Konstruktor öffentlich, daneben gibt es noch zwei private Hilfsmethoden sowie zwei innere Hörerklassen zur Abarbeitung der Ereignisse.

Wir beginnen unsere Betrachtung mit den Instanzenvariablen:

Das zweidimensionale Array b wird zur Kommunikation mit dem Verschiebespiel-Objekt
s benötigt, es kann eine mit Hilfe der Methode belegung abgefragte Belegung aufnehmen.

Das Schaltflächen-Array but wird für die Darstellung der Schiebeelemente und des Knopfes
zum Auslösen einer Neubelegung gebraucht. Die weiteren Instanzenvariablen p und spielfeld bezeichnen Panels, die gebraucht werden, um das gewünschte Layout zu erzielen.

```java
import java.awt.*;
import java.awt.event.*;

public class VSAWTUI extends Frame
{
  public VSAWTUI()
  {
    addWindowListener(new WindowAdapter()
      { public void windowClosing(WindowEvent e)
        { System.exit(0);
        }
      }                  );
    this.setSize(150,150);
    buttonsMachen();
    s.neu();
    this.show();
  }

  private void buttonsMachen()
  { but[1] = new Button("1");
    but[2] = new Button("2");
    but[3] = new Button("3");
    but[4] = new Button("4");
    but[5] = new Button("5");
    but[6] = new Button("6");
    but[7] = new Button("7");
    but[8] = new Button("8");
    but[9] = new Button(" ");
    but[0] = new Button("neues Spiel");
    for (int i=1;i<9;i++) but[i].addActionListener(new SHoerer());
    but[0].addActionListener(new NeuHoerer());
  }

  private void spielfeldBesetzen()
  { b = s.belegung();
    for (int i=1;i<4;i++)
      for (int j=1;j<4;j++)
        spielfeld.add(but[b[i][j]]);
    p.add(spielfeld);
    p.add(but[0]);
    this.add(p);
```

```
        this.validate();
    }

    public static void main(String[] args)
    { VSAWTUI v = new VSAWTUI();
      v.spielfeldBesetzen();
    }

    private Button[] but  = new Button[10];
    private int[][] b = new int[4][4];
    private Panel p = new Panel();
    private Panel spielfeld = new Panel(new GridLayout(3.3));
    private Verschiebespiel s = new Verschiebespiel();

    class NeuHoerer implements ActionListener
    {
      public void actionPerformed(ActionEvent e)
      { removeAll();
        s.neu();
        spielfeldBesetzen();
         VSAWTUI.this.repaint();
      }
    }

    class SHoerer implements ActionListener
    {
      public void actionPerformed(ActionEvent e)
      { String a = e.getActionCommand();
        s.schiebe(new Integer(a).intValue());
        removeAll();
        spielfeldBesetzen();
         VSAWTUI.this.repaint();
      }
    }

  }
```

Ablauf beim Start

Wir wollen zunächst den Ablauf beim Start der Klasse VSAWTUI verfolgen. Die Methode main erzeugt zunächst ein Objekt der Klasse VSAWTUI und beauftragt dann eine Hilfsmethode spielfeldBesetzen, welche den Rest der Spielvorbereitung übernimmt.

Der Konstruktor VSAWTUI gibt dem Frame eine geeignete Größe und ruft anschließend eine Hilfsmethode buttonsMachen auf, welche die benutzten Schaltflächen gestaltet und Hörerobjekte in sie einsetzt, so dass sie auf Mausklicks des Benutzers reagieren können. Am Ende des Konstruktors wird das Verschiebespiel-Objekt mit der Generierung einer neuen Belegung beauftragt. Mit dem Befehl show wird der Konstruktur abgeschlossen.

Die Methode spielfeldBesetzen, die in main nach dem Konstruktor aufgerufen wird,
erfragt vom Verschiebespiel-Objekt s zunächst mit einem Aufruf von belegung die
aktuelle Belegung und besetzt dann mit Hilfe einer Doppelschleife das Panel spielfeld entsprechend der Belegung mit den Schaltflächen des Arrays but. Anschließend wird spielfeld in das Panel p eingesetzt. Hinzu kommt die Schaltfläche but[0], die als Auslöseknopf
für eine Neubelegung dient. Zum Schluss wird p in den Frame eingesetzt, und mit validate
wird eine Neuberechnung des Layouts angestoßen.

Ereignisverarbeitung – die inneren Klassen

Mit der Durchführung von spielfeldBesetzen ist die Vorbereitung des Spiels abgeschlossen. Dem Benutzer präsentiert sich der in Abb. 12-1 gezeigte Bildschirm. Die weitere
Verarbeitung wird nun von der Ereignisverarbeitung bestimmt. Sie beruht auf zwei inneren
Hörerklassen. In jede der Schaltflächen des Spielfelds, ausgenommen die leere Schaltfläche
but[9], wurde in buttonsMachen ein Hörer der Klasse SHoerer eingesetzt. Die Schaltfläche
but[0] mit der Aufschrift "neues Spiel" wurde mit einem Hörer der Klasse NeuHoerer versehen.

Beachten Sie in NeuHoerer den abschließenden Aufruf

```
VSAWTUI.this.repaint();
```

der sich an das VSAWTUI-Objekt richtet und eine Neuausgabe des Anwendungsfensters
bewirkt.

In SHoerer muss zunächst mit Hilfe der Methode getActionCommand die Schaltfläche ermittelt werden, die das Ereignis ausgelöst hat. Die Methode liefert die Beschriftung dieser
Schaltfläche als String. Zur Umsetzung des Benutzerbefehls muss nun ein Auftrag schiebe
an das Verschiebespiel-Objekt s ergehen. Diesem Auftrag muss das gewählte Element mitgegeben werden, allerdings nicht in Form eines Strings, sondern als Ganzzahl. Die Umfor-
mung geschieht mit Hilfe der Hüllenklasse Integer. Sie hat einen Konstruktor, der ein
Integer-Objekt aus einem String erzeugt. Anschließend kann das erzeugte Objekt mit der
Methode intValue beauftragt werden, sein Äquivalent in Form eines int-Werts zu liefern.

Die Klasse Verschiebespiel

Es handelt sich um eine reine Bibliotheksklasse ohne Methode main:

```
import java.util.*;

public class Verschiebespiel
{
  public Verschiebespiel()
  { r = new Random();
  }

  public void neu()
  { b[1][1] = 1; b[1][2] = 2; b[1][3] = 3;
    b[2][1] = 4; b[2][2] = 9; b[2][3] = 5;
```

```java
    b[3][1] = 6; b[3][2] = 7; b[3][3] = 8;
    leerZeile = 2; leerSpalte = 2;
    for (int i = 0; i < 200; i++)
      this.schiebe(r.nextInt(9));
  }

  public boolean schiebe(int wahl)
  { sucheWert(wahl);          // setzt gewZeile u. gewSpalte
    if (korrekteSchiebung())
    { int tausch = b[gewZeile][gewSpalte];
      b[gewZeile][gewSpalte] = b[leerZeile][leerSpalte];
      b[leerZeile][leerSpalte] = tausch;
      leerZeile = gewZeile;
      leerSpalte = gewSpalte;
      return true;
    }
    else return false;
  }

  public int[][] belegung()
  { return b;
  }

  private void sucheWert(int wert)
  { for (int i=1;i<4;i++)
      for (int j=1;j<4;j++)
        if (b[i][j] == wert)
        { gewZeile  = i;
          gewSpalte = j;
        }
  }

  private boolean korrekteSchiebung()
  { if ((Math.abs(gewZeile-leerZeile)==1) && (gewSpalte==leerSpalte)
        ||
       (Math.abs(gewSpalte-leerSpalte)==1) && (gewZeile==leerZeile))
      return true;
    else return false;
  }

  private int[][] b = new int[4][4];
  private int gewZeile, gewSpalte;
  private int leerZeile, leerSpalte;
  private Random r;
}
```

Instanzenvariablen

Wir beginnen die Betrachtung wieder bei den Instanzenvariablen.

Für die Speicherung des jeweiligen Spielstands wird ein zweidimensionales Array b vom Typ int mit vier Zeilen und vier Spalten verwendet, wobei die Zeile und die Spalte mit dem Index 0 nicht verwendet werden. Es hätte auch ein Array mit drei Zeilen und drei Spalten ausgereicht, aber wir tun uns leichter, wenn wir von 1 bis 3 zählen können als von 0 bis 2, und der zusätzliche Speicherbedarf für die überflüssigen Arrayelemente fällt kaum ins Gewicht.

Die Verteilung der Ganzzahlen von 1 bis 9 über das Array repräsentiert den jeweiligen Spielstand. Da wir nur acht verschiebbare Elemente brauchen, dafür aber ein leeres Element, dient die Zahl 9 zur Bezeichnung des leeren Elements. Ein Spielstand könnte z.B. wie folgt aussehen:

	0	1	2	3
0				
1		2	5	9
2		6	8	3
3		7	4	1

Weil das Array als Instanzenvariable deklariert ist, kann von jeder Methode der Klasse darauf zugegriffen werden.

Weiterhin sind vier Instanzenvariablen deklariert, welche die momentanen Positionen des "leeren" Elements und des vom Benutzer ausgewählten Elements bezeichnen:

- gewZeile und gewSpalte zeigen die Position des zu verschiebenden Elements an,

- leerZeile und leerSpalte halten die Position des leeren Elements fest.

Eine weitere Instanzenvariable r vom Typ Random wird für die Erzeugung der zufälligen Belegungen des Spielfelds gebraucht:

Konstruktor

Der Konstruktor beschränkt sich darauf, eine Basis („Saat") für die Generierung von Zufallszahlen zu erzeugen, die dann später in der Methode neu erfolgt.

Die Methode schiebe

Die öffentliche Methode schiebe dient der Durchführung von Spielzügen. Sie empfängt den zu verschiebenden Wert als Parameter und veranlasst die daraus resultierenden Veränderungen in der Belegung. Da die Möglichkeit nicht ausgeschlossen werden kann, dass der Benutzer ein Element verschieben möchte, das nicht verschiebbar ist, prüft schiebe auch, ob der Wunsch des Benutzers korrekt ist. Nur in diesem Fall wird die Verschiebung durchgeführt. War die gewünschte Verschiebung ausführbar, so gibt schiebe den Wert true an die aufrufende Stelle zurück, ansonsten false.

Zu Beginn wird mit Hilfe der Hilfsmethode sucheWert die Position des zu verschiebenden Werts wahl gesucht. Das Ergebnis der Suche schlägt sich in den Instanzenvariablen gew-Zeile und gewSpalte nieder.

Anschließend benutzt schiebe die Hilfsmethode korrekteSchiebung, um zu überprüfen, ob die gewünschte Verschiebung ausführbar ist. Hierzu wird die Lage des zu verschiebenden Elements mit der Lage des leeren Elements verglichen:

Falls sich die Verschiebung als ausführbar erweist, vertauscht schiebe im Array b den Wert des zu verschiebenden Elements mit dem des leeren Elements. Anschließend werden die Variablen leerZeile und leerSpalte an die neue Situation angepasst.

Die Methode neu

Sie besetzt zunächst das Array b mit den Werten 1 bis 9, wobei die 9 (leeres Element) in der Mitte des Spielfelds platziert wird. Danach werden 200 zufällig ausgewählte Schiebevorgänge in Auftrag gegeben, um eine Zufallsverteilung der Elemente herzustellen. Hierbei hilft das mit r beizeichnete Objekt der Klasse Random aus der Bibliothek java.util. Der Aufruf nextInt(9) generiert eine Zufallszahl im Bereich [0, 8].

Die Methode ist nicht besonders effizient, da nur ein Teil der in Auftrag gegebenen Schiebevorgänge zulässig sein wird und die Prüfung auf Zulässigkeit trotzdem 200 mal ausgeführt werden muss. Die Verzögerung ist allerdings nicht so groß, dass der Benutzer etwas davon merkt.[1]

Die Methode belegung

Die kürzeste der öffentlichen Methoden in der Klasse Verschiebespiel ist belegung. Diese Methode liefert der aufrufenden Stelle die aktuellen Werte des Arrays b. Die Benutzeroberfläche kann belegung benutzen, um die Effekte einer mit neu veranlassten Neubelegung oder einer mit schiebe durchgeführten Verschiebung abzufragen.

Umstellung auf eine Swing-Benutzeroberfläche

Es soll nun, wie angekündigt, die Anwendung mit einer Benutzeroberfläche versehen werden, die auf der neuen Bibliothek Swing beruht. Swing ergänzt die alte Bibliothek AWT um besser aussehende Komponenten zur Interaktion mit dem Benutzer.

Allerdings werden wir nicht auf die Details von Swing eingehen. Swing ist eine mächtige Bibliothek, die auf den wenigen Seiten, die hier zur Verfügung stehen, nicht annähernd erschlossen werden kann. Im Literaturverzeichnis sind jedoch Bücher aufgeführt, die Ihnen einen problemlosen Zugang zu Swing verschaffen.

Obwohl wir nicht auf Details eingehen, wird ihnen das Lesen des Programmtexts nicht schwer fallen. Das liegt vor allem daran, dass die Prinzipien der Layoutgestaltung und der

---

[1] In der zweiten Auflage wurde ein effizienterer, aber nicht so gut lesbarer Algorithmus verwendet. Der jetzige Ansatz hat neben der Lesbarkeit den Vorteil, dass er bei jeder Größe des Spielfelds nur lösbare Ausgangssituationen produziert, wenn man mit einer lösbaren Belegung startet (Hinweis eines Lesers).

Ereignisverarbeitung von Swing denen des AWT entsprechen. Außerdem gibt es für die meisten AWT-Komponentenklassen korrespondierende Klassen in Swing, die sich von denen des AWT nur durch eine kleine Namensänderung abheben. Es wird jeweils ein J vorangestellt. Aus Button wird JButton, Panel wird zu JPanel, Frame zu JFrame usw. Bild 12-3 zeigt, wie unser Spiel mit den Swing-Komponenten aussieht.

Bild 12-3:   Eine Swing-Oberfläche zum Verschiebespiel

Wegen der flexiblen Architektur unserer Anwendung müssen wir in der Klasse Verschiebespiel keine einzige Zeile ändern. Wir ersetzen lediglich die Klasse VSAWTUI durch eine Klasse VSswingUI, die aufgrund der Übereinstimmungen zwischen AWT und Swing ohne großen Aufwand zu erstellen ist.

Die ausführbare Klasse VSswingUI

```
import java.awt.*;
import java.awt.event.*;
import javax.swing.*;

public class VSswingUI extends JFrame
{
  public VSswingUI()
  {
    addWindowListener(new WindowAdapter()
          { public void windowClosing(WindowEvent e)
            { System.exit(0);
            }
        }              );
    this.setSize(150,150);
    contpane = this.getContentPane();
    buttonsMachen();
    s.neu();
    this.show();
  }

  private void buttonsMachen()
  { but[1] = new JButton("1");
```

```java
      but[2] = new JButton("2");
      but[3] = new JButton("3");
      but[4] = new JButton("4");
      but[5] = new JButton("5");
      but[6] = new JButton("6");
      but[7] = new JButton("7");
      but[8] = new JButton("8");
      but[9] = new JButton(" ");
      but[0] = new JButton("neues Spiel");
      for (int i=1;i<9;i++) but[i].addActionListener(new SHoerer());
      but[0].addActionListener(new NeuHoerer());
  }

  private void spielfeldBesetzen()
  { b = s.belegung();
    for (int i=1;i<4;i++)
      for (int j=1;j<4;j++)
        spielfeld.add(but[b[i][j]]);
    p.add(spielfeld);
    p.add(but[0]);
    contpane.add(p);
    this.validate();
  }

  public static void main(String[] args)
  { VSswingUI v = new VSswingUI();
    v.spielfeldBesetzen();
  }

  private JButton[] but  = new JButton[10];
  private int[][] b = new int[4][4];
  private Container contpane;
  private JPanel p = new JPanel();
  private JPanel spielfeld = new JPanel(new GridLayout(3,3));
  private Verschiebespiel s = new Verschiebespiel();

  class NeuHoerer implements ActionListener
  {
    public void actionPerformed(ActionEvent e)
    { contpane.removeAll();
      s.neu();
      spielfeldBesetzen();
      VSswingUI.this.repaint();
    }
  }

  class SHoerer implements ActionListener
  {
    public void actionPerformed(ActionEvent e)
    { String a = e.getActionCommand();
```

```
            s.schiebe(new Integer(a).intValue());
            contpane.removeAll();
            spielfeldBesetzen();
            VSswingUI.this.repaint();
        }
    }

    }
```

Beachten Sie die zusätzliche Importanweisung für die Bibliothek Swing am Anfang der Deklaration. Abgesehen von dem vorangestellten J in den Komponentennamen gibt es in der Klasse `VSswingUI` nur noch eine kleinere Änderung gegenüber `VSAWTUI`: Während man in ein Objekt einer `Frame`-Unterklasse graphische Komponenten direkt einsetzen kann, setzt man sie bei der Benutzung eines `JFrame`-Erben in dessen ContentPane (seine Darstellungsfläche) ein. Deshalb ist bei den Instanzenvariablen eine zusätzliche Variable `contpane` vom Typ `Container` vorgesehen. Im Konstruktor `VSswingUI()` wird mit

```
    contpane = this.getContentPane();
```

diese Darstellungsfläche zugänglich gemacht. Sie wird der Variablen `contpane` zugewiesen, so dass von diesem Zeitpunkt an darauf zugegriffen werden kann.

Aufgaben

Aufgabe 12-1 (L)

Die Klasse `Verschiebespiel` kann nicht nur mit graphischen Benutzeroberflächen gut zusammenarbeiten, sondern auch mit textorientierten. Statten Sie das Spiel mit einer solchen Oberfläche aus. Der Bildschirm könnte etwa wie folgt aussehen:

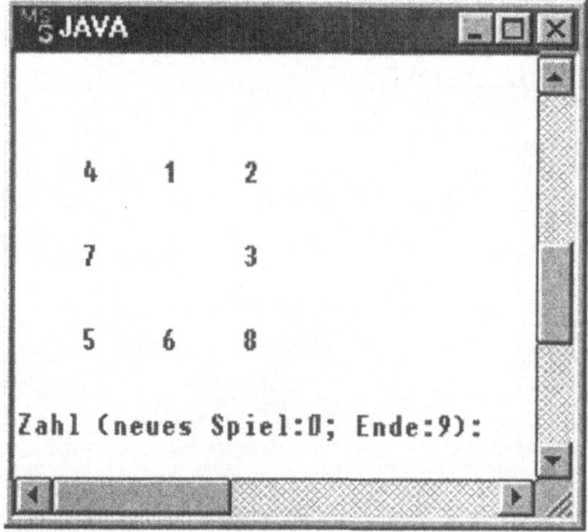

Aufgabe 12-2 (dauert etwas länger)   ✧

Gestalten Sie eine graphische Benutzeroberfläche mit Hilfe von AWT oder Swing, in der Sie als Verschiebeelemente Schaltflächen mit Bildteilen verwenden. Die Bildteile müssen Sie vorher mit Hilfe eines Graphikprogramms oder eines Fotobearbeitungsprogramms herstellen, indem Sie ein größeres Bild in neun Teile zerlegen.

Aufgabe 12-3

Die Methode `schiebe` der Klasse `Verschiebespiel` gibt einen Wert vom Typ `boolean` zurück, welcher anzeigt, ob die verlangte Schiebeoperation korrekt war und durchgeführt werden konnte. In der bisherigen Lösung (`VSAWTUI` bzw. `VSswingUI`) wird dieser Rückgabewert nicht ausgewertet. Stattdessen wird so verfahren, dass das Programm auf undurchführbare Eingaben des Benutzers mit Nichtstun reagiert. Ändern Sie nun das Programm so, dass bei inkorrekten Eingaben eine entsprechende Fehlermeldung ausgegeben wird. Benutzen Sie zur Ausgabe der Meldung ein Objekt der Klasse `Label` (für die AWT-Version) oder `JLabel` (Swing-Version).

Aufgabe 12-4 (ist schon ein kleines Projekt)

Lassen Sie den Benutzer zu Beginn wählen, wie viele Schaltflächen die Spielfläche enthalten soll. Für diese Anwendung müssen Sie auch die Klasse `Verschiebespiel` ändern.

12.2 Postfixrechner

In dieser Fallstudie werden folgende Themen vertieft

- graphische Benutzeroberflächen und Ereignisverarbeitung

- Benutzung von Datenbehältern

- Vererbung und Typumwandlungen

- Programmarchitektur: Trennung von Benutzeroberfläche und Programmlogik

Außerdem lernen Sie die Postfixnotation für arithmetische Ausdrücke kennen, die in der Mathematik und bei der Programmierung von Übersetzern eine große Bedeutung hat.

Die Postfixnotation

Während man normalerweise bei der Formulierung von arithmetischen Ausdrücken den Operator zwischen die Operanden schreibt (Infixnotation), setzt man ihn bei der **Postfixnotation** hinter die Operanden. Für den menschlichen Leser ist dies zwar schwieriger zu verstehen, aber es hat den Vorteil, dass man ohne Klammern auskommt und den Ausdruck maschinell sehr einfach auswerten kann:

Infixnotation	Postfixnotation
$(3 + 5) * 7$	$3 \ 5 \ + \ 7 \ *$
$7 * (3 + 5)$	$7 \ 3 \ 5 \ + \ *$
$6 * ((5 + (2 + 3) * 8) + 8)$	$6 \ 5 \ 2 \ 3 \ + \ 8 \ * \ + \ 8 \ + \ *$

Während die ersten beiden der obigen Ausdrücke noch recht gut zu überblicken und gut im Kopf zu lösen sind, braucht auch der geübte Leser zum Ausrechnen längerer Ausdrücke schriftliche Notizen, um Zwischenergebnisse festzuhalten. Die maschinelle Auswertung bereitet jedoch überhaupt keine Probleme, wenn man einen geeigneten Datenbehälter für die Speicherung von Zwischenergebnissen zur Verfügung hat.

Funktion und Benutzeroberfläche des Postfixrechners

Wir werden zwei Varianten des Rechners betrachten: eine mit textorientierter Benutzeroberfläche (Bild 12-4) und eine zweite mit graphischer Benutzeroberfläche (Bild 12-5)

Die graphische Oberfläche macht natürlich optisch einen besseren Eindruck, aber die textorientierte ist bei dieser Anwendung für den Benutzer fast bequemer. Der Programmieraufwand für die textorientierte Version macht zudem nur einen Bruchteil des Aufwands aus, den man für die graphische Oberfläche benötigt.

Dies betrifft nur die Oberfläche, denn die Programmierung des Rechnerkerns ist für beide Versionen gleich. Mit anderen Worten: der Rechnerkern ist nur einmal programmiert worden und kann für beide (und weitere) Versionen verwendet werden. Möglich wird dies durch das bereits in der vorangegangenen Fallstudie angewandte Prinzip, Oberfläche und Programmlogik in verschiedenen Klassen unterzubringen.

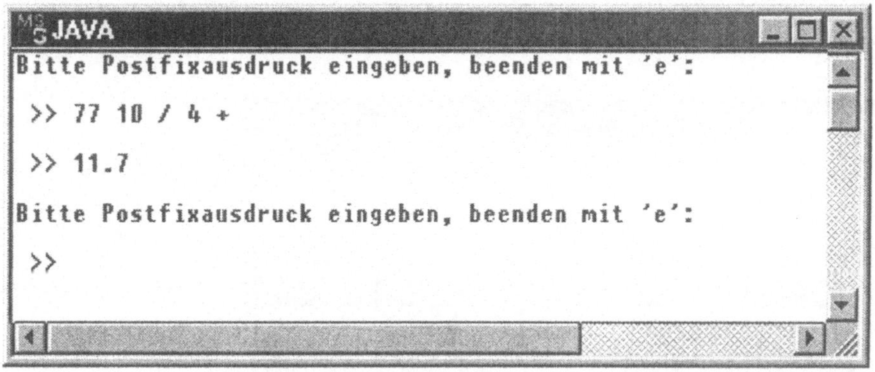

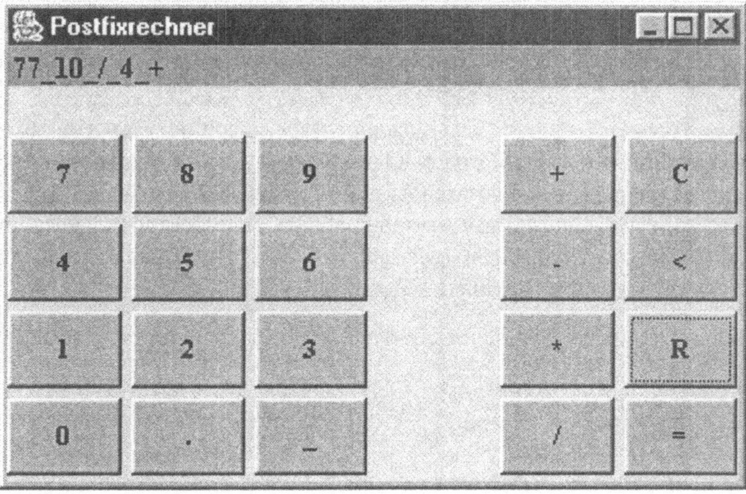

Bild 12-4:   Postfixrechner mit textorientierter Benutzeroberfläche

In beiden Versionen muss der Benutzer darauf achten, dass er die Operanden und Operatoren des Ausdrucks jeweils durch mindestens ein Trennzeichen voneinander absetzt. Bei der textorientierten Variante wird hierfür die Leertaste verwendet, bei der graphischen Version wird zur besseren Sichtbarkeit ein Unterstrich gesetzt.

Bild 12-5:   Postfixrechner mit graphischer Oberfläche

Wir wollen nun die graphische Oberfläche im Detail betrachten! Im linken Tastenblock findet sich neben den Ziffern 0 bis 9 auch der Dezimalpunkt und der als Trennzeichen be-

nötigte Unterstrich. Im rechten Block befinden sich die Schaltflächen für die vier Grund-
rechenarten, die Schaltfläche C zum Löschen der gesamten Eingabe und auch der Anzeige,
die Schaltfläche <, welche nur das ganz rechts stehende Zeichen löscht, die Schaltfläche R,
mit der man nach der Ausgabe des Ergebnisses den eingegebenen Ausdruck wieder auf die
Anzeige holen und nach Wunsch auch weiter bearbeiten kann, und schließlich die Taste =,
welche die Berechnung anstößt.

Bild 12-6 zeigt den Rechner im Stadium der Ergebnisausgabe.

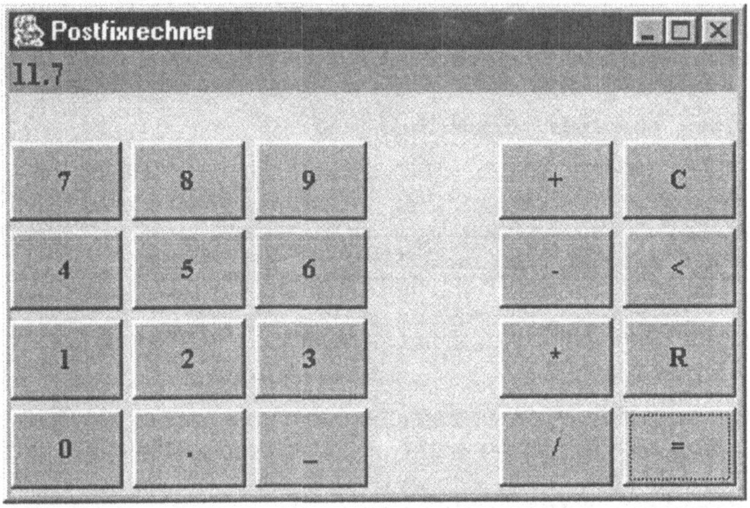

Bild 12-6:   Postfixrechner, Ergebnisausgabe

Die Zusammenarbeit zwischen den Objekten

Bei beiden Versionen des Rechners geschieht die Zusammenarbeit nach dem Koordinator-
muster (Bild 12-7). Während sich die ausführbare Klasse PostCalcT der textorientierten
Version jedoch zur Kommunikation mit dem Benutzer eines Objekts der Klasse IntIO
bedient, wickelt PostCalcG alle Ein- und Ausgaben selbst ab. Im Kollaborationsdiagramm
der Graphikversion ist nicht eingezeichnet, dass innerhalb des PostCalcG-Objekts mehrere
Hörerobjekte beschäftigt werden, um die Befehle des Benutzers auszuführen.

Beide Rechner benutzen ein Objekt der Klasse Postfixrechner, die neben dem Konstruktor
nur über die Methode

```
public String rechneAus(String s)
```

verfügt. Der auszuwertende Ausdruck wird dieser Methode in Form eines Strings übergeben; das zurückgelieferte Ergebnis ist ebenfalls ein String.

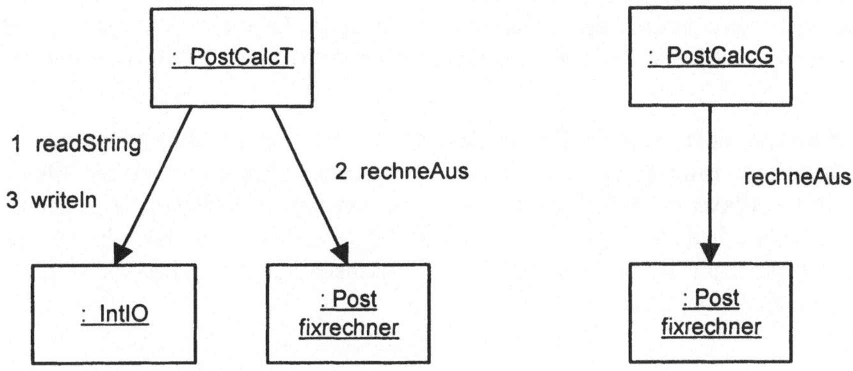

Bild 12-7: Zusammenarbeit beim Ausführen eines Rechenauftrags

Der Konstruktor `Postfixrechner` hat die Kopfzeile

```
public Postfixrechner(String delimiters)
```

In dem String `delimiters`, welcher als Parameter übergeben wird, sind die Trennzeichen genannt, die innerhalb der auszuwertenden Rechenausdrücke verwendet werden. `Postfix-rechner` benötigt diese Information, um aus dem Rechenausdruck, der beim Aufruf von `rechneAus` übergeben wird, die Operanden und Operatoren (die sog. Tokens) herausfinden zu können. Wie bereits erwähnt, werden in der graphischen Version Unterstriche zur Trennung verwendet, in der Textversion Leerzeichen.

Die ausführbare Klasse `PostCalcT` (textorientiert)

Sie besteht nur aus der Methode `main`:

```
public class PostCalcT
{
  public static void main(String[] args) throws Exception
  {
    IntIO io = new IntIO();
    Postfixrechner pofi = new Postfixrechner(" _");
    String eingabe = "";
    while(! eingabe.equals("e"))
    { io.writeln("Bitte Postfixausdruck eingeben, beenden mit 'e':\n");
      eingabe = io.readString(" >> ");
      if (eingabe.equals("e")) break;
      else io.writeln("\n >> " + pofi.rechneAus(eingabe) + "\n");
    }
  }
}
```

Beachten Sie, dass der String-Parameter, der mit dem Aufruf des Konstruktors `Postfix-rechner` überreicht wird, sowohl den Unterstrich als auch das Leerzeichen enthält. Der Benutzer kann demgemäß beide Zeichen als Trennzeichen verwenden, falls er wünscht, auch gemischt.

Erwähnt werden soll noch, dass weder die Textversion noch die Graphikversion des Programms in dem Sinne **robust** sind, dass Fehler des Benutzers abgefangen werden. Obwohl **Robustheit** in der Praxis unbedingt wichtig ist, wird hier darauf verzichtet, weil der Programmtext dadurch erheblich länger wird. Ein zweiter Grund ist, dass das sehr nützliche Fehlerbehandlungssystem der Sprache Java erst im nächsten Kapitel behandelt wird (und auch dort nur in den Grundzügen).

Die ausführbare Klasse `PostCalcG` (graphikorientiert)

Diese Klasse ist, bei fast gleicher Funktionalität, erheblich länger als `PostCalcT`. Dies liegt vor allem an den vielen Anweisungen, die im Konstruktor zur Gestaltung der Benutzeroberfläche notwendig sind.

```java
import java.awt.*;
import java.awt.event.*;

public class PostCalcG extends Frame
{
  public PostCalcG()
  { this.setSize(370, 240);
    this.setTitle("Postfixrechner");
    this.setLayout(new GridLayout(1,1));
    Color back = new Color(225, 225, 225);
    this.setBackground(back);
    display.setBackground(new Color(180,180,180));
    display.setFont(new Font("Monospaced", Font.BOLD, 14));

    Panel p  = new Panel(new GridLayout(5, 1, 0, 5));
    Panel p0 = new Panel(new GridLayout(2, 1));
    Panel p1 = new Panel(new GridLayout(1, 6, 5, 0));
    Panel p2 = new Panel(new GridLayout(1, 6, 5, 0));
    Panel p3 = new Panel(new GridLayout(1, 6, 5, 0));
    Panel p4 = new Panel(new GridLayout(1, 6, 5, 0));

    b0 = makeButton("0", Color.lightGray);
    b1 = makeButton("1", Color.lightGray);
    b2 = makeButton("2", Color.lightGray);
    b3 = makeButton("3", Color.lightGray);
    b4 = makeButton("4", Color.lightGray);
    b5 = makeButton("5", Color.lightGray);
    b6 = makeButton("6", Color.lightGray);
    b7 = makeButton("7", Color.lightGray);
    b8 = makeButton("8", Color.lightGray);
```

```
b9 = makeButton("9", Color.lightGray);

point      = makeButton(".", Color.lightGray);
space      = makeButton("_", Color.lightGray);
plus       = makeButton("+", Color.lightGray);
minus      = makeButton("-", Color.lightGray);
times      = makeButton("*", Color.lightGray);
div        = makeButton("/", Color.lightGray);
clear      = makeButton("C", Color.lightGray);
clearLast  = makeButton("<", Color.lightGray);
recall     = makeButton("R", Color.lightGray);
equals     = makeButton("=", Color.lightGray);

addWindowListener(new WindowAdapter()
  { public void windowClosing(WindowEvent e)
    { System.exit(0);
    }
  });

b0.addActionListener(new InputListener());
b1.addActionListener(new InputListener());
b2.addActionListener(new InputListener());
b3.addActionListener(new InputListener());
b4.addActionListener(new InputListener());
b5.addActionListener(new InputListener());
b6.addActionListener(new InputListener());
b7.addActionListener(new InputListener());
b8.addActionListener(new InputListener());
b9.addActionListener(new InputListener());

point.addActionListener(new InputListener());
space.addActionListener(new InputListener());
plus.addActionListener(new InputListener());
minus.addActionListener(new InputListener());
times.addActionListener(new InputListener());
div.addActionListener(new InputListener());

clear.addActionListener(new ClearListener());
clearLast.addActionListener(new ClearLastListener());
recall.addActionListener(new RecallListener());
equals.addActionListener(new EqualsListener());

p0.add(display); p0.add(new Panel());
p1.add(b7); p1.add(b8); p1.add(b9); p1.add(new Panel());
p1.add(plus); p1.add(clear);
p2.add(b4); p2.add(b5); p2.add(b6); p2.add(new Panel());
p2.add(minus); p2.add(clearLast);
p3.add(b1); p3.add(b2); p3.add(b3); p3.add(new Panel());
p3.add(times); p3.add(recall);
p4.add(b0); p4.add(point); p4.add(space); p4.add(new Panel());
```

```java
    p4.add(div); p4.add(equals);

    p.add(p0);
    p.add(p1);
    p.add(p2);
    p.add(p3);
    p.add(p4);
    this.add(p);
  }

  private Button makeButton(String label, Color color)
  { Button b = new Button(label);
    b.setBackground(color);
    b.setFont(new Font("SansSerif", Font.BOLD, 13));
    return b;
  }

  public static void main(String[] args)
  { PostCalcG c = new PostCalcG();
    c.show();
  }

  //-----------------------------------------------------------

  private Button b0, b1, b2, b3, b4, b5, b6, b7, b8, b9,
                 point, space, plus, minus, times, div,
                 clear, clearLast, recall, equals;
  private Label display = new Label();
  private String stmt = "";
  private Postfixrechner pofi = new Postfixrechner("_");

  //-----------------------------------------------------------

  class InputListener implements ActionListener
  {
    public void actionPerformed(ActionEvent e)
    { stmt = stmt + e.getActionCommand();
      display.setText(stmt);
    }
  }

  class ClearListener implements ActionListener
  {
    public void actionPerformed(ActionEvent e)
    { stmt = "";
      display.setText(stmt);
    }
  }

  class ClearLastListener implements ActionListener
```

```
    {
      public void actionPerformed(ActionEvent e)
      { stmt = stmt.length() > 0 ? stmt.substring(0. stmt.length()-1): "";
        display.setText(stmt);
      }
    }

    class RecallListener implements ActionListener
    {
      public void actionPerformed(ActionEvent e)
      { display.setText(stmt);
      }
    }

    class EqualsListener implements ActionListener
    {
      public void actionPerformed(ActionEvent e)
      { display.setText(pofi.rechneAus(stmt));
      }
    }
  }
```

Wir wenden uns im Folgenden dem Rechnerkern zu. Bevor wir den Quelltext von Postfixrechner betrachten, wollen wir uns, zunächst losgelöst von Java, damit beschäftigen, wie
man Postfixausdrücke maschinell auswerten kann.

Die Auswertung von Postfixausdrücken mit Hilfe eines Stapels

Mit Hilfe eines Stapels (Klasse Stack) kann ein solcher Ausdruck leicht ausgewertet werden. Man beginnt mit einem leeren Stapel und geht den Ausdruck von links nach rechts
durch. Jedes Mal, wenn man auf einen Operanden stößt, legt man diesen auf den Stapel.
Gelangt man zu einem Operator, holt man zwei Elemente vom Stapel und merkt sich diese.
Dann wendet man den Operator auf die beiden Elemente an, wobei das zweite als erster
Operand fungiert. Das Ergebnis der Operation wird auf den Stapel gelegt. Am Ende liegt
das Ergebnis des gesamten Ausdrucks auf dem Stapel.[2]

Bild 12-8 veranschaulicht dieses Vorgehen am Beispiel des Ausdrucks

    77 10 / 4 +

der dem Infixausdruck

    77 / 10 + 4

entspricht.

---

[2] So kurz und bündig wird das Vorgehen formuliert in: A. Aho, J. Ullman: Foundations of
Computer Science, Computer Science Press / W.H. Freeman: New York, 1992, S. 293

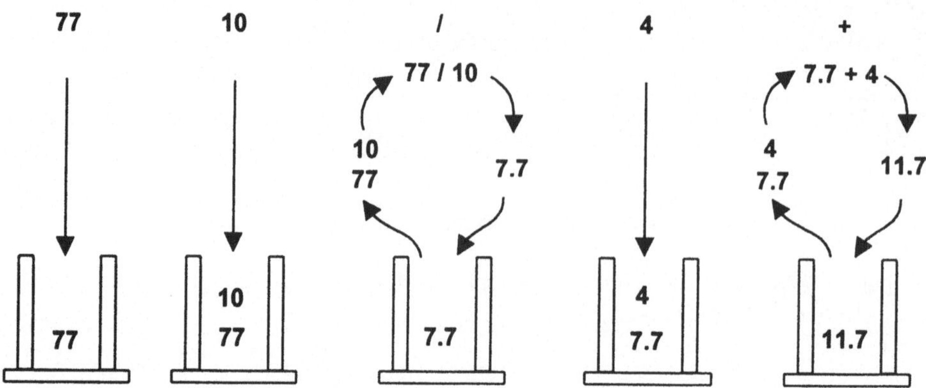

Bild 12-8:   Auswertung des Postfixausdrucks 77 10 / 4 +

Der Rechnerkern – die Klasse Postfixrechner

Diese Klasse verfügt über drei Instanzenvariablen: delimiters ist ein String, der die Trennzeichen enthält, die zwischen die Operatoren und Operanden des Rechenausdrucks eingefügt werden können, stack ist der Stapel, der wie oben beschrieben, zur Auswertung benutzt wird, und t ist ein Objekt der Art StringTokenizer, das benutzt wird, um die Tokens
im Rechenausdruck zu identifizieren.

```
import java.util.*;

public class Postfixrechner
{
  public Postfixrechner(String delimiters)
  { stack = new Stack();
    this.delimiters = delimiters;
  }

  public String rechneAus(String s)
  { if (s != null && !s.equals(""))
    { t = new StringTokenizer(s, delimiters);
      double z1 = 0;
      double z2 = 0;
      while (t.hasMoreTokens())
      { String token = t.nextToken();
        if ((int)token.charAt(0) < 48)
        { z1 = ((Double)stack.pop()).doubleValue();
          z2 = ((Double)stack.pop()).doubleValue();
          if (token.charAt(0) == '+')
            stack.push(new Double(z2 + z1));
          else if (token.charAt(0) == '-')
            stack.push(new Double(z2 - z1));
          else if (token.charAt(0) == '*')
```

```
            stack.push(new Double(z2 * z1));
        else if (token.charAt(0) == '/')
            stack.push(new Double(z2 / z1));
      }
      else stack.push(new Double(token));
    }
    return "" + ((Double)stack.pop()).toString();
  }
  else return "ERROR";
}

  private String delimiters;
  private Stack stack;
  private StringTokenizer t;
}
```

Die Methode rechneAus nimmt den auszuwertenden Ausdruck entgegen und liefert das Ergebnis zurück. Dies kann auch ein String mit dem Wortlaut „Error" sein. Allerdings werden nur die allergröbsten Fehler abgefangen: wenn s ein leerer String ist oder die Variable auf kein Objekt zeigt.

Die while-Schleife geht, wie vom Palindrombeispiel im Kapitel 9 her bereits bekannt, mit Hilfe des StringTokenizer-Objekts den Ausdruck durch. Der Schleifenrumpf ist wegen der darin angewandten Typumwandlungen interessant. In

```
if ((int)token.charAt(0) < 48)
```

wird geprüft, ob das erste Zeichen des gerade betrachteten Tokens ein Rechenoperator ist (Dezimalentsprechung im Unicode bzw. ASCII kleiner als 48). Hierzu wird das Zeichen mit dem Umwandlungsoperator (int) in eine int-Zahl umgewandelt.

Die weiteren Typumwandlungen hängen damit zusammen, dass auf den Stapel Objekte vom Typ Double gelegt werden. Dies ist die Hüllenklasse des primitiven Datentyps double, die für den Stapel nicht direkt verwendet werden kann, weil Stapelelemente Objekte sein müssen.

Mit der Anweisung

```
stack.push(new Double(token));
```

werden Elemente auf den Stapel gelegt. Hierbei wird ein Konstruktor von Double benutzt, der aus einem übergebenen String ein Double-Objekt erzeugt. Dabei findet auf der Seite des Stapels eine implizite Typumwandlung statt, denn ein Stapel erwartet Objekte vom allgemeineren Typ Object.

Werden Elemente vom Stapel geholt, sind sie zunächst vom Typ Object. Sie müssen daher mit einer expliziten Typumwandlung wieder in Double-Objekte zurück verwandelt werden. Damit man auch mit ihnen rechnen kann, werden sie anschließend noch mit Hilfe der Methode doubleValue der Klasse Double in Werte des primitiven Typs double verwandelt. Die folgende Zeile enthält alle diese Anweisungen in kompakter Form:

```
z1 = ((Double)stack.pop()).doubleValue();
```

Aufgaben

Aufgabe 12-4: Infixrechner

Mit Hilfe eines Stapels kann man auch einen Infixausdruck in einen Postfixausdruck umwandeln. Wir wollen dafür annehmen, dass im Infixausdruck alle Operationen geklammert
sind. Mit anderen Worten, der Ausdruck ist formuliert, als ob es keine Vorrangregeln zwischen den Operationen und keine Linksassoziativität gäbe. Anstatt beispielsweise zu
schreiben

```
3 * 4 + 2 * 11
```

schreibt man also

```
( ( 3 * 4 ) + ( 2 * 11 ) )
```

Die Umwandlung in einen Postfixausdruck geschieht folgendermaßen:

> Man beginnt mit einem leeren Stapel und einem noch leeren Postfixausdruck und
> geht den Infixausdruck von links nach rechts durch. Jedes Mal, wenn man auf einen
> Operanden trifft, wird dieser direkt rechts an den Postfixausdruck angefügt. Trifft
> man auf einen Operator, wird dieser auf den Stapel gelegt. Sobald man auf eine
> schließende Klammer trifft, holt man einen Operator vom Stapel und fügt ihn rechts
> an den Postfixausdruck an. (Anmerkung: zusätzlich müssen Trennzeichen ausge-
> schrieben werden)

Verwenden Sie dieses Verfahren, um einen Infixrechner zu programmieren. Damit Sie möglichst viel aus den bereits vorhandenen Klassen verwenden können, empfiehlt sich folgendes Vorgehen:

- Lassen Sie die Klasse `Postfixrechner` unverändert

- Schreiben Sie zusätzlich eine Klasse `Infixrechner` mit einer Methode `rechneAus`,
  welche einen Infixausdruck entgegennimmt und dessen Ergebnis liefert. Diese
  Methode wandelt den Infixausdruck mit Hilfe des oben beschriebenen Algorithmus
  in einen Postfixausdruck um und beauftragt ein Objekt der Klasse `Postfixrechner`
  mit dessen Auswertung.

- Arbeiten Sie die ausführbare Klasse `PostCalcG` mit geringen Änderungen in eine
  Klasse `IncalcG` um, welche den Benutzer Infixausdrücke eingeben lässt und zu
  deren Auswertung ein Objekt der Klasse `Infixrechner` benutzt.

Das folgende Kollaborationsdiagramm zeigt die Zusammenarbeit zwischen den beteiligten
Objekten. Das `Infixrechner`-Objekt schiebt sich darin als eine zusätzliche Schicht zwischen die Benutzeroberfläche und das `Postfixrechner`-Objekt. Es kommt hier das Prinzip
der **virtuellen Maschine** zum Einsatz, das bereits im zweiten Kapitel vorgestellt wurde.
Durch Hinzufügen einer zusätzlichen Schicht können wir eine primitive Maschine zu einer
komfortableren ausbauen.

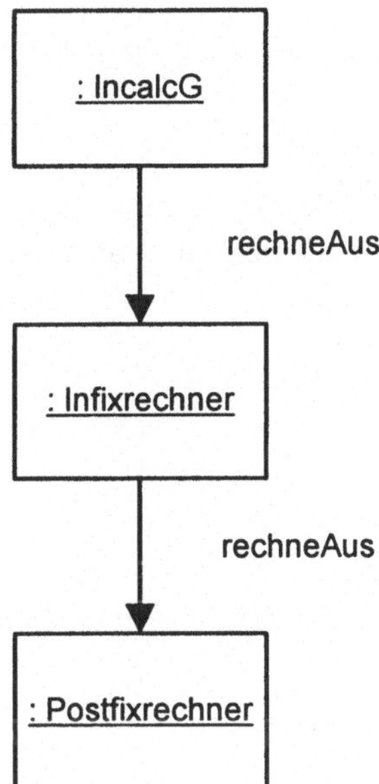

Aufgabe 12-5: Infixrechner, (noch) komfortablere Version ✦

Wir wollen nun die Beschränkungen der vorangegangenen Aufgabe aufheben und davon ausgehen, dass der Benutzer die Infixausdrücke wie gewohnt eingibt, d.h. Klammern nur da verwendet, wo sie unbedingt notwendig sind. Dadurch wird der Umwandlungsalgorithmus etwas komplizierter.

Der folgende Algorithmus ist in Anlehnung an Lipschutz[3] formuliert. Der Infixausdruck wird darin als Q bezeichnet, der auszuschreibende Postfixausdruck als P.

1. Man lege eine öffnende Klammer auf den Stapel und füge eine schließende Klammer rechts an Q an.

2. Q wird nun von links nach rechts durchgegangen. Dabei werden die Schritte 3 bis 6 so lange durchgeführt, bis alle Zeichen in Q abgearbeitet sind und der Stapel leer ist.

3. Wenn ein Operand gelesen wurde, füge ihn an P an.

4. Wenn eine öffnende Klammer gelesen wurde, lege sie auf den Stapel.

5. Wenn ein Operator ⊗ gelesen wurde, dann
    a) entnimm so lange Operatoren vom Stapel, wie diese dieselbe oder höhere Prioriät als ⊗ besitzen und füge sie P hinzu.
    b) lege ⊗ auf den Stapel.

6. Wenn eine schließende Klammer gelesen wurde, dann
    a) entnimm so lange Operatoren vom Stapel und füge sie P hinzu, bis eine

---

[3] S. Lipschutz: Datenstrukturen, Schaum's Outline, Hamburg: McGraw-Hill, 187, S. 182 ff.

öffnende Klammer gefunden wird.

b) nimm auch diese öffnende Klammer vom Stapel. Diese Klammer wird P nicht hinzugefügt.

Aufgabe 12-6 ✧

Bauen Sie den Rechner zu einem „Personal Organizer" aus (mit Notizbuch, Kalenderfunktion und was Ihnen sonst noch einfällt).

13

Ausnahmebehandlung - ein Mittel zur Verbesserung der Robustheit

In diesem Kapitel lernen Sie, wie in Java unvorhergesehene Ereignisse, welche normalerweise zu Programmabstürzen führen, abgefangen werden können. Java stellt hierzu ein komfortables System der Ausnahmebehandlung (Exception Handling) zur Verfügung, das hier jedoch nur in den Grundzügen behandelt wird.

13.1 Das Problem: Fehler führen zu Abstürzen

Ein Programm, das auf unvorhergesehene Ereignisse gutmütig reagiert, also nicht gleich abstürzt, nennt man robust. Quellen für solche Ereignisse gibt es viele. Sehr häufig kommt es vor, dass ein Programm auf eine Datei zugreifen will, die nicht vorhanden ist, weil irgend jemand sie entfernt hat. Eine noch viel bedeutendere Fehlerquelle sind Eingaben des Benutzers, die mit der vom Programm erwarteten Eingabe nicht harmonieren. Beispiel: das Programm erwartet eine ganze Zahl, der Benutzer gibt eine Folge von Buchstaben ein.

Weil solche Falscheingaben im alltäglichen Stress überaus häufig vorkommen, ist **Robustheit** ein wichtiges Ziel bei der Programmentwicklung. Wer will schon nach der Eingabe von dreißig Zahlen bei der einunddreißigsten einen Programmabsturz erleben, nur weil man auf der Tastatur abgerutscht ist?

Ohne besondere Vorkehrungen sind Javaprogramme alles andere als gutmütig. Das folgende Miniprogramm liest vom Benutzer eine ganze Zahl ein und gibt sie anschließend aus:

```
public class AusnahmebehandlungTest
{
  public static void main(String[] args) throws Exception
  { IntIO io = new IntIO();
    int zahl = io.readInt("ganze Zahl eingeben: ");
    io.writeln(zahl + " eingegeben. Programm beendet");
  }
}
```

Hält der Benutzer sich an die Eingabeaufforderung, dann arbeitet das Programm wie gewünscht. Gibt der Benutzer aber etwas anderes ein, so gerät das Programm in einen Ausnahmezustand. Es ist auf die aus dem Rahmen fallende Eingabe nicht eingestellt und stürzt mit einer hässlichen Fehlermeldung ab (Bild 13-1).

Welche Reaktion würden wir uns stattdessen wünschen? Auf jeden Fall keinen Absturz. Genauso wenig können wir allerdings wollen, dass unser Programm anstelle eines eingegebenen Werts mit irgendeinem anderen Wert weiterarbeitet. Angemessen wäre eine Reaktion, bei der der Benutzer auf seinen Fehler hingewiesen wird und eine weitere Gelegenheit zur Eingabe bekommt. Und auch wiederholte Fehler müssen auf diese Weise abgefangen werden.

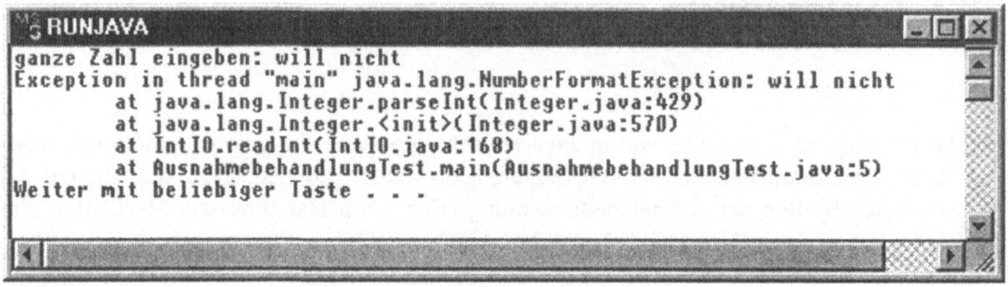

Bild 13-1: Reaktion des Programms auf eine Falscheingabe

Sie werden sehen, dass ein solches Programmverhalten ohne großen Aufwand erreichbar ist. Allerdings können nicht alle Arten von Fehlern, die in Programmen auftreten, auf diese Weise entschärft werden. Insbesondere Programmierfehler lassen sich damit nicht ausmerzen. Gegen die hilft nur besseres Programmieren. Schade eigentlich!

13.2 Ausnahmebehandlung – die Anweisung try

Für die Ausnahmebehandlung ist in Java die try-Anweisung zuständig. Sie besteht aus drei Teilen:

```
try
{ ... //hier stehen die Anweisungen, bei denen Fehler auftreten
  ... //können
}
catch (Exception e)
{ ... //hier stehen die Anweisungen, die bei Auftreten eines
  ... //Fehlers ausgeführt werden sollen
}
finally
{ ... //hier stehen Anweisungen, die in jedem Fall
  ... //ausgeführt werden
}
```

Die fehlerträchtigen Stellen werden in den try-Block eingepackt. Treten dann zur Laufzeit tatsächlich Fehler auf, so wird die Verarbeitung des try-Blocks abgebrochen und die Anweisungen des catch-Blocks werden ausgeführt. Dem catch-Block wird dabei ein Objekt einer Fehlerklasse übergeben, das Einzelheiten über Art und Entstehungsort des Fehlers enthält. Diese Einzelheiten können bei Bedarf innerhalb des Blocks abgefragt und ausgewertet werden. Der finally-Block enthält Anweisungen, die in jedem Fall ausgeführt werden sollen, also unabhängig davon, ob ein Fehler auftritt oder nicht. Sind solche Anweisungen nicht nötig, so kann man den Block wegfallen lassen.

Wir wenden nun die try-Anweisung auf das Beispiel des letzten Abschnitts an und machen daraus ein robustes Programm. Es handelt sich um eine vorläufige Fassung, an der wir später noch einige Verbesserungen anbringen müssen:

```java
public class AusnahmebehandlungTest2
{
  public static void main(String[] args)
  { IntIO io = new IntIO();
    int zahl = 0;
    while (true)
    {
      try
      { zahl = io.readInt("ganze Zahl eingeben: ");
        break;
      }
      catch (Exception e)
      { io.writeln("\nBitte nur ganze Zahlen eingeben!\n");
      }
    }
    io.writeln(zahl + " eingegeben, Programm beendet.");
  }
}
```

Innerhalb der while-Schleife wird die Einleseoperation solange ausgeführt, bis der Benutzer tatsächlich eine ganze Zahl eingegeben hat. Im Fehlerfall steigt das Programm nicht aus, sondern gibt eine Belehrung an den Benutzer aus.

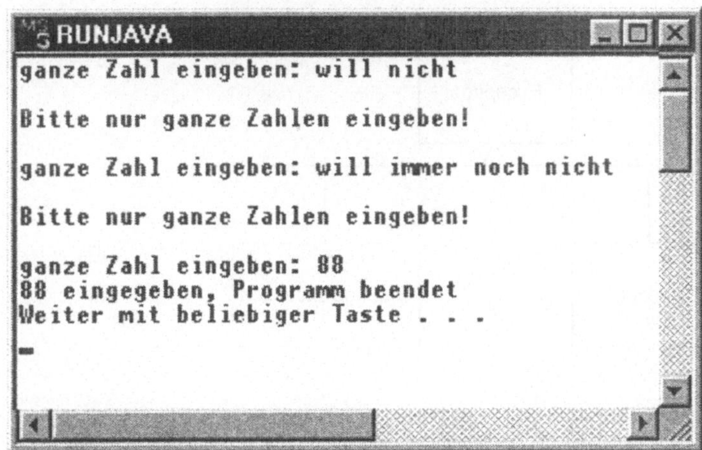

Bild 13-2:   Dialog mit der robusten Version des Programms

Die break-Anweisung im try-Block wird nur ausgeführt, wenn die Einleseoperation fehlerfrei durchgeführt werden konnte. Tritt bei der Ausführung von readInt ein Fehler auf, so wird der try-Block sofort verlassen und die Ausführung wird am Beginn des catch-Blocks fortgeführt.

Ganz umsonst ist die Robustheit allerdings nicht zu haben. Ein Vergleich der beiden Programmtexte zeigt, dass die robuste Version gut die doppelte Länge der einfachen Version hat. In anderen Programmen, die nicht nur aus Eingabeoperationen bestehen, dürfte das Verhältnis allerdings günstiger sein. Aber es bleibt zu konstatieren: robuste Programme sind länger.

Differenzierte Reaktion auf Ausnahmezustände

Leider hat auch AusnahmebehandlungTest2 noch einen Schwachpunkt. Es ist zwar robust, aber die Fehlermeldungen, die das Programm ausgibt, passen nicht in allen Fällen zum tatsächlichen Anlass. Denn nicht jeder Fehler ist auf eine Falscheingabe des Benutzers zurückzuführen. Führt z.B. eine fehlerhafte Betriebssystemumgebung dazu, dass die Eingabe des Benutzers beim Java-Interpreter in nicht geeigneter Form ankommt, so nutzt die Ausgabe „Bitte nur ganze Zahlen eingeben" dem Benutzer wenig.

Um eine differenzierte Reaktion auf Fehler zu ermöglichen, gibt es in Java unterschiedliche Fehlerklassen. Alle diese Klassen sind Unterklassen der Klasse Throwable, wie die Vererbungshierarchie in Bild 13-3 zeigt.

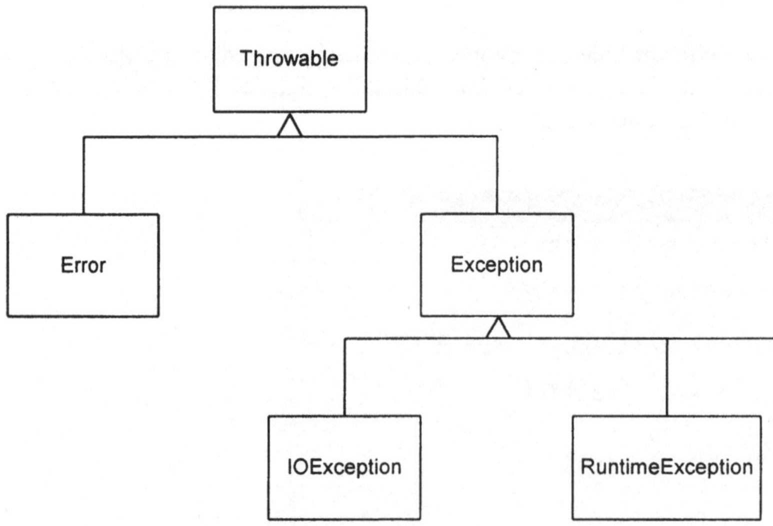

Bild 13-3:   Hierarchie der Fehlerklassen

Bei einem Eingabefehler des Benutzers handelt es sich gewöhnlich um einen Fehler der Klasse NumberFormatException. Diese Klasse ist eine Unterklasse der in Bild 13-3 enthaltenen Klasse RuntimeException. Welcher Art die übrigen Fehler sind, die in unserem Beispiel `AusnahmebehandlungTest` noch auftreten können, lässt sich nicht vorhersagen. Beim Abfangen von Fehlern können wir uns allerdings auf Fehler der Art `Exception` und ihrer Unterklassen beschränken, weil Fehler der Klasse `Error` gewöhnlich so gravierend sind, dass man sie nicht abfangen kann. Mit anderen Worten: sie führen so gut wie immer zu einem Absturz des Programms.

In der folgenden Version `AusnahmebehandlungTest3` verwenden wir eine try-Anweisung mit zwei catch-Blöcken, die differenziert auf Fehler reagiert:

```
public class AusnahmebehandlungTest3
{
  public static void main(String[] args)
  { IntIO io = new IntIO();
    int zahl = 0;
    while (true)
    {
      try
      { zahl = io.readInt("ganze Zahl eingeben: ");
        break.
      }
      catch (NumberFormatException e1)
      { io.writeln("\nBitte nur ganze Zahlen eingeben!\n");
      }
      catch (Exception e2)
      { io.writeln("\nFehler aufgetreten\n");
        io.writeln(e2.toString());
      }
    }
    io.writeln(zahl + " eingegeben. Programm beendet");
  }
}
```

Eingabefehler des Benutzers werden durch den ersten catch-Block abgefangen, der gezielt auf Fehler der Art `NumberFormatException` Bezug nimmt. Alle Fehler, die nicht zu dieser Klasse gehören, werden durch den zweiten catch-Block aufgefangen, der sich auf die allgemeinere Fehlerklasse `Exception` bezieht. In diesem zweiten catch-Block wird neben einem kurzen deutschen Hinweis auch die Information über den Fehler ausgegeben, welche in dem Objekt `e2` verpackt ist.

Beachten Sie bitte, dass diese differenzierte Fehlerbehandlung nur funktioniert, wenn die catch-Blöcke so angeordnet sind, dass die spezielleren Fehler vor den allgemeineren behandelt werden. Wenn Sie den Block mit dem allgemeinsten Fehler an den Anfang stellen, kommen die folgenden Blöcke niemals zum Zuge.

13-3 Abfangen oder weitergeben – das ist hier die Frage

Vielleicht ist Ihnen der kleine Unterschied in der Kopfzeile der Methode `main` bei den drei Programmversionen aufgefallen? Ab der zweiten (robusten) Version fehlt die Ergänzung

```
... throws Exception
```

Weil in diesen Versionen alle Fehler schon innerhalb der Methode main abgefangen werden, ist sicher, dass die Methode ordnungsgemäß zu Ende geführt werden kann (falls Sie nicht den Rechner aus dem Fenster werfen oder sonst irgendetwas Fürchterliches tun). Deshalb ist auch keine Warnung mehr nötig, dass main mit einem Fehler abgebrochen werden muss. Genau das bedeutet aber der Hinweis „ throws Exception". Er signalisiert, dass der Auftraggeber sich nicht auf die sichere Durchführung der Methode verlassen kann. [1]

Fehler können an verschiedenen Stellen abgefangen werden

Keine Frage: ein robustes Programm ist einem nicht robusten vorzuziehen. In den Versionen zwei und drei unseres Beispiels haben wir die Robustheit hergestellt, indem wir die möglichen Fehler in der Methode main abgefangen haben. Gibt es noch andere Möglichkeiten?

In der Tat, es gibt noch mindestens eine weitere. Der Entstehungsort der Fehler ist die Methode readInt der Klasse IntIO. Verfügt man über den Quelltext dieser Klasse, so könnte man dort die fehlerträchtigen Anweisungen in try-Anweisungen einbetten und so die Fehler abfangen. Sie würden dann innerhalb von readInt bereinigt und könnten nicht nach außen dringen.

Es wäre dann auch nicht nötig, in main Vorkehrungen gegen das Auftreten eines Fehlers zu treffen, wie das in der zweiten und dritten Programmversion der Fall war. Die erste Version des Programms wäre gleichzeitig auch eine robuste.

Bild 13-4 zeigt die Ketten der Auftragserteilung (durchgezogene Pfeile) und der Fehlerweitergabe (gestrichelte Pfeile) für die verschiedene Varianten der Fehlerbehandlung. In der linken Variante (überhaupt keine Fehlerbehandlung) werden die auftretenden Fehler jeweils an den Auftraggeber weitergegeben („geworfen"). Die Kette endet beim Java-Interpreter (JVM), der das Programm mit einer Fehlermeldung an den Benutzer abbricht. Diese Variante entspricht der ersten Version AusnahmebehandlungTest unseres Beispiels.

In der zweiten Variante wird der Fehler in main abgefangen; main selbst wirft deshalb keinen Fehler mehr aus. Das Programm braucht im Fehlerfall nicht abgebrochen zu werden. Diese Variante entspricht den Versionen AusnahmebehandlungTest2 und AusnahmebehandlungTest3.

Ebenfalls nicht abgebrochen werden muss das Programm in der dritten Version. Hier wird der Fehler gleich in readInt abgefangen und gelangt nicht bis zu main.

---

[1] Wenn bei einer Methode die Warnung fehlt, ist dies allerdings keine Garantie für ihre sichere Durchführung. Besteht nämlich „nur" die Gefahr von Fehlern der Art RuntimeException, so verlangt der Compiler keinen Hinweis darauf, obwohl auch diese Klasse eine Unterklasse von Exception ist. Sicher kann man nur sein, wenn man selbst alle möglichen Fehler abgefangen hat.

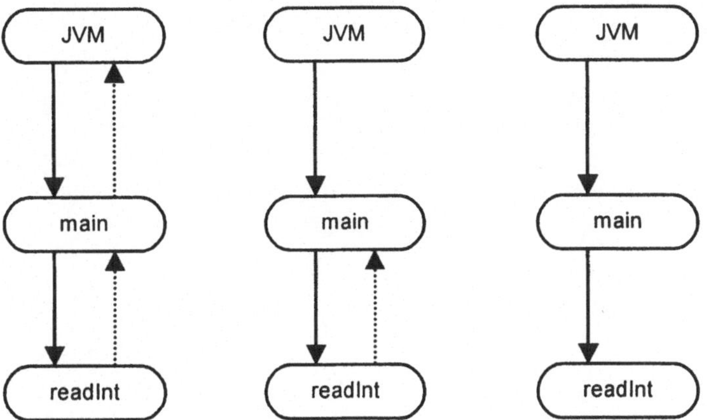

Bild 13-4:   Drei Möglichkeiten der Fehlerbehandlung

Wo soll man Fehler abfangen?

Dass es nötig ist, Fehler abzufangen, steht außer Frage. Ob man sie früher oder erst später abfangen soll, lässt sich nicht generell klären, sondern muss für den Einzelfall entschieden werden.

Für unser Beispiel ist von den Varianten in Bild 13-4 die mittlere Lösung wohl die beste. Würde man nämlich die Fehler gleich in readInt abfangen, so müsste man dort auch regeln, welche Nachricht im Falle eines Fehlers an den Benutzer ausgegeben werden soll. IntIO ist jedoch eine Klasse, die in vielen Programmen eingesetzt werden kann, so z.B. auch in Programmen, die sich an französische, spanische oder englische Benutzer richten. Würde man sich in IntIO auf eine dieser Sprachen festlegen, so wäre diese Klasse für alle anderen Sprachen nicht zu gebrauchen.

Aufgaben

Aufgabe 13-1

Greifen Sie Aufgabe 6-8 (Zahlenraten) noch einmal auf und erstellen Sie eine robuste Version.

Aufgabe 13-2

Erstellen Sie auch für die Aufgabe 6-12 (Zerlegung einer Zahl in ihre Primfaktoren) eine robuste Lösung.

14

Persistenz –
Daten dauerhaft
speichern

Ein Manko unserer bisherigen Programme ist, dass sie nur mit flüchtigen Daten arbeiten. Alle eingegebenen Daten sind nach Beendigung des Programms verloren. Bei einem Neustart müssen wir auch die Daten wieder eingeben.

Dass dies für die Praxis nicht reicht, bedarf keiner Diskussion. Sie lernen deshalb in diesem letzten Kapitel des ersten Teils eine Methode kennen, mit der Sie die Daten Ihrer Programme dauerhaft speichern können.

14.1 Persistenz in Java

Was wir im Grunde wollen, lässt sich mit einem Satz beschreiben: Die Daten unserer Programme sollen **dauerhaft (persistent)** werden. Bemerkenswert an der Vorstellung der Persistenz ist, dass sie dem Programmierer eigentlich gar keine Arbeit bereiten müsste. Der Java-Interpreter könnte bei der Beendigung eines Programms dessen Daten automatisch speichern und bei einem Neustart wieder laden.

Leider ist eine solche **vollautomatische Persistenz** nicht praktikabel. Dafür gibt es vor allem zwei Gründe:

- Nicht alle Daten in einem Programm sind merkenswert. Manche Daten werden nur als Hilfsdaten zur Ermittlung von Ergebnissen gebraucht und können vergessen werden, sobald die Ergebnisse vorliegen.

- Nicht immer will der Benutzer eines Programms die aktuellen Daten übernehmen. Der Benutzer eines Computerspiels möchte sicherlich die Wahl haben, bei Beendigung des Spiels den aktuellen Spielstand zu speichern oder zu verwerfen.

Anstelle des vollautomatischen Ansatzes ist also ein etwas flexiblerer vonnöten. Die Lösung, die Java bietet, ist von dieser Art.

Die Lösung in Java

Der erste Schritt, um Objekte in Java zu speichern, besteht darin, die Klassen der zu speichernden Objekte als speicherbar zu kennzeichnen. Man tut dies, indem man in der Kopfzeile der Klassendeklaration auf die Schnittstelle (interface) `Serializable` Bezug nimmt.

Der zweite Schritt ist dann der Speichervorgang selbst. Dieser geschieht nicht automatisch, sondern wird durch einen ausdrücklichen Auftrag im Programm veranlasst. Auftragsempfänger ist ein sog. **Ausgabestrom** (OutputStream), den man sich am Besten als eine Rohrleitung vorstellt, die vom Programm zur Datei führt. Mit dem Auftrag wird das zu speichernde Objekt als Parameter übergeben.

Auch für das Einlesen von Objekten aus dem Speicher wird vorausgesetzt, dass die Klassen der betreffenden Objekte die Schnittstelle Serializable implementieren. Für den Einlesevorgang kann allerdings nicht der zum Speichern verwendete Ausgabestrom verwendet werden, sondern es muss hierfür ein spezieller **Eingabestrom** (InputStream) benutzt werden. Speichern und Einlesen geschieht also über verschiedene Kanäle.

Objekte zu speichern, ist keine triviale Aufgabe, da viele Objekte selbst wieder Variablen enthalten, die auf andere Objekte verweisen. Und in diesen Objekten können auch Variablen enthalten sein, die auf weitere Objekte verweisen.

Glücklicherweise nimmt Java dem Programmierer die Sorge ab, wie ein solches Netz von miteinander verbundenen Objekten zu speichern ist. Der Auftrag, ein Objekt zu speichern, sorgt automatisch dafür, dass alle Objekte, auf die das Objekt direkt oder indirekt verweist, ebenfalls gespeichert werden. Unter diesen Voraussetzungen ist es eine Kleinigkeit, Objekte persistent zu machen.

14.2 Die Schnittstelle Serializable

Java-Schnittstellen (interfaces) sind Ihnen bereits aus dem Kapitel 11 (Graphische Benutzeroberflächen und Ereignisverarbeitung) bekannt. Ihr Quelltext ist aufgebaut wie der einer Klasse, jedoch ist keine der enthaltenen Methoden ausprogrammiert ("implementiert"). Sie ähneln darin abstrakten Klassen, haben aber, anders als diese, *ausschließlich* abstrakte (nicht implementierte) Methoden.

Schnittstellen werden von den Java-Schöpfern häufig dazu eingesetzt, beim Programmierer die Einhaltung einer bestimmten Form durchzusetzen. Zum Beispiel zwingt die Schnittstelle ActionListener (s. Kapitel 11) den Programmierer, eine Methode actionPerformed mit einer festgelegten Kopfzeile zu schreiben.

Die Schnittstelle Serializable wird ebenfalls mit Java ausgeliefert und ist im Paket java.io enthalten. Anders als bei ActionListener ist der Programmierer jedoch nicht gezwungen, bestimmte Methoden zu implementieren. Der Bezug auf Serializable dient nur zur Kennzeichnung der speicherbaren Klassen.

Angenommen, die Klasse, deren Objekte gespeichert werden sollen, hieße EineKlasse. Dann müsste der Beginn des Quelltexts lauten:

```
import java.io.*;

public class EineKlasse implements Serializable
  ...
```

Befinden sich innerhalb der Klasse **Instanzenvariablen,** die auf Objekte anderer Klassen verweisen, so müssen diese ebenfalls die Schnittstelle Serializable implementieren.

14.3 Ein Roboter mit speicherbarem Zustand

Als Beispiel wollen wir den simulierten primitiven Roboter aus Kapitel 4 verwenden, allerdings soll er mit einer Steuerung ausgestattet sein, die eine graphische Benutzeroberfläche benutzt (vgl. auch Aufgabe 11-4)

Bild 14-1 zeigt diese Benutzeroberfläche. Neben der Anzeige des aktuellen Zustands finden sich darauf drei Schaltflächen für die möglichen Aufträge rechts, vorwärts und links. Drückt man die Schaltfläche *store* in der untersten Zeile, so wird der aktuelle Zustand des Roboters dauerhaft gespeichert. Durch Drücken der Schaltfläche *load* zu Beginn oder einem beliebigen Zeitpunkt der Programmdurchführung wird dieser Zustand von der Datei geladen und in der Zustandsanzeige ausgegeben. Mit der Schaltfläche *new* wird der Roboter auf einen Standard-Ausgangszustand gesetzt (x = 100, y = 100, Richtung = 'n'), ohne dass aber die externe Datei geändert wird. Der gespeicherte Zustand ist also auch nach dem Betätigen der Schaltfläche *new* noch abrufbar.

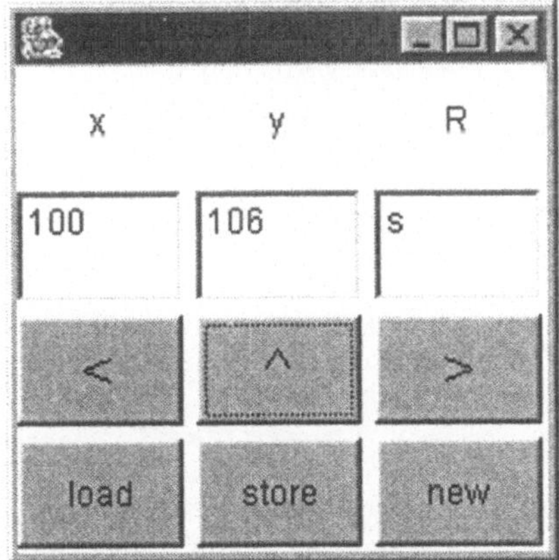

Bild 14-1: Steuerung des speicherbaren Roboters

Die Klasse SRoboter

Zur Unterscheidung von der ersten Fassung im vierten Kapitel wurde die Klasse Roboter in SRoboter umbenannnt. Daneben hat sich natürlich die Überschrift geändert, die jetzt auf die Schnittstelle Serializable Bezug nimmt. Außerdem ist die Importanweisung für die Bibliothek java.io hinzugekommen. Der Rest des Texts ist unverändert.

```
import java.io.*;

public class SRoboter implements Serializable
{
```

```java
  public SRoboter(int x, int y, char richtung)
  { this.richtung = richtung;
    this.x = x;
    this.y = y;
  }

  public void einsvor()
  { if (richtung == 'n') y--;
    if (richtung == 'w') x--;
    if (richtung == 's') y++;
    if (richtung == 'o') x++;
  }

  public void rechts()
  { char neueRichtung = ' ';
    if (richtung == 'n') neueRichtung = 'o';
    if (richtung == 'w') neueRichtung = 'n';
    if (richtung == 's') neueRichtung = 'w';
    if (richtung == 'o') neueRichtung = 's';
    richtung = neueRichtung;
  }

  public void links()
  { char neueRichtung = ' ';
    if (richtung == 'n') neueRichtung = 'w';
    if (richtung == 'w') neueRichtung = 's';
    if (richtung == 's') neueRichtung = 'o';
    if (richtung == 'o') neueRichtung = 'n';
    richtung = neueRichtung;
  }

  public char getRichtung()
  { return richtung;
  }

  public int getX()
  { return x;
  }

  public int getY()
  { return y;
  }

  private int x, y;
  private char richtung; //'n', 'w', 's' oder 'o'
}
```

Die Klasse SRSteuerung

Sie ersetzt die ausführbare Klasse Steuerung aus dem vierten Kapitel. SRSteuerung zeigt dem Benutzer die in Bild 14-1 abgebildete graphische Oberfläche und koordiniert den Ablauf. Zur Aufnahme der graphischen Elemente wird ein Objekt der Klasse ClosableFrame verwendet, die aus dem elften Kapitel bekannt ist. Vier Hörerklassen, durch einen Kommentarstrich vom Rest der Klasse abgetrennt, besorgen die Ereignisverarbeitung.

```java
import java.awt.*;
import java.awt.event.*;
import java.io.*;

public class SRSteuerung
{
  public SRSteuerung()
  { frame = new ClosableFrame();
    frame.setLayout(new GridLayout(4, 3, 5, 5));
    frame.setSize(200,200);
    x = new TextField();
    y = new TextField();
    r = new TextField();
    Font f = new Font("SansSerif", Font.BOLD, 20);
    links = new Button("<");
    links.setFont(f);
    links.addActionListener(new MotionListener());
    rechts = new Button(">");
    rechts.setFont(f);
    rechts.addActionListener(new MotionListener());
    vor = new Button("^");
    vor.setFont(f);
    vor.addActionListener(new MotionListener());
    lade = new Button("load");
    lade.addActionListener(new LoadListener());
    speichere = new Button("store");
    speichere.addActionListener(new StoreListener());
    neu = new Button("new");
    neu.addActionListener(new ResetListener());
    frame.add(new Label("x", Label.CENTER));
    frame.add(new Label("y", Label.CENTER));
    frame.add(new Label("R", Label.CENTER));
    frame.add(x);
    frame.add(y);
    frame.add(r);
    frame.add(links);
    frame.add(vor);
    frame.add(rechts);
    frame.add(lade);
    frame.add(speichere);
    frame.add(neu);
    this.display();
```

```java
      frame.show();
  }

  public void load()
  { try
    { ObjectInputStream in =
        new ObjectInputStream(
          new FileInputStream("robbi.dat"));
      robbi = (SRoboter)in.readObject();
    }
    catch(Exception e)
    { System.out.println("keine Datei vorhanden");
    }
  }

  public void store()
  { try
    { ObjectOutputStream out =
        new ObjectOutputStream(
          new FileOutputStream("robbi.dat"));
      out.writeObject(robbi);
    }
    catch(Exception e)
    { System.out.println(e.toString());
    }
  }

  private void display()
  { this.x.setText("" + robbi.getX());
    this.y.setText("" + robbi.getY());
    this.r.setText("" + robbi.getRichtung());
  }

  public static void main(String[] args) throws Exception
  { SRSteuerung s = new SRSteuerung();
  }

  private Button links, rechts, vor,
                 lade, speichere, neu;
  private TextField x, y, r;
  private ClosableFrame frame;
  private SRoboter robbi = new SRoboter(100, 100, 'n');


//------------------------------------------------------------------

  class LoadListener implements ActionListener
  {
    public void actionPerformed(ActionEvent e)
    { load();
      display();
```

```
        }
    }

    class StoreListener implements ActionListener
    {
      public void actionPerformed(ActionEvent e)
      { store();
      }
    }

    class ResetListener implements ActionListener
    {
      public void actionPerformed(ActionEvent e)
      { robbi = new SRoboter(100, 100, 'n');
        display();
      }
    }

    class MotionListener implements ActionListener
    {
      public void actionPerformed(ActionEvent e)
      { char m = e.getActionCommand().charAt(0);
        if (m == '<') robbi.links();
        else if (m == '>') robbi.rechts();
        else robbi.einsvor();
        display();
      }
    }

  }
```

Die Hörerklassen in SRSteuerung

Für jede der drei Schaltflächen lade, speichere und neu wurde eine eigene Hörerklasse geschrieben.

- Die Schaltfläche lade mit der Aufschrift load bekommt ein Objekt der Klasse LoadListener eingepflanzt,
- die Schaltfläche speichere mit der Aufschrift store bekommt ein Objekt der Klasse StoreListener,
- der Schaltfläche neu mit der Aufschrift new wird ein Objekt der Klasse Reset-Listener zugewiesen.

Der Text dieser Hörerklassen ist recht kurz, weil die Hauptarbeit in Hilfsmethoden verrichtet wird, die von actionPerformed aus aufgerufen werden.

Speichern

Aus der Hörerklasse StoreListener wird die Methode store aufgerufen, welche den aktuellen Zustand des Roboters speichert. Die Anweisung

```
ObjectOutputStream out =
      new ObjectOutputStream(
        new FileOutputStream("robbi.dat"));
```

die sich über drei Zeilen hinweg erstreckt, installiert die bereits erwähnte "Rohrleitung" vom Programm zur Datei. Tatsächlich handelt es sich um zwei Rohrleitungen unterschiedlicher Art, die zusammengefügt werden müssen. Die Bibliotheksklasse `FileOutputStream` schafft eine Verbindung zur externen Datei. Mit der Anweisung

```
new FileOutputStream("robbi.dat")
```

wird zwar bereits ein Objekt erzeugt, das eine Verbindung zur Datei herstellt, jedoch ist diese Leitung nur dafür gebaut, einzelne Bytes zu transportieren. Das kann uns nicht genügen, weil wir ganze Objekte bewegen wollen. Hier kommt nun die zweite Leitung ins Spiel. Ein `ObjectOutputStream`-Objekt kann Objekte aufnehmen, in einzelne Bytes zerlegen und diese einem `FileOutputStream`-Objekt zur Weiterleitung übergeben. Zusammengefügt werden die beiden Leitungen, indem man dem Konstruktor von `ObjectOutputStream` das `FileOutputStream`-Objekt als Parameter übergibt.

Die letzte Anweisung im try-Block von `store`

```
out.writeObject(robbi);
```

übergibt dem `ObjectOutputStream`-Objekt `out` den Roboter `robbi` zur Speicherung. Damit ist der Speicherungsvorgang beendet.

Diese Anweisungen müssen in eine try-Anweisung eingebettet sein, weil bei ihrer Durchführung Fehler auftreten können. Es könnte z.B. passieren, dass auf der Festplatte nicht mehr genügend Speicherplatz vorhanden ist. Die Anweisung

```
System.out.println(e.toString());
```

des catch-Blocks tut nichts weiter, als die Fehlermeldung in dem `Exception`-Objekt, welches bei einem auftretenden Fehler gebildet und dem catch-Block zur Verfügung gestellt wird, auszugeben. Zur Ausgabe wird hier ausnahmsweise kein `IntIO`-Objekt benutzt, sondern ein in der Bibliotheksklasse `System` unter dem Namen `out` verfügbares Objekt, das ebenfalls Ausgaben durchführen kann. Wie bei `IntIO` auch landen diese Ausgaben in einem MS-DOS-Fenster.

Laden

Beim Drücken der Schaltfläche mit der Aufschrift load tritt ein Objekt der Hörerklasse `LoadListener` in Aktion. Es ruft die Methode `load` auf, welche innerhalb einer try-Anweisung den Ladevorgang durchführt.

Der Aufbau der Verbindung vom Programm zur Datei geschieht analog zu dem bei der Speicherung. Anstelle von Ausgabeströmen werden hier jedoch Eingabeströme benutzt.

```
ObjectInputStream in =
      new ObjectInputStream(
        new FileInputStream("robbi.dat"));
```

Die letzte Anweisung des try-Blocks

```
robbi = (SRoboter)in.readObject();
```

weist das gelesene Objekt der Instanzenvariablen robbi zu. Da readObject eine Methode zum Lesen beliebiger Objekte ist, stellt sie eine Instanz der Klasse Object bereit. Um dieses Objekt der SRoboter-Variablen robbi zuweisen zu können, müssen wir erst eine explizite Typen-Rückverwandlung vornehmen.

Der Umstand, dass auch für das Laden eine try-Anweisung verwendet wird, weist darauf hin, dass diese Operation ebenfalls fehlerträchtig ist. Man braucht sich nur vorzustellen, der Benutzer drückt die Schaltfläche mit der Aufschrift load, bevor überhaupt einmal gespeichert wurde. Dann ist keine Datei vorhanden, die geladen werden könnte, und der Zugriff geht ins Leere.

14.4 Wenn diese Art der Speicherung nicht ausreicht

Weil die Objekte, welche auf die beschriebene Art gespeichert werden, die Schnittstelle Serializable implementieren, nennt man diesen Speicherungsvorgang im Programmiererjargon auch **Serialisierung**. Die Serialisierung ist eine effiziente und bequeme Methode der Speicherung, funktioniert aber nicht in allen Fällen.

In der Praxis wollen häufig mehrere Benutzer gleichzeitig auf dieselben Daten zugreifen. Man kann sich gut vorstellen, dass z.B. in einem Programm zur Auftragsabwicklung die Daten der Artikel, besonders die der „Renner", an mehreren Stellen zur selben Zeit gebraucht werden. Werden diese Zugriffe nicht koordiniert, so geraten die Daten durcheinander und sind nicht mehr brauchbar.

Deshalb benutzt man in solchen Fällen Datenbanken. Eine **Datenbank** ist ein gemeinsam genutzter Pool von Daten, der von einem speziellen Programm, dem **Datenbank-Management-System** (DBMS), verwaltet wird. Alle Zugriffe auf die Daten laufen über dieses DBMS. Dieses koordiniert die Zugriffe und sorgt dafür, dass die Daten nicht verfälscht werden.

Aufgaben

Aufgabe 14-1 (Simulation eines Geldautomaten)

Greifen Sie die Fallstudie aus dem vierten Kapitel (Aufgabe 4-11) noch einmal auf und programmieren Sie das Programm mit einer graphischen Benutzeroberfläche und der Möglichkeit, den Zustand des Automaten (bzw. des Stueckler-Objekts) zu speichern und beim Neustart wieder zu laden.

Aufgabe 14-2 (Verschiebespiel)

Entwickeln Sie diese Fallstudie aus dem zwölften Kapitel so weiter, dass sich der Spielstand speichern und wieder laden lässt.

15

Sprachreferenz

Dieser Referenzteil enthält eine knappe Darstellung wichtiger Java-Elemente. Es sind darin auch manche Dinge enthalten, die im ersten Teil des Buchs nicht angesprochen wurden. Vollständigkeit wurde jedoch nicht angestrebt.

In erster Linie dient die Referenz dem Nachschlagen beim Programmieren. Sie ist aber auch begleitende Lektüre zum ersten Teil und sollte auf jeden Fall gelesen werden. Die kompakte Darstellung aus einem anderen Blickwinkel vertieft das Verständnis der Programmiersprache.

Metasprachliche Symbole

Zur Beschreibung der Syntax (Grammatik) der Sprache werden im Folgenden häufig einige spezielle Symbole verwendet:

- fette eckige Klammern [und] umschließen optionale Konstrukte, d.h. solche die nicht unbedingt vorhanden sein müssen,

- der senkrechte Strich | trennt Wahlmöglichkeiten voneinander ab,

- die fetten geschweiften Klammern { und } umgeben Konstrukte, die nullmal oder mehrmals auftreten können,

- Begriffe, die in *Kursivschrift* geschrieben sind, werden vom Programmierer nicht wörtlich hingeschrieben, sondern durch entsprechende Konstrukte ersetzt.

Schlüsselwörter (reservierte Wörter)

Schlüsselwörter sind Wörter, die in Java eine feste Bedeutung haben. Sie können von Programmierern nur in dieser Bedeutung verwendet werden.

Nicht alle dieser Wörter werden in der aktuellen Version von Java genutzt, und nur ein Teil davon wird in diesem Buch behandelt. Verwenden Sie das Sachverzeichnis am Ende des Buchs, wenn Sie Informationen zu bestimmten Wörtern benötigen.

abstract	double	int	static
boolean	else	interface	super
break	extends	long	switch
byte	final	native	synchronized

case	finally	new	this
catch	float	null	throw
char	for	package	throws
class	goto	private	transient
const	if	protected	try
continue	implements	public	void
default	import	return	volatile
do	instanceof	short	while

Kommentare

Kommentare sind Texte in einem Programm, die für den menschlichen Leser gedacht sind. Der Compiler wertet sie nicht aus. Man muss Kommentare durch besondere Symbole abgrenzen, damit der Compiler sie als solche erkennen kann. Es gibt in Java drei verschiedene Arten von Kommentaren.

Ein einzeiliger Kommentar wird durch einen doppelten Schrägstrich eingeleitet und reicht bis an das Ende der Zeile:

```
int z = 1 + 1;          // hier steht eine Addition
```

Mit /* und */ kann man den dazwischenliegenden Text als Kommentar kennzeichnen. Ein solcher Kommentar kann sich über mehrere Zeilen erstrecken:

```
/* Nun wird das Array a mit Werten besetzt.
   Anschließend werden die Werte ausgegeben.
*/
```

Eine dritte Art von Kommentaren wird durch /** und */ eingeschlossen. Sie können sich über mehrere Zeilen hinziehen. Aus solchen Kommentaren kann man mit Hilfe des Programms javadoc, das mit dem JDK ausgeliefert wird, Dokumentationen erzeugen (s. dazu auch Kapitel 18).

Datentypen

In Java werden zwei verschiedene Arten von Daten unterschieden:

- **Objekte**
  Sie beruhen auf Klassen und werden mit Hilfe von Konstruktoren aus diesen erzeugt. Klassen schreibt der Java-Programmierer entweder selbst, oder er benutzt Bibliotheksklassen, die von anderen programmiert wurden.

- **Primitive Daten**
  Während es sich bei Objekten um komplex aufgebaute Datengebilde handeln kann,

bestehen primitive Daten jeweils nur aus einem Wert: aus einer ganzen Zahl, einer Gleitpunktzahl, einem Buchstaben oder einem Wahrheitswert. Für Daten solcher Art sind in Java einige Datentypen vorgesehen, welche bequemer als Klassen bzw. Objekte zu benutzen sind.

Objekte und Klassen sind tragende Säulen der OOP. Primitive Daten kommen nichtsdestoweniger in den Programmen sehr häufig vor. Es ist allerdings nicht möglich, ein funktionierendes Java-Programm zu schreiben, ohne Klassen zu benutzen.

Zum Verarbeiten der Daten benötigt man **Operatoren**. Für die primitiven Datentypen wird in Java eine Anzahl von Operatoren bereitgestellt. Die Operatoren für die Bearbeitung von Objekten schreibt sich der Programmierer der Klasse selbst (s. Methoden).

Primitive Datentypen

Man kann grob zwei Grundarten solcher Datentypen unterscheiden

- **numerische Datentypen**, deren Werte Zahlen sind.

- die **nichtnumerischen** Datentypen char (beliebige Zeichen) und boolean (Wahrheitswerte true und false)

Primitive numerische Datentypen

Datentyp	Wertebereich	Beispielwerte
byte	-128 ... 127	29
short	-32768 ... 32767	-22340
int	-2^{31} ... 2^{31}-1	1001188
long	-2^{63} ... 2^{63}-1	778899965498734
float	Gleitpunktzahl, etwa -3.4^{38} ... 3.4^{38}	1.8f 1.8e3f
double	Gleitpunktzahl, etwa -1.8^{308} ... 1.8^{308}	1.8 18. 1.8e1

arithmetische Operatoren für die numerischen Datentypen

- \+   Addition

- \-   Subtraktion

- *   Multiplikation

/   Division

%   Divisionsrest

-    Negation

Vergleichsoperatoren für die numerischen Datentypen

==   gleich

>   größer als

<   kleiner als

>=   größer oder gleich

<=   kleiner oder gleich

!=   ungleich

Beispielausdrücke

Ausdruck	Ergebnis	Bemerkung
5 / 2	2	nur ganzzahliger Anteil
5.0 / 2	2.5	
5 / 2.0	2.5	
5 % 2	1	Divisionsrest als ganze Zahl
5.0 % 2	1.0	Divisionsrest als double
3 % 7	7	

Primitive nichtnumerische Datentypen

Datentyp	Wertebereich	Beispielwerte	
boolean	{false, true}	false true	
char	16-Bit-Unicode-Zeichen	'ä' 'E' '\n' '\f' '\u0040'	 (Zeilenvorschub) (Seitenvorschub) (@)

Der char-Wert `'\uxxxx'` bezeichnet das Zeichen, das im Unicode mit den hexadezimalen Wert *xxxx* verschlüsselt ist. Sequenzen dieser Art können auch in Strings verwendet werden (s. weiter unten)

Für den Datentyp boolean sind folgende logische Operatoren vorgesehen:

     !   not

     &&   (konditional) and

     || (konditional) or

     &   and

     | or

Die konditionalen Operatoren && und || unterscheiden sich von den nichtkonditionalen & und | dadurch, dass der zweite Operand nicht mehr überprüft wird, falls nach der Prüfung des ersten schon das Ergebnis feststeht.

Neben den logischen Operatoren sind auf den Datentyp boolean auch die Vergleichsoperatoren == und != anwendbar, die bereits bei den numerischen Datentypen genannt wurden.

Für den Datentyp char gelten alle Vergleichsoperatoren, welche auch für die numerischen Datentypen gelten. Größer und kleiner wird dabei im Sinne der Unicode-Entsprechung interpretiert. Diese entspricht nur zum Teil der alphabetischen Ordnung. Es gilt zwar

```
b > a
c > b
```

aber auch

```
a > A
a > B
```

Operatorrangfolge und Assoziativität

Für die **arithmetischen** Operatoren gilt die bekannte Regel „Punkt vor Strich". Demnach haben die Operatoren *, / und % den Vorrang vor + und -. Der Ausdruck

```
2 + 3 * 4 + 1
```

entspricht also dem Ausdruck

```
2 + (3 * 4) + 1
```

und hat den Wert 15.

Innerhalb logischer Ausdrücke gilt die gewohnte Reihenfolge ! vor && vor || bzw. ! vor &
vor |. Der Ausdruck

```
a || b && c
```

entspricht dem geklammerten Ausdruck

```
a || (b && c)
```

Auch die Reihenfolge zwischen Operatoren verschiedener Arten ist festgelegt. Eine besondere Rolle spielen dabei die unären Operatoren, also diejenigen, die nur einen Operanden haben. Sie besitzen die stärkste Bindungskraft. Die Reihenfolge lautet

unär vor *arithmetisch* vor *vergleichend* vor *logisch*

Enthält ein Ausdruck mehrere binäre Operationen mit Operatoren gleicher Priorität, so werden diese von links nach rechts abgearbeitet (Linksassoziativität). Dementsprechend ist der Ausdruck

```
1 * 5 * 7 / 4 * 10
```

gleichbedeutend mit

```
((((1 * 5) * 7) / 4) * 10)
```

und ergibt 80.

Arrays

Ein Array (Feld) ist eine geordnete Sammlung von Daten gleichen Typs. Man kann ein
Array auch als einen Datenbehälter bezeichnen.

Das Array (der Behälter ohne den Inhalt) ist ein Objekt, das zwar gewöhnlich mit Hilfe des
Schlüsselworts new erzeugt wird, aber nicht mit einem Konstruktoraufruf, sondern in einer
anderen, einfacheren Form.

Der Inhalt des Behälters, die **Elemente** des Arrays, können von einfachem Datentyp oder
Objekte sein. Die einzelnen Elemente können mit Hilfe von Indizes angesprochen werden.

```
int[] z;                              //Deklaration einer Array-Variablen
                                      //vom Typ int.
z = new int[20];                      //Zuweisung eines Array-Objekts. Die
                                      //Elemente sind mit dem Standard-
                                      //wert 0 vorbesetzt.
for (int i = 0; i < z.length; i++)    //Den Elementen werden Werte
   z[i] = i * i;                      //zugewiesen.

int[] z2 = z;                         //Die Variable z2 verweist nun auf
                                      //dasselbe Array-Objekt wie z.
//----------------------------       ----------------------------------
```

```
int[] n = {5, 7, 13,27,35, 84}    //Deklaration der Array-Variablen n. Er-
                                  //zeugung des Array-Objekts und Zu-
                                  //weisung von Werten an die Elemente.
//-----------------------------    -------------------------------------------

Waehrungsrechner[] w =            //Deklaration einer Array-Variablen.
    new Waehrungsrechner[5];       //Erzeugung und Zuweisung eines
                                  //Array-Objekts.
w[0] = new Waehrungsrechner(0.89); //Zuweisung eines Objekts an das erste
                                  //Element.
//-----------------------------    -------------------------------------------

char[][] c;                       //Deklaration einer Variablen für ein
                                  //zweidimensionales Array.
c = new char[3][4];               //Erzeugung und Zuweisung eines Array-
                                  //Objekts.
for (int i = 0; i < 3; i++)       //Zuweisung von Werten an die
    for (int j = 0; j < 4; j++)   //Elemente.
        c[i][j] = 'a';
```

Klassen

Ein Java-Programm besteht aus einer oder mehreren Klassen, von denen mindestens eine
ausführbar sein muss (s. unten). In einer Klasse wird beschrieben, wie Objekte der betreffenden Art aufgebaut sind, welche Aufträge sie ausführen können und wie diese Aufträge durchgeführt werden. Eine Klasse kann auch als „Baumuster" für Objekte betrachtet
werden, aus dem mit Hilfe des Konstruktors Objekte gefertigt werden.

Die Arbeit des Programmierers besteht daraus, Klassen zu schreiben.

Die vom Programmierer geschriebene **Klassenbeschreibung** heißt auch **Quelltext** der
Klasse oder **Klassendeklaration**. Eine Klassendeklaration besteht aus einer Kopfzeile und
dem Rumpf. Innerhalb des Rumpfs kann eine beliebige Anzahl der folgenden Konstrukte
deklariert sein:

- Konstruktoren,
- Methoden,
- Datenfelder,
- innere Klassen.

Der Kopfzeile können noch eine Paketangabe und ein oder mehrere **Importanweisungen**
vorausgehen (s. Kapitel über die Benutzung von Bibliotheken). Außerdem können in allen
Teilen der Klassendeklaration **Kommentare** enthalten sein.

Syntaxbeschreibung der Klassendeklaration:

Die Reihenfolge der einzelnen Konstrukte im Rumpf ist weitgehend frei wählbar. Man
sollte jedoch stets dieselbe Reihenfolge benutzen. In diesem Buch wird folgendes Schema
verwendet:

```
[ Paketangabe ]
{ Importangabe }

[abstract] [public|private|protected] [final] class Klassenname
                    [extends Klassenname|implements Interfacename]
{
  { Konstruktordeklaration }
  { Methodendeklaration }
  { Datenfelddeklaration }
  { Deklaration einer inneren Klasse }
}
```

Hinweise zur Syntaxbeschreibung:

- Wird die Paketangabe weggelassen, so wird die Klasse automatisch einem unbenannten Paket zugeteilt, zu dem alle Klassen ohne Paketangabe gehören.

- abstract ist anzugeben, wenn mindestens eine der Methoden mit diesem Schlüsselwort versehen ist (s. unten).

- Bedeutung der Zugriffsspezifikationen:

public	unbeschränkter Zugriff auf Objekte der Klasse möglich
private	Zugriff nur innerhalb der Klasse
protected	Zugriff innerhalb des Pakets und aus allen Unterklassen heraus
ohne	Zugriff innerhalb des Pakets

- Das Schlüsselwort final besagt, dass die Klasse keine Unterklassen haben kann.

- Mit dem Schlüsselwort extends wird eine Klasse zur Unterklasse einer anderen Klasse (s. Vererbung).

- Das Schlüsselwort implements besagt, dass die Klasse einer bestimmten Schnittstelle (interface) genügt.

Konstruktoren

Konstruktoren sind spezielle Methoden, die nur der Erzeugung von Objekten dienen. Der Auftrag zur Ausführung eines Konstruktors richtet sich stets an die Klasse, nicht an bestimmte Objekte.

Konstruktoren tragen generell den Namen ihrer Klasse. Hat eine Klasse mehrere Konstruktoren, so müssen diese sich in den Parametern unterscheiden. Ist in einer Klassendeklaration kein Konstruktor enthalten, so wird zur Erzeugung von Objekten ein parameterloser **Standardkonstruktor** verwendet.

Syntaxbeschreibung der Konstruktorendeklaration:

```
[public|private|protected] Klassenname ([ Parameterliste ])
{
  { Anweisung }
}
```

Hinweise zur Syntaxbeschreibung:

- Bedeutung der Zugriffsspezifikation
`public`	es kann von überall auf den Konstruktor zugegriffen werden
`private`	Zugriff nur aus der Klasse heraus möglich
`protected`	Zugriff nur innerhalb des Pakets und aus Unterklassen heraus

- Häufig werden im Rumpf eines Konstruktors den Instanzenvariablen (s. unten) Werte zugewiesen.

Methoden

Unter Methoden versteht man die Aufträge, welche während der Ausführung eines Programms erteilt werden können. Aufträge richten sich im Normalfall an Objekte. Man spricht in diesem Fall von **Objektmethoden, Instanzenmethoden** oder einfach **Methoden**.

Es gibt aber auch Methoden, bei denen sich die Aufträge direkt an Klassen wenden. Diese **Klassenmethoden** werden in der OOP nur in Ausnahmefällen gebraucht.

In der Methodendeklaration ist geregelt, welche Parameter eine Methode empfängt, welche Werte sie an den Auftraggeber zurückliefert, und wie die Methode abläuft. Die Methodendeklaration besteht aus einer Kopfzeile und einem Rumpf.

Syntaxbeschreibung der Methodendeklaration:

```
[abstract] [public|private|protected] [static] [final] Rückgabetyp |void
      Methodenname ([ Parameterliste ]) [throws Ausnahme ]
{
  { Anweisung }
}
```

Hinweise zur Syntaxbeschreibung:

- Das Schlüsselwort `abstract` besagt, dass die Programmierung der Methode aufgeschoben ist (in den Unterklassen zu erledigen). Methoden mit diesem Schlüsselwort haben keinen Rumpf.

- Wenn `static` gesetzt ist, wird die Methode von der Klasse und nicht von einem Objekt ausgeführt (Klassenmethode).

- Wird `final` angegeben, so kann die Methode in Unterklassen nicht überschrieben werden.

- Beim Rückgabetyp kann es sich um einen primitiven Datentyp oder eine Klasse handeln. Liefert die Methode keinen Wert, so muss statt eines Rückgabetyps das Schlüsselwort `void` gesetzt werden. Ist ein Rückgabetyp angegeben, so muss die Lieferung dieses Werts im Rumpf der Methode mit der `return`-Anweisung angestoßen werden.

Beispiele:

```
public class EineKlasse
{
```

```
    public String erste()                  //mit Rückgabewert
    { return "Donald Duck";
    }

    public void zweite(int z)              //ohne Rückgabewert
    { for (int i = 0; i < z; i++)
        new IntIO().writeln("Donald Duck");
    }

    public static String dritte()          //Klassenmethode, mit
    { return "Daisy Duck";                 //Rückgabewert
    }

    private String vierte()                //private Methode mit
    { return "Ede Wolf";                   //Rückgabewert
    }
}
```

Überladen

In einer Klasse können mehrere Methoden mit demselben Namen vorkommen. Allerdings
müssen sich diese Methoden in den Parametern unterscheiden. Man spricht in diesem Zusammenhang vom Überladen der Methoden.

Datenfelder

Datenfelder dienen der Speicherung von Daten während der Laufzeit des Programms. Man
kann sich ein Datenfeld bildlich als ein Fach im Arbeitsspeicher vorstellen, in dem Daten
abgelegt werden können. Dieses Fach ist benannt, damit man darauf Bezug nehmen kann,
und es ist so ausgelegt, dass es einen Wert des gewünschten Datentyps fassen kann.

Variablen versus Konstanten

Man unterscheidet Datenfelder, deren Wert sich im Verlauf der Programmausführung verändern kann (**Variablen**) und solche, deren Wert die ganze Progammausführung über
gleich bleibt (**Konstanten**). Ein Datenfeld wird zu einer Konstanten, wenn bei seiner Deklaration das Schlüsselwort `final` benutzt wird.

Datenfelder, die außerhalb von Methoden deklariert sind

Datenfelder, die außerhalb von Methoden deklariert sind, dienen der Speicherung von
Daten, die über die Ausführung einer Methode hinaus Bestand haben sollen. Solche Datenfelder können Variablen oder Konstanten sein.

Instanzenvariablen (Objektvariablen) sind Variablen, von denen für jedes Objekt der
Klasse Werte geführt werden. Die Werte der Instanzenvariablen eines Objekts machen den
Zustand des Objekts aus. Auf Instanzenvariablen kann von jeder Stelle des Objekts aus zu-
gegriffen werden.

Klassenvariablen sind Variablen, von denen für die ganze Klasse nur jeweils ein einziger Wert geführt wird. Sie werden in der OOP nur in Ausnahmefällen gebraucht. In der Variablendeklaration macht das Schlüsselwort `static` die Variable zur Klassenvariablen.

Instanzenkonstanten (Objektkonstanten) und **Klassenkonstanten** haben haben gegenüber den entsprechenden Variablen unveränderliche Werte. Durch die Verwendung des Schlüsselworts `final` in der Deklaration wird ein Datenfeld zur Konstanten. Klassenkonstanten werden im JDK häufig benutzt, um vielfach gebrauchte Werte allgemein zugänglich zur Verfügung zu stellen.

Datenfelder, die innerhalb von Methoden deklariert sind

Datenfelder, die innerhalb von Methoden oder in Parameterklammern von Methoden deklariert werden, sind **lokale** Variablen, die nur innerhalb der Methode sichtbar sind und deren Lebensdauer auf eine Durchführung der Methode begrenzt ist.

Theoretisch können Datenfelder innerhalb von Methoden auch mit dem Schlüsselwort `final`, d.h. als Konstanten deklariert werden, aber praktisch kommt eine solche Konstruktion so gut wie nicht vor.

Syntaxbeschreibung der Datenfelddeklaration

Es gibt zwei Formate. Das erste deklariert ein einziges Datenfeld und weist ihm optional einen Wert zu:

```
[public|private|protected] [static] [final] Datentyp
                            Feldname [ Wertzuweisung ];
```

Das zweite deklariert beliebig viele Datenfelder desselben Datentyps. Wertzuweisungen sind bei diesem Format nicht möglich:

```
[public|private|protected] [static] [final] Datentyp
                            Feldname {, Feldname };
```

Hinweise zur Syntaxbeschreibung:

- Die Bedeutung der Zugriffsspezifikationen `public`, `private` und `protected` ist analog zu ihrer Bedeutung bei Methoden.

- Wenn `static` gesetzt ist, wird nur ein Wert für die gesamte Klasse geführt (Klassenvariable oder Klassenkonstante).

- Wird `final` angegeben, so kann der zuerst zugewiesene Wert des Datenfelds nicht verändert werden. Das Datenfeld muss initialisiert, d.h. mit einem Anfangswert versehen werden.

Beispiele:

```
public class EineKlasse
{
  public void eineMethode(String s)            //lokale Variable s
  { String w = s.toLowerCase();                //lokale Variable w
    v = s.toUpperCase();
```

```
    }

    private String v;                        //Instanzenvariable
    private static String u;                 //Klassenvariable
    public final static String T = "Dagobert Duck";  //Klassenkonstante
}
```

Anweisungen und Ausdrücke

Eine **Anweisung** (Statement) ist ein Kommando, das vom Java-Interpreter ausgeführt wird.
Methoden bestehen aus einer Folge von Anweisungen, die vom Interpreter im Normalfall
von oben nach unten abgearbeitet werden. Eine Anweisung endet immer mit einem Semikolon.

Es gibt unterschiedliche Arten von Anweisungen, die vom Compiler an den verwendeten
Schlüsselwörtern und Schlüsselsymbolen erkannt werden. Einige dieser Anweisungsarten
seien hier genannt:

- Zuweisung (assignment)
- return-Anweisung
- Verzweigung (decision, conditional statement)
- Schleife (loop)
- switch-Anweisung
- try-Anweisung

Ein **Ausdruck** ist ein Konstrukt, das einen Wert repräsentiert, z.B.

```
2
2 * 2
2 * 2 - 1
io.readInt("Bitte ganze Zahl eingeben")
new IntIO()
```

Ausdrücke kommen in Anweisungen vor. Manche Ausdrücke, wie z.B. die beiden zuletzt
genannten, sind, mit einem abschließenden Semikolon versehen, selbst Anweisungen.

Blöcke (Anweisungsverbünde, Verbundanweisungen)

Ein Block bindet eine Folge von Anweisungen zusammen, so dass sie wie eine einzige Anweisung verwendet werden können. Beginn und Ende des Blocks werden durch die geschweiften Klammern { und } markiert.

Beispiel:

```
{   x = 3;
    y = 5;
}
```

Blöcke werden besonders häufig in Verbindungen mit Verzweigungen und Schleifen verwendet.

Häufig wird anstelle von Block auch die Bezeichnung **Verbundanweisung** gebraucht. Richtiger wäre allerdings **Anweisungsverbund**, weil ein Block nicht durch ein Semikolon abgeschlossen wird, wie das bei einfachen Anweisungen der Fall ist.

Zuweisungen

Die Zuweisung wird vom Compiler am Zuweisungsoperator = erkannt. Mit Hilfe einer Zuweisung wird einem Datenfeld der Wert eines Ausdrucks zugewiesen. Beispiele:

```
zahl = 3;
io = new IntIO();
name = io.readString("Bitte den Namen eingeben: ");
i = (i + 1);
```

Die zuletzt genannte Zuweisung ist zu interpretieren als „der neue Wert von i ergibt sich aus dem alten plus 1".

Der Zuweisungsoperator = hat von allen in Java verwendeten Operatoren die **geringste Priorität**. Man könnte anstatt i = (i + 1) mit gleichem Ergebnis schreiben:

```
i = i + 1;
```

Die Zuweisung ist in Java nicht nur eine Anweisung, sondern auch ein Ausdruck. Das bedeutet, dass eine Zuweisung auch einen Wert repräsentiert. Es sind deshalb auch folgende Anweisungen zulässig:

```
zahl1 = zahl2 = 3;
io.writeln(a = 3);
```

☹

Da die Zuweisung **rechtsassoziativ** ist, also von rechts nach links abgearbeitet wird, entspricht die erste der beiden Anweisungen der geklammerten Anweisung

```
zahl1 = (zahl2 = 3);
```

Der Ausdruck in der Klammer hat zwei Effekte: erstens wird der Variablen zahl2 der Wert 3 zugewiesen, zweitens repräsentiert er den Wert 3 (der dann mit dem linken Zuweisungsoperator der Variablen zahl1 zugewiesen wird.

Nicht alles, was möglich ist, ist auch gute Programmierung! Sie können sehr viel verständlicher programmieren, wenn Sie aus dieser Anweisung zwei machen:

```
zahl2 = 3;
zahl1 = zahl2;
```

☺

Auch die Anweisung io.writeln(a = 3); lässt mit unwesentlich mehr Platzverbrauch klarer formulieren:

```
a = 3;
```

```
io.writeln(a);
```

Weitere Zuweisungsoperatoren

Neben dem Zuweisungsoperator = gibt es einige weitere Zuweisungsformen, die (leider) ebenfalls als Ausdrücke verwendet werden können. Hier sollen nur fünf davon aufgeführt werden:

```
i += 2;     //entspricht  i = i + 2;
i -= 3;     //            i = i - 3;
i *= 7;     //            i = i * 7;
i /= 5;     //            i = i / 7;
i %= 5;     //            i = i % 5;
```

Sie werden im Buch überhaupt nicht benutzt, weil die rechts als Kommentare angegebenen alternativen Formen erheblich verständlicher und nur unwesentlich länger sind.

Inkrementierungs- und Dekrementierungsoperatoren

Zuweisungen können in einigen speziellen Fällen durch Inkrementierungs- oder Dekrementierungsoperatoren ersetzt werden. Anstelle der Anweisung

```
i = i + 1;
```

kann man mit demselben Effekt auch den sog. **Postfix-Inkrementierungsoperator** verwenden und schreiben:

```
i++;
```

Auch eine Formulierung mit dem **Prefix-Inkrementierungsoperator**

```
++i;
```

hätte in diesem Fall zu demselben Ergebnis geführt.

Die beiden Operatoren gehören zu dem heiklen Erbe, das Java von der älteren Sprache C mitbekommen hat. Werden sie, wie oben, allein stehend angewandt, sind sie unbedenklich. Das Schlimme an den Operatoren ist, dass Anweisungen wie i++ gleichzeitig als Ausdrücke verwendet werden können. Die Effekte sollen an einem kleinen Beispiel demonstriert werden:

```
int zahlA = 5;
int zahlB = 3 * (zahlA++);
io.writeln(zahlA);          //Ausgabe: 6
io.writeln(zahlB);          //Ausgabe: 15
```

Wie ist das Ergebnis zu erklären? Der Ausdruck bzw. die Anweisung zahlA++ erhöht zahlA um 1, geht aber in den Ausdruck 3 * (zahlA++) mit dem Wert vor der Erhöhung ein.

Verwendet man den Prefix-Inkrementierungsoperator, so ist das Ergebnis ein anderes. Der Ausdruck ++zahlA erhöht ebenfalls zahlA um 1, geht aber in den Ausdruck mit dem Wert nach der Erhöhung ein.

```
int zahlA = 5;
int zahlB = 3 * (++zahlA);
io.writeln(zahlA);            //Ausgabe: 6
io.writeln(zahlB);            //Ausgabe: 18
```

Erheblich deutlicher ist die folgende Formulierung, in der der Ausdruck mit dem Inkrement-operator nicht in einen anderen Ausdruck eingebettet ist, sondern alleine steht. Für das erste Beispiel also:

```
int zahlA = 5;
int zahlB = 3 * zahlA;
zahlA++;
io.writeln(zahlA);            //Ausgabe: 6
io.writeln(zahlB);            //Ausgabe: 15
```

Für das zweite Beispiel bevorzugen wir die Formulierung:

```
int zahlA = 5;
zahlA++;
int zahlB = 3 * zahlA;
io.writeln(zahlA);            //Ausgabe: 6
io.writeln(zahlB);            //Ausgabe: 18
```

Neben den Inkrementierungs- gibt es auch **Dekrementierungsoperatoren**, die analog zu den Inkrementierungsoperatoren verwendet werden. Wir beschränken uns hier auf die Angabe des Postfix-Dekrementierungsoperators:

```
i--       //entspricht (alleine stehend) i = i - 1
```

In diesem Buch werden Inkrementierungs- und Dekrementierungsoperatoren nur alleine stehend benutzt. Und da die Bedeutung der Prefix- und der Postfixform bei der Benutzung als allein stehende Anweisung sich nicht unterscheidet, beschränken wir uns auf die Postfix-operatoren.

Die return-Anweisung

Diese Anweisung beendet die Durchführung der Methode, in der sie vorkommt. Außerdem liefert sie den Rückgabewert der Methode an den Auftraggeber, falls die Methode einen solchen Wert vorsieht.

Syntaxbeschreibung:

```
return [ Ausdruck ];
```

Beispiele:

```
public double quadrat(double zahl)
{ return zahl * zahl;
}

public schreibeWurzel(double zahl)
{ if (zahl < 0) return;
  new IntIO().writeln(Math.sqrt(zahl));
}
```

Die return-Anweisung ohne folgenden Ausdruck kommt nicht allzu häufig vor, denn sie
kann in den meisten Fällen, wie das zweite Beispiel zeigt, mit Hilfe von Verzweigungen
vermieden werden.

Verzweigungen (if/else-Anweisung)

Eine Verzweigung erlaubt, die Durchführung von Anweisungen vom Vorhandensein einer
Bedingung abhängig zu machen.

Syntaxbeschreibung der Verzweigung:

```
if ( Bedingung ) Anweisung
[ else Anweisung ]
```

Der else-Zweig ist optional. Ist er nicht vorhanden, spricht man auch von einer **unvollständigen** Verzweigung.

Beispiele:

```
if (a > b) io.writeln("a ist größer als b");
else io.writeln("a ist nicht größer als b");

if (a > b)
{ io.writeln("Die erste der beiden eingegebenen");
  io.writeln("Zahlen ist größer als die zweite.");
}
else
{ io.writeln("Die zweite Zahl ist mindestens");
  io.writeln("so groß wie die erste.");
}

if (a > b) io.writeln("a ist größer als b");
```

Mit Verzweigungen kann man auch **mehrstufige Entscheidungen** programmieren. Man
spricht in solchen Fällen auch von **geschachtelten Verzweigungen**.

```
if (rot)
    if (roehren) return ("Sie sehen nicht gut!");
    else return ("Sie sollten vorsichtig sein");
else
    if (roehren) return ("hervorragender Speisepilz");
```

```
        else return ("Leider kein Genuss ohne Risiko");
```

Mit geschachtelten Verzweigungen kann man auch eine **Mehrfachauswahl** formulieren. Von einer Mehrfachauswahl spricht man, wenn es in Abhängigkeit vom Wert einer Variablen mehr als zwei Möglichkeiten der Fortsetzung gibt, jeweils aber nur eine dieser Möglichkeiten zum Zuge kommen kann. Man schreibt in solchen Fällen die geschachtelten Verzweigungen am Besten ohne Einrückungen:

```
if (name.equals("Egon"))        io.writeln("65 Jahre");
else if (name.equals("Frank"))  io.writeln("15 Jahre");
else if (name.equals("Jenny"))  io.writeln("35 Jahre");
else if (name.equals("Verona")) io.writeln("37 Jahre");
else io.writeln("Name nicht bekannt");
```

Der dreistellige Bedingungsausdruck

Mit diesem sehr nützlichen Operator ist für eine bestimmte Art von Entscheidung eine kürzere Formulierung als mit der if/else-Anweisung möglich. Er ist anwendbar, wenn bei Gültigkeit einer bestimmten Bedingung ein Wert a, bei Nichtgelten ein Wert b zu liefern ist. Die Syntaxbeschreibung lautet

```
Bedingung  ?  Ausdruck  :  Ausdruck
```

Da es sich um keine Anweisung handelt, sondern um einen Ausdruck, kann diese Formulierung nie alleine auftreten, sondern muss in eine Anweisung eingebunden sein.

Beispiele:

```
return a > b ? a : b;

new IntIO().writeln(!name.equals("") ? name : "unbekannt");

int zahl = a * (eingabe > 10 ? eingabe : -eingabe);
```

Schleifen

Schleifen werden dazu benützt, dieselben Anweisungen (den Schleifenrumpf) wiederholt ausführen zu lassen. Die Wiederholung mit Hilfe von Schleifen nennt man auch **Iteration**. (Eine Möglichkeit, Wiederholungen ohne Schleifen zu programmieren, bietet die **Rekursion**).

Wie in den meisten Programmiersprachen gibt es in Java mehrere Schleifentypen.

Die abweisende Schleife (while-Schleife)

Bei dieser Schleifenart wird vor dem ersten Eintritt in den Schleifenrumpf geprüft, ob die Bedingung für die Durchführung gegeben ist. Die Syntaxbeschreibung lautet:

```
while ( Bedingung ) Anweisung
```

Beispiele:

```
//--------- gibt die ganzen Zahlen von 1 bis 100 aus -----------
int i = 1;
while (i <= 100)
{ io.writeln(i);
  i = i + 1;
}
//-------- gibt die Zeichen eines Worts untereinander aus -------
String s = io.readString("Wort eingeben: ");
int i = 0;
while(i < s.length())
{ io.writeln("" + s.charAt(i));
  i = i + 1;
}
```

Zählschleife (for-Schleife)

Die **Zählschleife** kann man immer dann verwenden, wenn die Anzahl der Schleifendurchläufe vor dem ersten Durchlauf bestimmt werden kann. Sie hat die allgemeine Form

```
for ([ I ]; [ D ];[ V ])  Anweisung
```

In der **Initialisierungsanweisung** *I* wird eine Schleifenvariable initialisiert. Diese Variable
wird gebraucht, um die Anzahl der Durchläufe zu steuern. Meist wird die Schleifenvariable
auch an dieser Stelle deklariert. Ihre Sichtbarkeit ist dann auf die Schleife beschränkt.

Die **Durchführungsbedingung** *D* nennt die Voraussetzung für einen weiteren Schleifendurchlauf. Sie wird **vor** jedem Durchlauf überprüft. Nur wenn sie erfüllt ist, wird der Schleifenrumpf ausgeführt.

Die **Veränderungsanweisung** *V* legt fest, wie sich die Schleifenvariable am Ende eines jeden Durchlaufs verändert.

Beispiele:

```
for (int i = 1; i < 101; i++) io.writeln(i, 4);

for (int i = 1; i < 101; i++)
{ io.write(i, 4);
  io.writeln(i * i, 8);
}
```

Die Zählschleife ist ähnlich variabel wie die abweisende Schleife. Es lassen sich z.B. auch
mehrere Schleifenvariablen gleichzeitig verwenden, wie das folgende Beispiel zeigt:

```
for (int i = 0, j = 10; i < 10; i++, j--) io.writeln(i * j);
```

Bitte beachten Sie auch, dass alle drei Anweisungen in der Klammer nach dem for optional
sind, also auch weggelassen werden können. Wird die Durchführungsbedingung wegge-

lassen, so wird hierfür automatisch der Wert `true` angenommen. Die folgende Schleife ist eine Endlosschleife:

```
for ( ; ; ) io.writeln("Das geht ewig so weiter");
```

Ich rate Ihnen allerdings, in Zählschleifen stets alle Anweisungen in der Klammer explizit zu setzen, weil Sie sonst auf die größten Vorteil dieses Schleifentyps, nämlich Übersichtlichkeit und Sicherheit im Gebrauch, verzichten.

Die annehmende Schleife (do-while-Schleife)

Bei dieser Schleifenart wird die Durchführungsbedingung am Ende des Schleifendurchlaufs überprüft, so dass der Rumpf mindestens einmal ausgeführt wird. Die Syntaxbeschreibung lautet:

```
do Anweisung while ( Bedingung) ;
```

Beispiel:

```
int i = 1;
do
{ io.writeln(i);
  i = i + 1;
}
while (i < 101);
```

Geschachtelte Schleifen

Ist der Rumpf einer Schleife selbst eine Schleife, so spricht man von geschachtelten Schleifen.

Beispiel:

```
for (int i = 1; i < 11; i++)
  for (int j = 1; j < 11; j++)
  { io.write(i,5);
    io.write(j,5);
    io.writeln(i*j, 5);
  }
```

Schleifenabbruch mit break

Mit Hilfe dieser Anweisung kann eine Schleife mitten in einem Durchlauf abgebrochen werden. Der Rest des Rumpfs wird dann nicht mehr durchlaufen. Häufig wird break auch benutzt, um die Durchführungsbedingung nicht am Anfang oder Ende, sondern mitten im Rumpf zu überprüfen, wie im folgenden Beispiel:

```
int zahl = 0;
while (true)
{ zahl = io.readInt("Zahl (< 0 für Abbruch): ");
  if (zahl < 0) break;
  else io.writeln("Quadrat : " + zahl * zahl);
}
```

Abbruch eines Durchlaufs mit `continue`

Diese Anweisung bricht nicht die Durchführung der gesamten Schleife, sondern nur den aktuellen Durchlauf ab. Anschließend wird der nächste Durchlauf gestartet.

Beispiel:

```
for (int i = 0;i < a.length; i++)
{ if (a[i].equals("")) continue;
  process(a[i]);
}
```

Mehrfachauswahl (switch-Anweisung)

Auch diese Anweisung ist ein eher unangenehmes Erbe, das Java von der Sprache C mitbekommen hat. Sie ist nämlich umständlicher zu benutzen, als eigentlich notwendig wäre, weil die Schöpfer der Sprache auf eine Flexibilität Wert legten, die selten gebraucht wird.

Wir sparen uns die allgemeine Syntaxbeschreibung und betrachten gleich ein Beispiel der am häufigsten gebrauchten Form:

```
int z = io.readInt("Zahl: ");
switch(z)
{
  case  5: io.writeln("fünf");
           break;
  case 10: io.writeln("zehn");
           break;
  case 13: io.writeln("dreizehn");
           break;
  default: io.writeln("andere Zahl");
}
```

Die Anweisung break wird gebraucht, weil ohne sie die folgenden Fälle auch dann geprüft werden, wenn bereits ein davor liegender zum Zuge gekommen ist.

Die switch-Anweisung ist nur anwendbar, wenn der Wert, von dem die zu ergreifende Aktion abhängig ist (im Beispiel z) vom Typ byte, char, short oder int ist. Das obige Beispiel der Mehrfachauswahl, das mit Hilfe von geschachtelten Verzweigungen programmiert war, ist mit der switch-Anweisung nicht realisierbar.

Viele Java-Programmierer vermeiden die switch-Anweisung und nehmen für die Mehrfachauswahl geschachtelte Verzweigungen.

Ausnahmen und die Möglichkeiten ihrer Behandlung

Wenn ein Ausnahmezustand auftritt, wird ein Fehlerobjekt erzeugt, das Einzelheiten über die Art des Fehlers enthält. Wird der Fehler innerhalb der Methode selbst mit einer **try-Anweisung** abgefangen, so wird dieses Objekt vom catch-Block dieser Anweisung aufgenommen und kann dort ausgewertet werden.

Wenn der Fehler nicht abgefangen wird, so muss der Programmierer der Kopfzeile der Methode eine **throws-Klausel** hinzufügen, welche auf die Möglichkeit hinweist, dass die Methode aufgrund eines Fehlers abgebrochen werden muss. Tritt dann tatsächlich ein Fehler auf, so wird das Fehlerobjekt an den Auftraggeber weitergegeben („geworfen").

Sowohl das Abfangen als auch das Weitergeben sind für den Programmierer nur bei den Fehlermöglichkeiten verpflichtend, die der Compiler beim Übersetzen aufspürt.

Für die unterschiedlichen Arten von Fehlern existieren im JDK bereits Klassen, die vom Interpreter benutzt werden, wenn er beim Auftreten eines Fehler ein Fehlerobjekt erzeugt. Alle diese Klassen sind Unterklassen der Klasse Throwable, wie die Vererbungshierarchie im folgenden Bild zeigt:

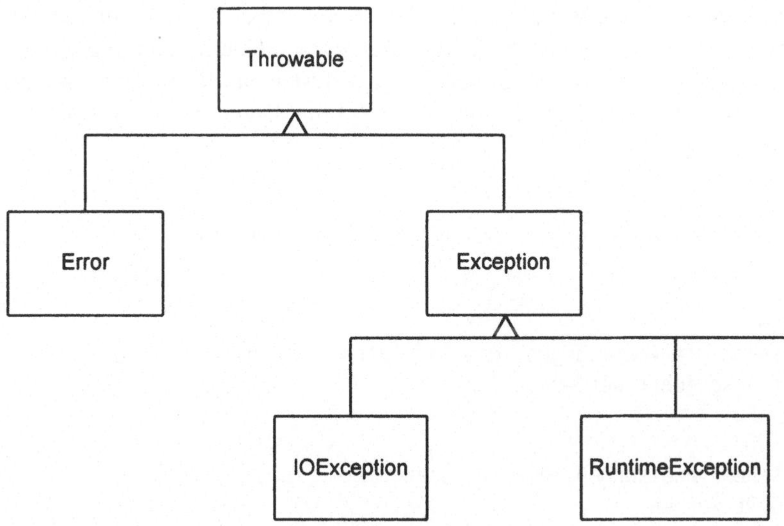

Bild 15-1:   Vererbungshierarchie der Fehlerklassen

Für den Programmierer, der Fehler abfangen muss, ist die Klasse Error und ihre (nicht abgebildeten) Unterklassen nicht interessant, weil Fehler dieser Art gewöhnlich nicht abgefangen werden können. Sie treten innerhalb des Interpreters auf und enden mit einem Programmabbruch.

Es ist also die Klasse Exception und ihre (hier nur angedeuteten) Unterklassen, mit denen sich der Programmierer beschäftigen muss.

Fehler der Art RuntimeException beruhen allerdings nicht selten auf Programmierfehlern. Ein häufiger Fehler dieser Art ist der (meist unbewußte) Versuch, beim Zugriff auf die Elemente eines Arrays einen Index zu benutzen, der außerhalb des definierten Bereichs liegt. Man sollte solche Fehler nicht mit Hilfe von try-Anweisungen abfangen, sondern den Programmierfehler suchen und beseitigen. Der Compiler findet Fehler der Art Runtime-Exception nicht, so dass man erst beim Testen merkt, dass etwas nicht stimmt.

Die Klasse IOException repräsentiert einen jener Fehler, auf die try-Anweisungen bzw. die throws-Klausel mit großem Nutzen angewandt werden können. Andere, nicht so häufig auftretende Fehlerklassen sind EOFException, FileNotFoundException, ParseException, ClassNotFoundException, IllegalAccessException oder CloneNotSupportedException.

Ausnahmebehandlung durch Abfangen : die try-Anweisung

Die try-Anweisung wird benutzt, um einen Ausnahmezustand (Fehler) **abzufangen**. Sie besteht aus einem try-Block, beliebig vielen catch-Blöcken und einem finally-Block. Sowohl die catch-Blöcke als auch der finally-Block sind optional; es muss jedoch mindestens ein Block aus einer der beiden Arten vorhanden sein. Nur wenn mindestens ein catch-Block vorhanden ist, werden Fehler tatsächlich abgefangen.

Mehrere catch-Blöcke braucht man, wenn man die Art der Fehlerbehandlung von der Art des Ausnahmezustands abhängig machen will. Für eine grobe Fehlerbehandlung genügt jedoch ein einziger catch-Block, der sich in diesem Fall am Besten auf die allgemeinste Art der möglichen Fehler bezieht, also Fehler der Klasse Exception. Damit sind alle zu erwartenden Fehlerarten abgedeckt.

```
try
{ ... //hier stehen die Anweisungen, bei denen Fehler auftreten
  ... //können
}
catch (Exception e)
{ ... //hier stehen die Anweisungen, die bei Auftreten eines
  ... //Fehlers ausgeführt werden sollen
}
finally
{ ... //hier stehen Anweisungen, die in jedem Fall
  ... //ausgeführt werden
}
```

Tritt bei der Durchführung der Anweisungen im try-Block ein Fehler auf, so wird die Verarbeitung dieses Blocks abgebrochen. Wenn ein catch-Block vorhanden ist, wird dort die Verarbeitung fortgesetzt. Anschließend werden die Anweisungen des finally-Blocks ausgeführt, falls ein solcher vorhanden ist. Ist kein catch-Block vorhanden, wird bei einem Abbruch des try-Blocks sofort der finally-Block durchgeführt.

Beispiel ohne finally-Block (aus Kapitel 14):

```
try
{ ObjectInputStream in =
    new ObjectInputStream(
        new FileInputStream("robbi.dat"));
  robbi = (SRoboter)in.readObject();
}
catch(Exception e)
{ System.out.println("keine Datei vorhanden");
}
```

Wie bereits erwähnt, ist hier die Parameterdeklaration zu Beginn des catch-Blocks auf die allgemeinste Klasse von Ausnahmezuständen ausgerichtet, die überhaupt abgefangen werden können, Exception. Dieses Vorgehen genügt, falls keine spezifischen Aktionen beim Auftreten besonderer Fehlerarten notwendig sind. Mit anderen Worten: gleichgültig, welcher Art der auftretende Fehler ist, die Reaktion darauf ist immer dieselbe. In diesem Beispiel wird die Nachricht „keine Datei vorhanden" in einem MS-DOS-Fenster ausgegeben.

Das Exception-Objekt, das dem catch-Block beim Auftreten eines Ausnahmezustands übergeben wird, enthält Informationen über die Art des Fehlers und den Ort, wo er aufgetreten ist. Man kann das Objekt mit Hilfe der Methoden getMessage oder toString auswerten, um dem Benutzer eine aussagefähige Fehlermeldung zukommen zu lassen. Ein entsprechender catch-Block für das vorangegangene Beispiel könnte lauten:

```
catch(Exception e)
{ System.out.println(e.toString());
}
```

Abschließend sei noch das Fragment einer try-Anweisung gezeigt, in der mehrere catch-Blöcke verwendet werden, um differenziert auf die unterschiedlichen Fehlerarten eingehen zu können:

```
try
{ ... //hier stehen die Anweisungen, bei denen
  ... //unterschiedliche Fehler auftreten können
}
catch (FileNotFoundException e1)
{ ... //hier stehen die Anweisungen, die bei Auftreten einer
  ... //FileNotFoundException ausgeführt werden sollen
}
catch (EOFException e2)
{ ... //hier stehen die Anweisungen, die bei Auftreten einer
  ... //EOFException ausgeführt werden sollen
}
catch (Exception e3)
{ ... //hier stehen die Anweisungen, die bei Auftreten einer
  ... //Exception ausgeführt werden sollen, welche durch die
  ... //vorhergehenden catch-Blöcke nicht abgedeckt ist.
}
```

Es dient der Sicherheit, wenn man als letzten catch-Block einen verwendet, der auf die allgemeinste mögliche Fehlerklasse Bezug nimmt, also `Exception`. Treten Ausnahmezustände auf, welche durch keinen der vorhergehenden Blöcke abgedeckt werden, so kommt dieser letzte Block zum Zuge.

Ausnahmebehandlung durch Weitergeben: die throws-Klausel

Enthält eine Methode Passagen, die zu Fehlern führen können, und werden diese Fehler nicht mit einem catch-Block abgefangen, so muss in der Kopfzeile der Methode in einer **throws-Klausel** angegeben werden, ob und welche Fehler auftreten können. Dies betrifft allerdings nur die Fehlerarten, von denen der Compiler Notiz nimmt. Ähnlich wie bei einem catch-Block, kann der Fehler mehr oder weniger grob angegeben werden.

Beispiel (zunächst mit grober Angabe der Fehlerklasse):

```
public int eineMethode throws Exception
{ return  new IntIO().readInt("Zahl: ");
}
```

Kann man, wie in diesem Fall, den möglichen Fehler genauer eingrenzen, so ist es auch möglich, die Fehlerklasse in der throws-Klausel genauer zu spezifizieren. Dies erlaubt dem Anwender der Methode, spezielle Aktionen gegen diese Fehlerart vorzusehen, falls er dies für nötig hält.

```
public int eineMethode throws java.io.IOException
{ return  new IntIO().readInt("Zahl: ");
}
```


Typumwandlungen (Casting)

Typumwandlungen erfolgen entweder **stillschweigend** und automatisch, beispielsweise im Rahmen einer Zuweisung, oder **explizit** durch Anwendung des **Typumwandlungsoperators**.

Beispiele:

```
int z = 3;
double d = z;          //stillschweigende Umwandlung
long l = z;            //stillschweigende Umwandlung
byte b = (byte) z;     //explizite Umwandlung
short s = (short) z;   //explizite Umwandlung
```

Die explizite Umwandlung ist immer dann nötig, wenn die Gefahr besteht, dass bei der Umwandlung Information verloren gehen könnte.

Die folgende Tabelle zeigt die Möglichkeiten der Umwandlung zwischen Daten primitiver Typen. Explizite Umwandlung ist mit einem e eingetragen, stillschweigende mit einem s.

von\nach	boolean	byte	short	char	int	long	float	double
boolean	-	-	-	-	-	-	-	-
byte	-	-	s	e	s	s	s	s
short	-	e	-	e	s	s	s	s
char	-	-	-	-	-	-	-	-
int	-	e	e	e	-	s	s	s
long	-	e	e	e	e	-	s	s
float	-	e	e	e	e	e	-	s
double	-	e	e	e	e	e	e	-

Typumwandlungen bei **Objekten** sind nur entlang der Über- und Unterordnungsbeziehungen einer Vererbungshierarchie möglich. Eine nach oben gerichtete Zuweisung (upcasting) ist stillschweigend möglich, Zuweisungen nach unten (downcasting) erfordern den Typumwandlungsoperator.

Beispiele:

```
Bayer edi = new Bayer("Edi");
Deutscher ide = edi;         //stillschweigende Umwandlung
Object obj = edi;            //stillschweigende Umwandlung
Deutscher d = (Deutscher) obj;   //explizite Umwandlung
```

Weitere Möglichkeiten der Typumwandlung

Manchmal ist eine Typumwandlung notwendig, die weder stillschweigend noch explizit mit dem Typumwandlungsoperator bewirkt werden kann.

Umwandlung eines Objekts in einen String ist häufig mit Hilfe der Methode `toString` möglich, welche jede Klasse von der Klasse `Object` erbt und überschreiben kann. Daten primitiver Typen können mit Hilfe des Konkatenationsoperators + in einen String verwandelt werden. Der Ausdruck

```
33 + ""
```

hat als Ergebnis einen String mit dem Wert "33".

Auch die Umwandlung eines Strings, dessen Wert eine Zahl repräsentiert, in einen numerischen Datentyp ist möglich. Man verwendet hierzu spezielle Konstruktoren und Methoden der sog. **Hüllenklassen** `Integer`, `Double` usw. (s. unten).

Konventionen

Folgende Konventionen zur Vergabe von Namen haben sich eingebürgert:

- Klassennamen beginnen mit einem Großbuchstaben (`String`, `IntIO`).

- Methodennamen beginnen mit einem Kleinbuchstaben (`writeln`, `advance`).

- Variablennamen beginnen mit einem Kleinbuchstaben(`io`, `pofi`).

- Paketnamen beginnen mit einem Kleinbuchstaben (`java.lang.`, `java.util`).

- Für Namen von Konstanten werden nur Großbuchstaben verwendet (`PI`).

- Bestehen Namen aus mehreren Wörtern, so setzt man die Wörter voneinander ab, indem man sie mit Großbuchstaben beginnen läßt (`readInt`, `readString`). Eine Ausnahme bilden Konstantennamen; hier verwendet man stattdessen Unterstriche (`EINE_KONSTANTE`).

- Der Name einer Methode, welche nur den Wert einer Instanzenvariablen liefert, besteht aus „get" und dem großgeschriebenen Namen der Variablen (`getSumme`, `getQuadratsumme`). Bei einer Methode, die nur den Wert einer Instanzenvariablen setzt, steht statt „get" die Vorsilbe „set".

Für das Setzen geschweifter Klammern stehen alternativ zwei Möglichkeiten zur Verfügung. Die erste ist die in diesem Buch verwendete:

```
public int anz200()
{ return betrag200/200;
}
```

Mindestens genauso häufig wird aber die zweite benutzt:

```
public int anz200() {
   return betrag200/200;
}
```

Am übersichtlichsten, aber etwas platzheischend, ist die folgende Variante der ersten Form:

```
public int anz200()
{
   return betrag200/200;
}
```

Unicode und Escape-Sequenzen

Die Zeichen, die in `String`- und `char`-Werten enthalten sind, werden in Java intern mit Hilfe des Unicode dargestellt und gespeichert. Für ein Zeichen werden dabei 16 Bit an Speicherplatz gebraucht. Dies ist doppelt so viel wie bei der früher üblichen Darstellung in ASCII (American Standard Code for Information Interchange), aber man kann mit dem Unicode auch viel mehr verschiedene Zeichen darstellen.

Die Unicode-Darstellung ist für den Programmierer insofern von Bedeutung, als das Ergebnis einer Vergleichsoperation zwischen zwei Zeichen von der Unicode-Entsprechung dieser Zeichen abhängig ist. Die folgende Tabelle zeigt die Dezimalzahlentsprechungen für ausgewählte Zeichen.

Zeichen	Unicode	Zeichen	Unicode
0	48	...	...
1	49	Z	90
...	...	a	97
9	57	b	98
A	65	...	...
B	66	z	122

Die Zeichen, die in dieser Tabelle enthalten sind, sind alle druckbar. Es gibt aber auch Zeichen, denen kein Symbol in unserer Schrift entspricht, wie z.B. der Zeilenvorschub oder der Rückschritt um eine Spalte. Für einige solcher nicht druckbarer Zeichen gibt es in Java spezielle Schreibweisen, sog. **Escape-Sequenzen**, die durch einen Schrägstrich \ eingeleitet werden.

\n   Newline (Zeilenvorschub)

\t   Tab

\b   Backspace (Rückschritt)

\r   Return (Eingabetaste)

\f   Form feed (Seitenvorschub)

Auch für einige druckbare Zeichen gibt es Escape-Sequenzen, weil das eigentliche Symbol in manchen Zusammenhängen nicht benutzt werden kann:

\\   Backslash

\'   Single quote

\''   Double quote

Anwendungsbeispiele:

```
IntIO io = new IntIO();
io.write("es folgt ein Zeilenvorschub\n");
io.writeln("er sagte \"hallo\" und ging");
char c = '\'';
```

Alle Zeichen (druckbare und nicht druckbare) kann man auch in der Form

\uxxxx

schreiben, wobei *xxxx* für die hexadezimal ausgedrückte Unicode-Entsprechung steht.

Beispiele:

```
io.writeln('\u0061');  //gibt 'a' aus
io.writeln('\u003f');  //gibt '?' aus
```

16

Bibliotheksklassen benutzen und anlegen

Kein Java-Programmierer kommt ohne die Benutzung von Bibliotheksklassen aus. Der erste Teil dieses Kapitels zeigt Ihnen, wie Sie solche Klassen in Ihre Programme einbinden. Im zweiten Teil wird beschrieben, wie Sie selbst Klassenbibliotheken anlegen können. Das wird ganz am Anfang Ihrer Programmiererlaufbahn kein Thema für Sie sein, so dass Sie die Lektüre dieses Teils noch etwas aufschieben können.

Bibliotheksklassen benutzen

Klassenbibliotheken sind Sammlungen fertig programmierter und übersetzter Klassen, die man in seine eigenen Programme einbinden kann. Für den Programmierer, der Bibliotheksklassen benutzt, genügt es, sie in übersetzter Form zu besitzen. Er braucht also nicht den Quelltext der Klassen. [1]

Kein Java-Programmierer, der ernsthafte Anwendungen schreibt, kommt ohne Bibliotheken aus. Viele Bibliotheken werden bereits zusammen mit dem JDK ausgeliefert und sind ohne große Umstände zu benutzen. Diese Bibliotheken sollen im Folgenden **interne Bibliotheken** genannt werden.

Unter **externen Bibliotheken** wollen wir dann solche verstehen, die nicht automatisch mit dem JDK installiert werden, sondern aus anderen Quellen bezogen werden. Ihre Benutzung erfordert einige Vorbereitung, aber die ist nicht kompliziert.

Packages

Der Begriff des Package, zu Deutsch Paket, ist mit dem der Klassenbibliothek eng verbunden, denn im Normalfall werden Bibliotheken in Form von Paketen ausgeliefert. Ein Paket ist eine Ansammlung von Klassen, die nach Meinung ihres Entwicklers zusammen gehören. Dem Compiler und dem Interpreter wird die Zugehörigkeit einer Klasse zu einem bestimmten Paket in zweifacher Weise bekannt gemacht:

1. Der Programmierer beginnt den Quelltext mit einem Paket-Vermerk. Soll z.B. die Klasse ErsteKlasse zum Paket erstesPaket gehören, so würde der Quelltext dieser Klasse folgendermaßen beginnen:

   ```
   package erstesPaket;
   ```

---

[1] Das ermöglicht es dem Entwickler einer Bibliothek, den Quelltext für sich zu behalten und damit sein geistiges Eigentum zu schützen.

```
public class ErsteKlasse
{ ...
```

2. Die Klassen eines Pakets befinden sich alle in einem Verzeichnis, das genauso heißt wie das Paket, in diesem Fall also erstesPaket.

Als bloßer Benutzer einer Bibliothek brauchen Sie sich um den Paket-Vermerk im Quelltext natürlich nicht zu kümmern. Sie müssen aber darauf achten, dass die Klassen sich im richtigen Verzeichnis befinden.

Pakete können auch Unterpakete besitzen. Beispielsweise könnte das Paket erstesPaket zwei Unterpakete teil1 und teil2 besitzen. Die Klassen dieser Unterpakete sind dann in entsprechend benannten Unterverzeichnissen des Verzeichnisses erstesPaket abzulegen.

Wie bereits erwähnt, werden die meisten Klassenbibliotheken in Form von Paketen ausgeliefert. Auch die internen Bibliotheken des JDK sind zu Paketen zusammengefasst. Das hat nicht nur den Vorteil, dass man sich leichter tut, wenn man eine Klasse für einen bestimmten Zweck sucht, sondern es erspart auch viele Fehler, die bei der Benennung von Klassen auftreten könnten. Angenommen, Sie hätten zwei Klassen mit demselben Namen auf Ihrem Rechner, z.B. ZweiteKlasse. Wie sollte der Java-Interpreter wissen, welche davon gemeint ist, wenn Sie in einem Programm ein Objekt der Art ZweiteKlasse erzeugen?

Die Zuordnung zu Paketen gibt dem Compiler und dem Interpreter die Möglichkeit, sonst gleichnamige Klassen zu unterscheiden. Für den Programmierer, der sich einer Klasse in einem Paket bedient, bedeutet es allerdings, dass er beim Benützen der Klasse explizit auf deren Paketzugehörigkeit Bezug nehmen muss. Wie das geschieht, lesen Sie im nächsten Abschnitt.

Wie man interne Bibliotheksklassen benutzt

Bei der Suche nach nützlichen Klassen hilft die Dokumentation des JDK. Um sie zu benutzen zu können, müssen Sie einen Browser installiert haben. Gehen Sie im Windows Explorer mit der Maus auf den Eintrag für die Datei index.html im Unterverzeichnis docs des JDK und machen Sie einen Doppelklick. Es öffnet sich dann ein Browserfenster mit der Startseite der Dokumentation. Klicken Sie nun die Option

Java 2 Platform API Specification

an. Sie sehen daraufhin einen dreigeteilten Bildschirm, der links oben ein Verzeichnis der Bibliotheken bzw. Pakete enthält, darunter eine Auflistung der dazugehörigen Klassen, und auf der rechten Seite die Details der jeweils ausgewählten Klasse.

Im Bild 16-1 ist links oben das Paket java.util markiert und darunter die darin enthaltene Klasse Date. Rechts sind die Details dieser Klasse sichtbar. Die Schreibweise java.util mit dem dazwischen liegenden Punkt weist darauf hin, dass es sich hier um ein Paket namens java handelt, das ein Unterpaket mit dem Namen util enthält.

Angenommen, Sie möchten in der Klasse Testklasse, die Sie gerade schreiben, ein Objekt der Art Date verwenden, um darin den aktuellen Zeitpunkt beim Start des Programms festzuhalten. Dann könnte Ihr Quelltext etwa so beginnen:

```
public class Testklasse
{
  public static void main(String[] args) throws Exception
  { java.util.Date aktuell = new java.util.Date();
    ...
```

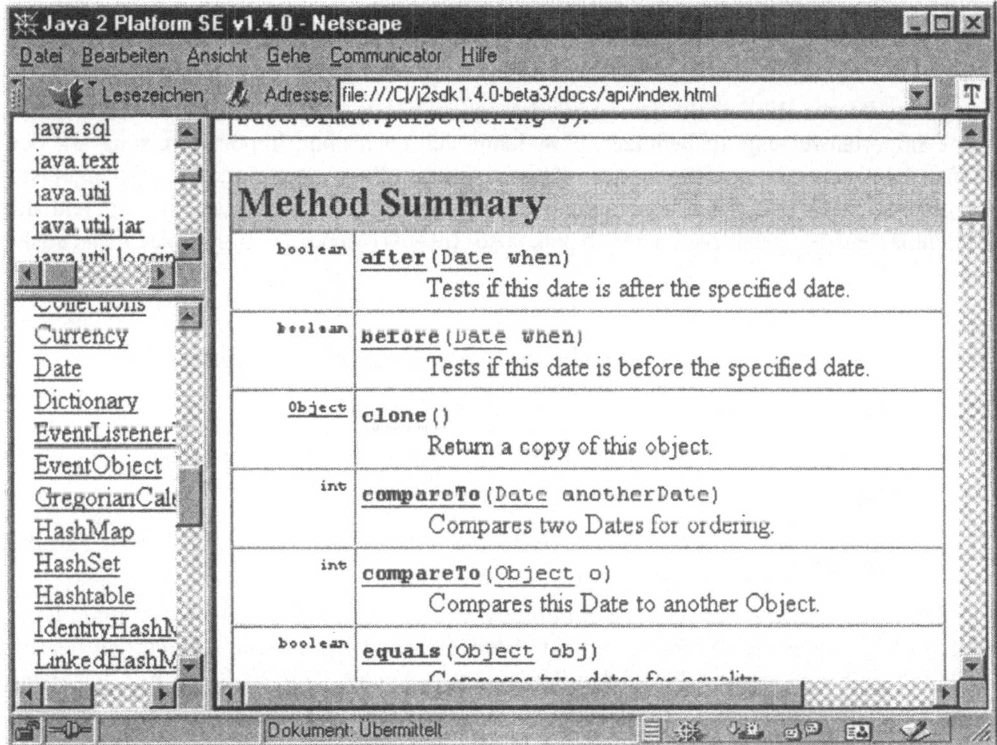

Bild 16-1:   Betrachten der Dokumentation im Browser

Importanweisungen

Benutzen Sie mehrmals in Ihrem Programm solche Objekte, dann ist es komfortabler, eine andere Möglichkeit zu wählen. Sie setzen an den Anfang Ihres Quelltexts eine **Importan-weisung**, die den Compiler darauf hinweist, dass die Klasse Date, die Sie weiter unten ansprechen, diejenige aus der Bibliothek java.util ist:

```
import java.util.Date;

public class Testklasse
{
  public static void main(String[] args) throws Exception
  { Date aktuell = new Date();
    ...
```

Wenn Sie nicht nur die Klasse Date aus dieser Bibliothek verwenden wollen, sondern noch andere Klassen, oder wenn Sie schreibfaul sind, dann können Sie auch folgende Importanweisung stattdessen benutzen:

```
import java.util.*;
```

Das Sternchen steht für „alle Klassen des davor genannten Pakets". Beachten Sie bitte, dass etwaige Unterbibliotheken darin nicht eingeschlossen sind.

Keine Importanweisung bei Klassen der Bibliothek java.lang

Für einige interne Bibliotheksklassen, die besonders häufig gebraucht werden, braucht man keine Importanweisung zu benutzen bzw. kann sich auch ohne Importanweisung auf den bloßen Klassennamen beziehen. Diese Klassen sind im Paket java.lang zusammengefasst. Es gehören dazu u.a. die Klassen String, StringBuffer, Math, System, Thread und die Hüllenklassen der primitiven Datentypen, also Integer, Long, Double, Float, Character usw.

Wie man externe Bibliotheksklassen installiert und benutzt

Externe Bibliotheken können in zwei verschiedenen Formen auftreten

- als class-Dateien (also Dateien mit der Endung class), gewöhnlich in ein Paket eingebettet,

- als gepackte (komprimierte) class-Dateien in Form eines Java-Archivs (Datei mit der Endung jar).

Für den Programmierer, der externe Bibliotheksklassen in seinen Quelltext aufnimmt, ist es egal, welche der beiden Formen vorliegt. Weil es aber Unterschiede hinsichtlich der Installation gibt, müssen wir die beiden Typen unterscheiden. Wir beginnen mit der ersten Form, also Bibliotheken mit class-Dateien.

Externe Bibliotheken mit class-Dateien

Die Installation besteht aus zwei Schritten:

1. Zunächst kopiert man die Bibliothek an eine geeignete Stelle auf der Festplatte. Am besten legt man sich ein Oberverzeichnis an, in das man alle externen Bibliotheken kopieren kann. Dieses Verzeichnis kann mit dem identisch sein, in dem Sie Ihre eigenen Javaprogramme ablegen. Wir wollen im Folgenden annehmen, dass dieses Oberverzeichnis jprogramme heißt (so wie das Oberverzeichnis der Javadateien, die Sie für dieses Buch von der Homepage herunterladen können). Wenn die Bibliothek, die Sie installieren wollen, den Paketnamen bib hat, dann muss sie sich in einem Verzeichnis bib befinden, das ein unmittelbares Unterverzeichnis von jprogramme ist.

2. Den **Klassenpfad** setzen. Es geht darum, dass Compiler und Interpreter die Bibliothek finden müssen, wenn Sie Klassen daraus benutzen. Zu diesem Zweck wird auf Betriebssystemebene eine Umgebungsvariable namens classpath gesetzt, welche die Adressen aller Bibliotheken enthält.

Es genügt dabei, das Oberverzeichnis anzugeben. Wenn Sie also alle Bibliotheken in das Verzeichnis jprogramme kopieren, reicht die Angabe dieses Verzeichnisses aus. In Windows98 setzt man den Klassenpfad am Besten durch einen Eintrag in die Datei Autoexec.bat, welche beim Hochlaufen des Rechners ausgeführt wird. Der Eintrag könnte z.B. lauten:

```
set classpath=.;c:\jprogramme
```

Der Punkt repräsentiert das aktuelle Verzeichnis und muss auch aufgeführt werden. Zwar suchen Compiler und Interpreter normalerweise die Klassen automatisch im aktuellen Verzeichnis, aber sobald der Klassenpfad explizit gesetzt wird, ist das nicht mehr der Fall.

In anderen Windows-Versionen wird der Klassenpfad zum Teil über die Systemsteuerung gesetzt.

Nach dem Eintrag in die Datei Autoexec.bat müssen Sie den Rechner neu hochfahren, damit die Änderung wirksam wird. Danach können Sie die externe Bibliothek auf dieselbe Weise benutzen wie die internen Bibliotheken auch.

Externe Bibliotheken mit Archivdateien

Man kann hier prinzipiell genauso vorgehen wie bei Bibliotheken mit Klassendateien, muss aber beim Setzen des Klassenpfads nun nicht nur das Verzeichnis angeben, in dem sich die Bibliothek befindet, sondern auch deren Dateinamen. Angenommen, Sie möchten zusätzlich die Bibliothek idb.jar verwenden, die sich im Verzeichnis c.\idb3_25\classes befindet. Sie müssen dann in der Datei Autoexec.bat den Eintrag ändern auf:

```
set classpath=.;c:\jprogramme;c:\idb3_25\classes\idb.jar
```

Eine alternative Möglichkeit, Bibliotheken mit Archivdateien zu installieren, ist, sie in das Unterverzeichnis jre\lib\ext des JDK-Verzeichnisses zu kopieren. In diesem Verzeichnis suchen Compiler und Interpreter automatisch nach Bibliotheksklassen.

Benutzt werden Archiv-Bibliotheken genauso wie die übrigen internen und externen Bibliotheken auch, d.h. entweder indem man dem Quelltext eine Importanweisung voranstellt oder aber den vollen Namen mit vorangestellter Paketbezeichnung verwendet.

Es soll noch erwähnt werden, dass auch für Archivbibliotheken der Grundsatz gilt, dass die Klassen eines Pakets sich immer in einem gleichnamigen Verzeichnis befinden müssen. Durch die Komprimierung der Klassendateien sind für die Benutzer der Bibliothek diese Verzeichnisse nicht unmittelbar sichtbar, aber wenn man eine Archivdatei entpackt (mit dem Werkzeug jar), dann sieht man, dass sich darin nicht selten viele Verzeichnisse mit mehreren Ebenen von Unterverzeichnissen verbergen.

Selbst Klassenbibliotheken anlegen

In Prinzip ist es einfach: man versieht alle Quelltexte der Klassen, welche zur Bibliothek gehören sollen, mit dem entsprechenden Paketvermerk, legt sie in einem Verzeichnis ab, das genauso heißt wie das Paket und übersetzt die Klassen. Im Folgenden soll dies anhand eines Beispiels gezeigt werden. Wir wollen die Klasse IntIO in eine neu anzulegende Bibliothek utilities einbringen[2]. Zusätzlich zu IntIO soll noch eine zweite Klasse IOTest , welche auf IntIO Bezug nimmt, zu dieser Bibliothek gehören.

Die Klasse IOTest

Es kommt häufig vor, dass eine Klasse eines Pakets sich auf andere Klassen desselben Pakets bezieht. In unserem Beispiel bezieht sich die Klasse IOTest auf die Klasse IntIO, indem sie ein Objekt dieser Art erzeugt und ihm Aufträge erteilt. Da Pakete einen Verbund zusammengehöriger Klassen darstellen, sind solche Verbindungen innerhalb eines Pakets leichter möglich als Verbindungen zwischen Klassen unterschiedlicher Pakete. Die Klasse IOTest benötigt keine Importanweisung, um auf die Klasse IntIO in demselben Paket zugreifen zu können. Der folgende verkürzte Quelltext von IOTest macht dies deutlich:

```
package utilities:
public class IOTest
{
  public static void main(String[] args) throws Exception
  { IntIO io = new IntIO():
    io.writeln("hallo, ihr Süßen"):
    io.writeln(io.readDouble("Zahl: "), 15,4):
  }
}
```

Obwohl keine Importanweisung vorangestellt ist, kann der Name der Klasse IntIO ohne eine Paketangabe benutzt werden. Der Compiler sucht die Klasse automatisch im selben Paket.

Anlegen der Bibliothek utilities

Mit den folgenden Schritten legen Sie die Bibliothek utilities an:

1. Legen Sie ein Unterverzeichnis utilities im Verzeichnis c:\jprogramme an (s. oben)

2. Kopieren Sie den Quelltext von IntIO in dieses Verzeichnis und versehen Sie ihn mit der Paketangabe:

   ```
   package utilities:
   ```

   Diese Angabe muss die erste Zeile des Quelltexts sein.

3. Schreiben Sie nun die Klasse IOTest wie oben angegeben und legen Sie ihren Quelltext ebenfalls im Verzeichnis utilities ab.

---

[2] Dieses Paket ist in dem heruntergeladenen Material bereits enthalten. Wenn Sie das Beispiel selbst nachvollziehen wollen, können Sie aber die Bibliothek nochmals unter einem anderen Namen anlegen.

4. Öffnen Sie eine MS-DOS-Eingabeaufforderung und gehen Sie in das Verzeichnis
    `c:\jprogramme\utilities`.

5. Übersetzen Sie nun die beiden Klassen der Bibliothek mit dem Aufruf

```
javac *.java
```

Der Aufruf im Schritt 5 ist eine Vereinfachung gegenüber dem separaten Aufruf des Compilers für jede einzelne Quelldatei:

```
javac IntIO.java
javac IOTest.java
```

Besonders wenn eine Bibliothek viele Klassen umfasst, ist der Aufruf mit *.java sehr viel bequemer, als wenn Sie jede Klasse separat übersetzen.

Benutzung der Bibliothek utilities

Sie können nun die Klasse IntIO in Ihren Klassen wie jede andere Bibliothek benutzen, indem Sie Ihren Quelltexten jeweils die Importanweisung

```
import utilities.*;
```

oder

```
import utilities.IntIO;
```

voranstellen, brauchen also die Klasse nicht mehr in jedes Verzeichnis zu kopieren.

17

Ausgewählte Bibliotheksklassen

Klasse `java.lang.String`

Die Klasse `String` kann, wie alle Klassen des Pakets `java.lang`, ohne Importanweisung benutzt werden.

```
String s = new String();          //erzeugt einen leeren String, dem später noch
                                  //ein Wert zugewiesen werden kann

String s =                        //erzeugt einen String mit dem Wert "Beispiel"
  new String("Beispiel");

String s = "Beispiel";            //wie oben

int l = s.length();               //liefert die Länge (Anzahl Zeichen) von s

char c = s.charAt(3);             //liefert das vierte (!)Zeichen in s

boolean b = s.equals(w);          //gibt true zurück, falls w denselben Wert hat
                                  //wie s

boolean b =                       //wie vorher, aber ohne Unterscheidung von Groß-
  s.equalsIgnoreCase(w);          //und Kleinbuchstaben

String n = s.trim();              //liefert einen neuen String ohne Leerzeichen
                                  //vorne und hinten

String n = s.concat(w);           //liefert einen neuen String mit den
                                  //zusammengefügten Werten von s und w

String n = s + w;                 //wie oben

String n = s + 3                  //verbindet den String s und die Zahl 3 zu einem
                                  //neuen String

String n = "" + 3;                //verbindet einen leeren String mit der Zahl 3
                                  // zu einem String mit dem Wert "3"

String s2 = s.toUpperCase();      //liefert einen String, der s entspricht, aber
                                  //nur Großbuchstaben enthält

String s2 = s.toLowerCase();      //liefert einen String, der s entspricht, aber
                                  //nur Kleinbuchstaben enthält
```

```
char[] c = s.toCharArray();     //liefert ein Array von char, das die Zeichen
                                //des Strings s enthält.
```

Klasse `java.lang.Math`

Die Klasse `Math` kann, wie alle Klassen des Pakets `java.lang`, ohne Importanweisung benutzt werden.

```
double d = Math.sin(a);         //Sinus von a

double d = Math.cos(a);         //Cosinus von a

double d = Math.tan(a);         //Tangens von a

double d = Math.abs(a);         //Betrag von a; für jeden numerischen Typ

double d = Math.exp(a);         //eᵃ

double d = Math.pow(y,x);       //yˣ

double d = Math.log(x);         //ln x

double d = Math.ceil(a);        //kleinste double-Zahl, die nicht kleiner als a
                                //ist und einer ganzen Zahl entspricht

double d = Math.floor(a) ;      //größte double-Zahl, die nicht größer als a ist
                                //und einer ganzen Zahl entspricht

double d = Math.min(x,y);       //kleinerer Wert; für jeden numerischen Typ

double d = Math.max(x,y);       //größerer Wert; für jeden numerischen Typ

double d = Math.random();       //Zufallszahl im Bereich [0.0,1.0]

Math.E                          //e

Math.PI                         //π
```

Klasse `java.lang.Integer`

Für jeden der primitiven Datentypen gibt es eine korrespondierende **Hüllenklasse** (wrapper class). Hüllenklassen erlauben, Zahlen als Objekte darzustellen. Sie stellen außerdem einige nützliche Methoden zur Verfügung. Insbesondere erlauben Sie, aus einem String einen numerischen Wert zu gewinnen. Die Klasse `Integer` ist die Hüllenklasse für den Typ `int`.

Wie alle anderen Klassen des Pakets `java.lang` kann `Integer` ohne Importanweisung benutzt werden.

```
Integer g = new Integer(3300);

Integer g = new Integer("3300");
```

```
int z = Integer.MAX_VALUE;              //größtmöglicher int-Wert

int z = Integer.MIN_VALUE;              //kleinstmöglicher int-Wert

int z = Integer.parseInt("12345");      //Verwandlung eines Strings in einen
                                        //int-Wert

Integer in = new Integer(123);
String s = in.toString();               //Verwandlung in einen String
int z = in.intValue();                  //Verwandlung in int
long l = in.longValue();                //Verwandlung in long
```

Klasse `java.lang.Double`

Die Klasse `Double` ist die Hüllenklasse für den Typ `double`. Sie kann, wie alle Klassen des
Pakets `java.lang`, ohne Importanweisung benutzt werden.

```
Double d = new Double(243.234);

Double d = new Double("243.234");

Double d = Double.valueOf("243.234");   //verwandelt String in Double-Objekt

double d = Double.MAX_VALUE;            //größtmöglicher double-Wert

double d = Double.MIN_VALUE;            //kleinstmöglicher double-Wert (am
                                        //nächsten zu 0)

double d = Double.parseDouble("43.24"); //Verwandlung eines Strings in einen
                                        //double-Wert

Double d = new Double(12.2);
String s = d.toString();                //Verwandlung in einen String
double e = d.doubleValue();             //Verwandlung in double
```

Klasse `IntIO`

Die Klasse `IntIO` wird in diesem Buch verwendet, um textorientierte Ein- und Ausgaben
durchzuführen. Sie existiert in zwei Versionen, die sich in der Funktion nicht voneinander
unterscheiden:

- **ohne Paketangabe.** Sie können diese Version in einem Programm verwenden, indem
  Sie die Datei `IntIO.class`, die sich z.B. im Ordner `jprogramme\OOP3\drei` befindet, in
  das Verzeichnis kopieren, in dem sich Ihr Programm befindet.

- **mit Paketangabe.** Das Paket, das sich aus der Klasse `IntIO` und einer weiteren Klasse
  `IOTest` zusammensetzt, trägt den Namen `utilities` und befindet sich in einem Unterordner gleichen Namens des Ordners `jprogramme`. Wenn Sie diese Version benutzen
  wollen, müssen Sie den Klassen, die sich darauf beziehen, die Importanweisung `import`
  `utilities;` voranstellen.

```
IntIO io = new IntIO();                 //erzeugt Objekt; es liegt der Zeichensatz
                                        //nach Codepage 850 zugrunde

IntIO io = new IntIO("cp1252");         //erzeugt Objekt, das sich der
                                        //als Parameter übergebenen
                                        //Codepage bedient

io.advance(13);                         //13 Zeilenvorschübe

io.write("bonjour Madame");             //Ausgabe eines Strings

io.writeln("bonjour Monsieur");         //Ausgabe eines Strings, dann
                                        //Zeilenvorschub

io.write(123);                          //Ausgabe eines int-Werts

io.writeln(123);                        //wie oben, mit Zeilenvorschub

io.write(123, 10);                      //rechtsbündig in 10 Spalten

io.writeln(123, 10);                    //wie oben, mit Zeilenvorschub

io.write(456.23, 10, 3);                //Ausgabe eines double-Werts, rechts-
                                        //bündig in 10 Spalten mit 3
                                        //Nachkommastellen

io.writeln(456.23, 10, 3);              //wie oben, mit Zeilenvorschub

io.writeln();                           //nur Zeilenvorschub

String s = io.readString("Name: ");     //Ausgabe einer Eingabeaufforderung u.
                                        //Einlesen eines Strings

int z = io.readInt("Wert: ");           //Ausgabe einer Eingabeaufforderung u.
                                        //Einlesen eines int-Werts

char c = io.readChar("Wert: ");         //Ausgabe einer Eingabeaufforderung u.
                                        //Einlesen eines char-Werts

double d = readDouble("Wert: ");        //Ausgabe einer Eingabeaufforderung u.
                                        //Einlesen eines double-Werts

float f = readFloat("Wert: ");          //Ausgabe einer Eingabeaufforderung u.
                                        //Einlesen eines float-Werts
```

Den vollständigen Quelltext der Klasse `IntIO` finden Sie im Anhang.

Bei Verwendung des parameterlosen Konstruktors müssten normalerweise alle Umlaute problemlos eingelesen und ausgegeben werden. Nur wenn dies nicht der Fall ist, lohnt es sich, mit anderen Zeichensätzen zu experimentieren.

Für einfache Ausgaben ohne Formatierung kann alternativ zu einem `IntIO`-Objekt auch `System.out` verwendet werden. Es handelt sich hierbei um eine Klassenvariable, welche auf ein Objekt der Klasse `PrintStream` verweist. Beispiel:

```
System.out.println("hallo");
```

Klassen für graphische Benutzeroberflächen - Überblick

Es ist nicht möglich, hier Details der vielen Klassen aufzuführen, die bei der Programmierung graphischer Benutzeroberflächen verwendet werden können. Wer solche Oberflächen programmiert, sollte den etsprechenden Teil der JDK-Dokumentation stets im Zugriff haben.

Die folgenden beiden Graphiken geben einen Überblick über einige wichtige Klassen der Bibliothek java.awt. Sie zeigen auch, wie diese Klassen in eine Vererbungshierarchie eingespannt sind. Die Kenntnis der Oberklassen ist für den Programmierer wichtig, weil viele der Methoden von Oberklassen ererbt sind.

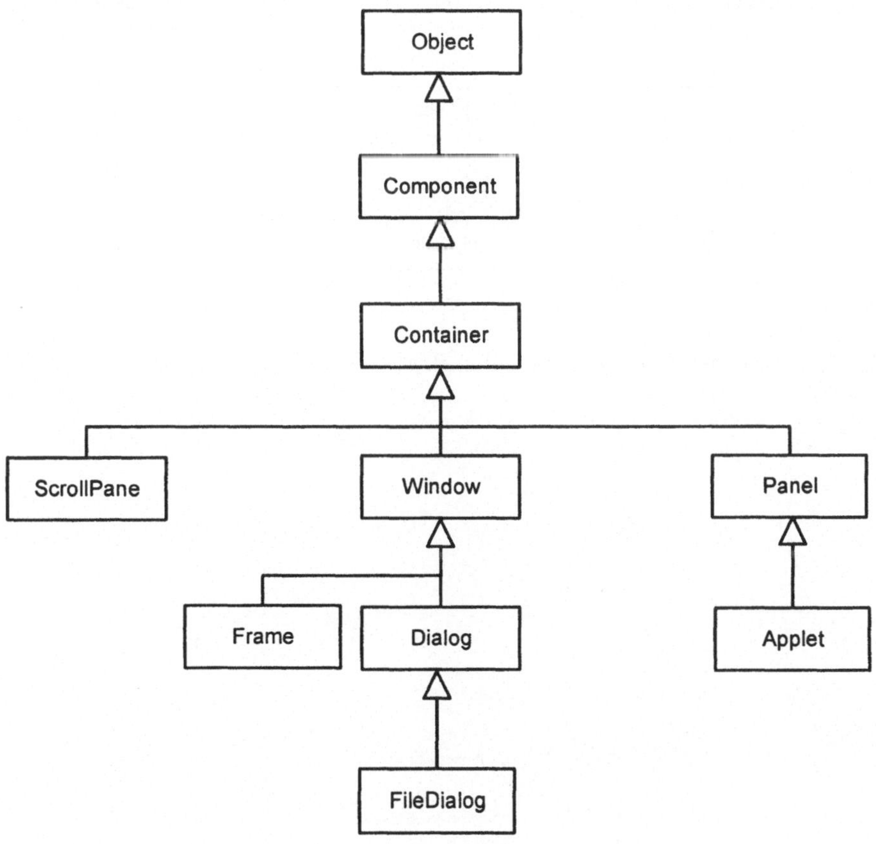

Bild 17-1: Darstellungsflächen in der Bibliothek java.awt

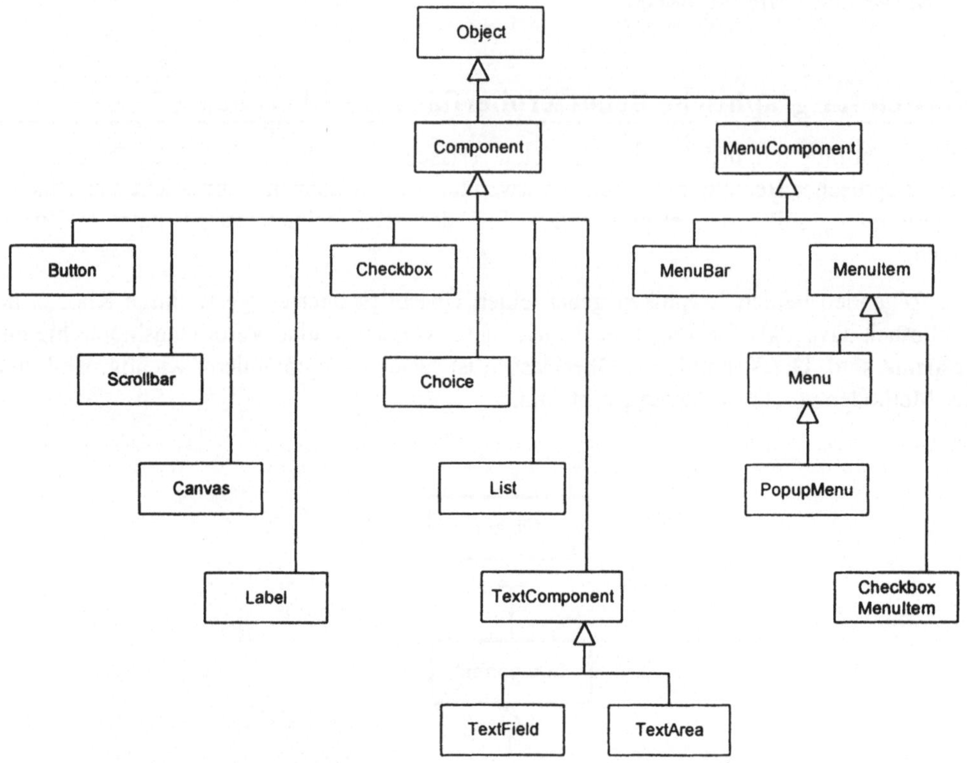

Bild 17-2:   Interaktionselemente in der Bibliothek `java.awt`

18

Wichtige Werkzeuge des JDK/SDK

Zum Lieferumfang des JDK/SDK gehören gut zwanzig Programme, die den Programmierer bei seiner Arbeit unterstützen. Diese Werkzeuge befinden sich alle im Unterverzeichnis `bin` des JDK-Verzeichnisses.

Die JDK-Dokumentation enthält auch Benutzungsanleitungen für die Werkzeuge. Rufen Sie hierzu die Übersichtsseite der Dokumentation auf und folgen Sie dem Verweis ToolDocumentation.

Voraussetzungen für den Gebrauch der Werkzeuge

Damit die Werkzeuge aus jedem Verzeichnis Ihres Rechners heraus aufgerufen werden können, muss die Umgebungsvariable `path` das Verzeichnis enthalten, in dem sich diese Werkzeuge befinden. Wie Sie diese Variable setzen, ist im ersten Kapitel dieses Buchs beschrieben.

Compiler und Interpreter benötigen eine weitere Umgebungsvariable, `classpath`, wenn Sie externe Bibliotheken benutzen. Um diese Variable zu setzen, folgen Sie am Besten den Hinweisen in Kapitel 16 (Bibliotheksklassen benutzen und anlegen).

Im Normalfall werden die Werkzeuge aus einem MS-DOS-Fenster aufgerufen. Bei manchen Werkzeugen, wie dem Compiler und dem Interpreter, ist es bequemer, wenn sie direkt aus dem Editor aufgerufen werden können, der zur Programmentwicklung verwendet wird. Ob Ihr Editor diese Möglichkeit vorsieht, erfahren Sie (hoffentlich) aus der Anwendungsbeschreibung.

Übersetzen mit dem Compiler `javac`

Der Compiler wird zwar immer mit dem Befehl `javac` aufgerufen, aber es gibt eine Fülle von unterschiedlichen Aufrufoptionen. Wenn Sie sich darüber einen Überblick verschaffen wollen, verwenden Sie den Aufruf

```
javac
```

aus einem beliebigen Verzeichnis heraus. Es wird dann eine Übersicht der Optionen und ihrer Bedeutungen angezeigt.

Achten Sie beim Übersetzen darauf, dass der Name der Datei, in der sich der Quelltext befindet, und der Name der Klasse harmonieren. Wollen Sie eine Klasse mit dem Namen

EineKlasse übersetzen, so muss sich deren Quelltext in einer Datei befinden, die den Namen EineKlasse.java trägt.

Übersetzen einer einzelnen Datei

Wechseln Sie in das Verzeichnis, in dem sich die Datei befindet. Rufen Sie dann den Compiler auf und fügen Sie den Namen der Datei, einschließlich Endung, an:

```
cd c:\jprogramme\oop3\drei
javac Erstausgabe.java
```

Übersetzen mehrerer Dateien

Wechseln Sie in das Verzeichnis, in dem sich die Dateien befinden. Rufen Sie dann den Compiler auf und fügen Sie die Namen der Dateien, einschließlich der Endungen, an. Setzen Sie zwischen die Dateinamen jeweils mindestens ein Leerzeichen:

```
cd c:\jprogramme\oop3\drei
javac Erstausgabe.java Drittausgabe.java
```

Übersetzen aller Dateien in einem Verzeichnis

Wechseln Sie in das Verzeichnis, in dem sich die Dateien befinden. Beim Compileraufruf wird anstelle der Dateinamen ein Joker (*)mitgegeben:

```
cd c:\jprogramme\oop3\drei
javac *.java
```

Setzen des Zielverzeichnisses für die class-Dateien

Normalerweise werden die übersetzten class-Dateien in demselben Verzeichnis abgelegt, in dem sich auch die Quelldateien befinden. Man kann jedoch auch ein anderes Zielverzeichnis angeben:

```
cd c:\jprogramme\oop3\drei
javac -d c:\classes  *.java
```

Das Zielverzeichnis, in diesem Fall c:\classes, müssen Sie vorher anlegen.

Setzen des Klassenpfades

Falls man die Variable classpath nicht in der Datei autoexec.bat bzw. der Systemsteuerung gesetzt hat oder auch nur für die aktuelle Übersetzung einen anderen Klassenpfad braucht, kann man dem Compiler diesen Klassenpfad als Parameter mitgeben:

```
cd c:\jprogramme\oop3\drei
javac -classpath .;c:\jprogramme *.java
```

Achten Sie bitte darauf, *alle* Verzeichnisse anzugeben, die zum Klassenpfad gehören sollen. Der in autoexec.bat definierte Klassenpfad wird durch diesen Compileraufruf nur für den Zeitraum der Übersetzung aufgehoben und auch nur im gerade benutzten MS-DOS-Fenster.

Ein Programm ausführen mit dem Interpreter java

Ein Programm wird gestartet, indem man den Interpreter java aufruft und ihm den Namen
einer ausführbaren Klasse als Parameter mitgibt.

Ausführbare Klasse ohne Paketangabe

Am einfachsten ist der Aufruf, wenn die ausführbare Klasse nicht mit einem Paketvermerk
ausgestattet ist:

```
cd c:\jprogramme\oop3\drei
java Erstausgabe
```

Achten Sie darauf, den Namen der Klasse genauso zu schreiben, wie er in der Quelldatei
und im Dateinamen angegeben ist.

Ausführbare Klasse mit Paketangabe

In diesem Fall muss ein voll-qualifizierter Name angegeben werden. Die ausführbare Klasse
IOTest im utilities wird aufgerufen mit:

```
cd c:\jprogramme\utilities
java utilities.IOTest
```

Setzen des Klassenpfads

Diese Aufrufmöglichkeit korrespondiert mit dem entsprechenden Aufruf des Compilers. Er
wird benutzt, wenn man für die Zeit der Programmdurchführung kurzfristig einen anderen
Klassenpfad benötigt als in autoexec.bat bzw. Systemsteuerung eingestellt.

```
cd c:\jprogramme\oop3\drei
java -classpath .;c:\jprogramme Erstausgabe
```

Starten einer ausführbaren jar-Datei

Diese Möglichkeit soll hier nur allgemein beschrieben, aber nicht im Detail behandelt werden. Man kann mit Hilfe des Komprimierungsprogramms jar alle Dateien, die zu einem
Programm gehören, kompakt zu einer einzigen Datei zusammenpacken. Das ist besonders
nützlich, wenn man das Programm anderen zur Verfügung stellt. Man braucht dann nur
diese eine Datei weiterzugeben. Das Ausführen eines solchen Programms geschieht mit dem
Interpreter java, jedoch muss beim Aufruf die Option -jar verwendet werden.

Dateien komprimieren und expandieren mit jar

Das Programm jar erlaubt, zusammengehörige Dateien in einer Datei zusammenzupacken.
Dies spart nicht nur Speicherplatz, sondern vereinfacht auch die Weitergabe von Programmen und Bibliotheken.

Zum Ausführen und Gebrauch brauchen diese Dateien nicht entpackt zu werden. Eine mit jar **gepackte Anwendung kann z.B.** mit dem Interpreter java ausgeführt werden, wenn man den Paramete -jar **benutzt.**

Eine detaillierte Beschreibung finden Sie in der JDK-Dokumentation (ToolDocumentation)

Dokumentieren mit javadoc

Dieses Programm erlaubt, aus den vom Programmierer eingefügten Kommentaren eine aus HTML-Dateien bestehende Dokumentation zu generieren.

Dokumentation

Bild 18-1 zeigt, wie sich eine solche Dokumentation im Browser präsentiert. Es handelt sich um die Dokumentation der Bibliothek utilities, deren wichtigster Bestandteil die Klasse IntIO ist, die über weite Strecken des Buchs für Ein- und Ausgaben benutzt wird.

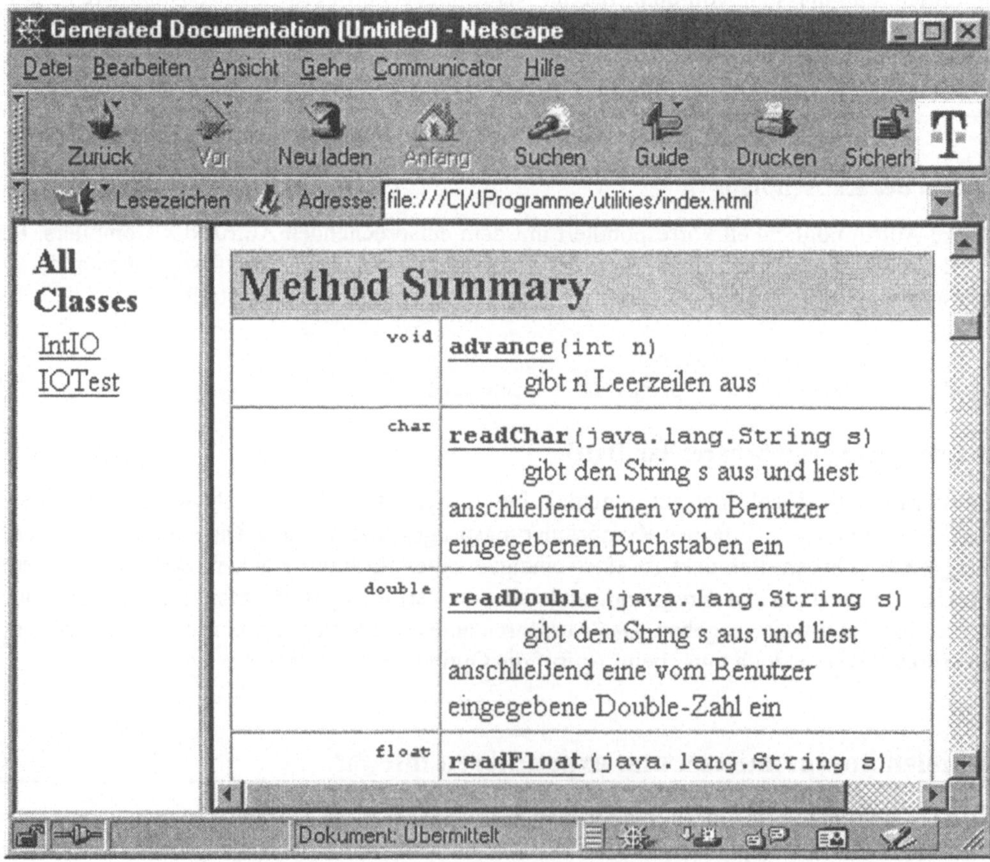

Bild 18-1:   Dokumentation, mit javadoc generiert

Die gesamte Dokumentation besteht aus mehreren oder gar vielen HTML-Dokumenten, je nach Anzahl der Klassen, welche darin beschrieben werden. Öffnet man die Datei mit dem Namen `index.html` mit dem Browser, so kann man von dort aus die Einzeldokumente aufrufen.

Kommentierung

Die Kommentare, die in die Dokumentation einbezogen werden sollen, müssen gewissen Formvorschriften genügen. Die wichtigsten sind:

- Ein Kommentar muss jeweils mit /** beginnen und mit */ enden.

- Ein Kommentar muss unmittelbar vor der Klasse, Methode oder Datenfelddeklaration stehen, die er beschreibt.

- Es stehen Kommentarmarkierungen für spezielle Informationen zur Verfügung, die jeweils mit @ eingeleitet werden.

Eine eingehende Beschreibung der Details finden Sie in der JKD-Dokumentation. Nachfolgend einige Passagen der dokumentierten Klasse `IntIO`:

```
package utilities;
import java.io.*;

/** Die Klasse IntIO stellt Methoden zum Einlesen und Ausgeben
 *  von int-, float-, double-, char- und String-Werten
 *  im DOS-Fenster zur Verfügung.
 *
 *  @author Dr. Otto Rauh
 *  @version 1.00 (Feb 2002)
 */

public class IntIO
{

    ...


    /** gibt n Leerzeilen aus
     */
    public void advance(int n)
    { for(int i=0;i<n;i++) this.writeln();
    }


    /** schreibt die Ganzzahl i rechtsbündig in insgesamt c
     *  Spalten; verbraucht mehr Spalten, wenn das angegebene Format
     *  nicht reicht, die Zahl zu fassen
     */
    public void write(int i, int c)
    { String s = "" + i;
      if (s.length() < c)
      { for (int j=1;j<=(c - s.length());j++)  // vorne
```

```
        write(" ");                        // auffüllen
      write(i);
    }
    else write(i);    // zu lange Zahl wird nicht beschnitten
  }
```

Am Beispiel der Methode write sehen Sie, dass die javadoc-Kommentierung nicht die übrigen Kommentierungen ersetzt. Sie ist primär eine Informationsquelle für den Programmierer, der Bibliotheksklassen in seinen eigenen Programmen einsetzen will. Für die Entwickler, welche diese Klassen selbst warten oder weiter entwickeln, sind zusätzliche Kommentare innerhalb der Methoden notwendig.

Generieren der Dokumentation

Sind die Klassen erst einmal mit Kommentaren versehen, ist das Generieren der Dokumentation ein Kinderspiel. In den meisten Fällen wird eine Dokumentation für ein ganzes Paket erzeugt. Für das Paket utilities geschieht dies folgendermaßen:

```
cd c:\jprogramm\utilities
javadoc utilities
```

Die generierten Dokumente werden in diesem Fall in demselben Verzeichnis abgelegt, in dem sich schon die Quelltexte befinden, und in Unterverzeichnissen davon. Wenn Sie dies nicht wollen, können Sie das Zielverzeichnis mit Hilfe der Option –d bestimmen:

```
javadoc -d c:\docs\utildocs utilities
```

Lösungen zu ausgewählten Aufgaben

Aufgabe 2-1

m	n	r
693	333	27
333	27	9
27	<u>9</u>	0

Aufgabe 2-2

m	n	r
2574	1092	390
1092	390	312
390	312	78
312	<u>78</u>	0

Aufgabe 2-3

```
m = z1
n = z2

r = m % n;

while (r != 0)
{ m = n;
  n = r;
  r = m % n;
}
```

Aufgabe 2-4

- Schreibe die Zahl auf dem ersten Blatt auf den Zettel
- Gehe nun alle übrigen Blätter durch und verfahre bei jedem folgendermaßen:

  Falls die Zahl auf dem Blatt größer als die auf dem Zettel ist,

  ersetze die Zahl auf dem Zettel durch die Zahl auf dem Blatt.
- Am Ende steht auf dem Zettel die größte der Zahlen.

Aufgabe 2-5

- Lege die Karten nebeneinander auf den Tisch. Diese Kartenfolge nennen wir A.

- Such nun aus A die kleinste Karte heraus und lege sie darunter als erste Karte einer neuen Kartenfolge N.

- Wiederhole, bis aus A die letzte Karte entfernt ist:

  - Suche die kleinste Karte aus A.

  - Lege sie rechts neben die vorher in N niedergelegte Karte.

Anmerkung: wie die kleinste Karte aus A herausgesucht werden soll, ist hier nicht näher beschrieben. Das Vorgehen ist analog zu dem in Aufgabe 2-4 beschriebenen.

Aufgabe 2-6

8	1	6
3	5	7
4	9	2

30	39	48	1	10	19	28
38	47	7	9	18	27	29
46	6	8	17	26	35	37
5	14	16	25	34	36	45
13	15	24	33	42	44	4
21	23	32	41	43	3	12
22	31	40	49	2	11	20

Aufgabe 2-7

Angenommen, z sei die zu prüfende Zahl.

- Errechne die positive Wurzel von z.

- Falls die Wurzel ganzzahlig ist , so brich ab; z ist dann keine Primzahl, andernfalls

  - runde die Wurzel auf die ganze Zahl r

  - tue für jede der ganzen Zahlen 2, 3, ..., r folgendes:

    - o teile z durch die Zahl

    - o Falls die Division ohne Rest möglich ist, brich ab (z ist dann keine Primzahl)

Steht am Ende fest, dass z durch keine der Zahlen 2, 3, ..., r teilbar ist, so handelt es sich bei z um eine Primzahl.

Aufgabe 2-10

Gesichtspunkte für die Gestaltung der Befehlsmenge

- alle notwendigen Bewegungen müssen ausführbar sein,

- die Handhabung soll bequem sein,

- die Befehlssprache soll nicht zu umfangreich sein, weil sie sonst schwer erlernbar und schwer zu beherrschen ist.

Eine knappe Befehlsmenge ist z.B.: rechts, links, x vor

Eigenschaften: Standortkoordinaten und Ausrichtung, entweder als Gradangabe, Richtungsvektor oder grob als Himmelsrichtung.

Aufgabe 3-10

```
public class Umrechnung2
{
  public static void main(String[] args) throws Exception
  { IntIO io = new IntIO();
    Waehrungsrechner w = new Waehrungsrechner(0.842);
    double d = io.readDouble("Dollar-Betrag: ");
    double f = w.inEuro(d);
    io.write("Betrag in Euro: ");
    io.writeln(f,8,2);
  }
}
```

Aufgabe 3-11

```
public class Umrechnung3
{
  public static void main(String[] args) throws Exception
  { IntIO io = new IntIO();
    Waehrungsrechner dollar = new Waehrungsrechner(0.842);
    Waehrungsrechner yen = new Waehrungsrechner(111.2);
    Waehrungsrechner shekel = new Waehrungsrechner(3.32);
    Waehrungsrechner zloty = new Waehrungsrechner(3.21);
    Waehrungsrechner kronen = new Waehrungsrechner(8.775);

    double d = io.readDouble("Euro-Betrag: ");
    double f = dollar.inFremd(d);
    io.write("Betrag in Dollar:        ");
    io.writeln(f,8,2);
    f = yen.inFremd(d);
    io.write("Betrag in Yen:           ");
```

```
      io.writeln(f,8,2);
      f = shekel.inFremd(d);
      io.write("Betrag in Shekel:         ");
      io.writeln(f,8,2);
      f = zloty.inFremd(d);
      io.write("Betrag in Zloty:          ");
      io.writeln(f,8,2);
      f = kronen.inFremd(d);
      io.write("Betrag in Schwedenkronen: ");
      io.writeln(f,8,2);
    }
  }
```

Aufgaben 4-3 bis 4-6

```
  public class Schleifentest
  {
    public static void main(String[] args) throws Exception
    { IntIO io = new IntIO();
      int i;

      i = 0;                                      //Aufgabe 4-3
      while (i < 101)
      { if (i % 2 == 0) io.writeln(i);
          i = i + 1;
      }
      io.readString("Eingabetaste drücken");

      i = 0;                                      //Aufgabe 4-4
      while (i < 101)
      { if (i % 2 != 0) io.writeln(i);
        i = i + 1;
      }
      io.readString("Eingabetaste drücken");

      i = 0;                                      //Aufgabe 4-5
      while (i < 101)
      { if (i % 2 == 0)
        { io.write(i, 3);
          io.write(i * i, 8);
          io.writeln(i * i * i, 10);
        }
        i = i + 1;
      }
      io.readString("Eingabetaste drücken");

      String s = io.readString("Betrag eingeben: ");//Aufgabe 4-6
      i = 0;
      while (i < 10 - s.length())
      { io.write("*");
```

```
      i = i + 1;
    }
    io.writeln(s);  }
}
```

Aufgabe 4-10

```
//---------------------------------------------------------------
public class Stueckler
//---------------------------------------------------------------
{
  public Stueckler(int vorrat500, int vorrat200, int vorrat100,
                   int vorrat50, int vorrat20, int vorrat10, int vorrat5)
  { this.vorrat500 = vorrat500;
    this.vorrat200 = vorrat200;
    this.vorrat100 = vorrat100;
    this.vorrat50  = vorrat50;
    this.vorrat20  = vorrat20;
    this.vorrat10  = vorrat10;
    this.vorrat5   = vorrat5;
  }

  public boolean zerlege(int betrag)
  {
    betrag500 = betrag/500*500 <= vorrat500 ? betrag/500*500 : vorrat500;
    betrag = betrag - betrag500;

    betrag200 = betrag/200*200 <= vorrat200 ? betrag/200*200 : vorrat200;
    betrag = betrag - betrag200;

    betrag100 = betrag/100*100 <= vorrat100 ? betrag/100*100 : vorrat100;
    betrag = betrag - betrag100;

    betrag50 = betrag/50*50 <= vorrat50 ? betrag/50*50 : vorrat50;
    betrag = betrag - betrag50;

    betrag20 = betrag/20*20 <= vorrat20 ? betrag/20*20 : vorrat20;
    betrag = betrag - betrag20;

    betrag10 = betrag/10*10 <= vorrat10 ? betrag/10*10 : vorrat10;
    betrag = betrag - betrag10;

    betrag5 = betrag;
    if (betrag5 <= vorrat5)
    { vorrat500 = vorrat500 - betrag500;
      vorrat200 = vorrat200 - betrag200;
      vorrat100 = vorrat100 - betrag100;
      vorrat50  = vorrat50  - betrag50;
      vorrat20  = vorrat20  - betrag20;
      vorrat10  = vorrat10  - betrag10;
```

```
      vorrat5   = vorrat5   - betrag5;
      return true;
    }
    else return false;
  }


  public int anz500()      //Anzahl Scheine
  { return betrag500/500;
  }


  public int anz200()
  { return betrag200/200;
  }


  public int anz100()
  { return betrag100/100;
  }


  public int anz50()
  { return betrag50/50;
  }


  public int anz20()
  { return betrag20/20;
  }


  public int anz10()
  { return betrag10/10;
  }


  public int anz5()
  { return betrag5/5;
  }



  private int vorrat500, vorrat200, //Beträge, die
             vorrat100, vorrat50,  //in diesen
             vorrat20, vorrat10,   //Scheinen
             vorrat5;              //vorrätig sind.

  private int betrag500, betrag200, //auszugebende
             betrag100, betrag50,  //Beträge in den
             betrag20, betrag10,   //jew. Scheinen
             betrag5;
}

//---------------------------------------------------------------
public class Geldautomat
//---------------------------------------------------------------
{
```

```
    public static void main(String[] args) throws Exception
    { IntIO io = new IntIO();
      Stueckler s = new Stueckler(30000,    //Anfangsvorrat 500er, in Euro
                                  40000,    //Anfangsvorrat 200er, in Euro
                                  45000,    //Anfangsvorrat 100er, in Euro
                                  25000,    //Anfangsvorrat  50er, in Euro
                                  12000,    //Anfangsvorrat 20er, in Euro
                                  15000,    //Anfangsvorrat 10er, in Euro
                                   1000);   //Anfangsvorrat 5er,  in Euro
      int betrag = 0;

      while (betrag >= 0)
      { betrag = io.readInt("Betrag: ");
        if (betrag > 0 && betrag % 5 == 0)
        { if (s.zerlege(betrag))
          {
            io.advance(2);
            io.writeln("Aufteilung");
            io.writeln("----------");
            io.write("Anzahl Scheine zu 500: "); io.writeln(s.anz500(),8);
            io.write("Anzahl Scheine zu 200: "); io.writeln(s.anz200(),8);
            io.write("Anzahl Scheine zu 100: "); io.writeln(s.anz100(),8);
            io.write("Anzahl Scheine zu 50 : "); io.writeln(s.anz50(),8);
            io.write("Anzahl Scheine zu 20 : "); io.writeln(s.anz20(),8);
            io.write("Anzahl Scheine zu 10 : "); io.writeln(s.anz10(),8);
            io.write("Anzahl Scheine zu 5  : "); io.writeln(s.anz5(),8);
            io.advance(3);
          }
          else io.writeln("Nicht genug Moos in der Kasse");
        }
      }
    }
}
```

Aufgabe 5-2

Die Ausgabe des Programms lautet:

```
    „wenn hinter Fliegen Fliegen fliegen fliegen Fliegen Fliegen nach"
```

Aufgabe 6-2

```
if (b1)                //linkes Bild
  if (b2) k1;
  else k2;
else
  if (b3) ;            //leere Anweisung
  else
    if (b4) k3;
```

```
      else k4;


  if (b1) k1;              //rechtes Bild
  else
    if (b2) ;              //leere Anweisung
    else
      if (b3) k2;
      else k3;
```

Aufgabe 6-4

Da mit der Ziffer nicht gerechnet werden soll, ist es möglich, sie als char einlesen. Man kann in diesem Fall 'e' als Zeichen für die Beendigung nehmen, was nicht möglich ist, wenn man die Ziffer als int einliest.

```
public class Textentsprechung
{
  public static void main(String[] args)throws Exception
  {
    IntIO io = new IntIO();
    char eingabe = ' ';

    while (eingabe != 'e')
    { eingabe = io.readChar("Ziffer: ");
      if (eingabe == '0') io.writeln("null");
      else if (eingabe == '1') io.writeln("eins");
      else if (eingabe == '2') io.writeln("zwei");
      else if (eingabe == '3') io.writeln("drei");
      else if (eingabe == '4') io.writeln("vier");
      else if (eingabe == '5') io.writeln("fünf");
      else if (eingabe == '6') io.writeln("sechs");
      else if (eingabe == '7') io.writeln("sieben");
      else if (eingabe == '8') io.writeln("acht");
      else if (eingabe == '9') io.writeln("neun");
    }
  }
}
```

Aufgabe 6-7

```
public class Nummernschloesser
{
  public static void main(String[] args) throws Exception
  { IntIO io = new IntIO();
    int m = 0;
    for (int i=0;i<10;i++)
      for (int j=0;j<10;j++)
        for (int k=0;k<10;k++)
          if (i!=j && i!=k && j!=k)
```

```
            { io.write(i+""+j+""+k+"   ");
              m++;
              if (m%10 == 0) io.writeln();
            }
      }
   }
```

Aufgabe 6-9

Die Lösung dieser Aufgabe besteht aus zwei Klassen und ist etwas umfangreicher als unbedingt nötig, weil bei dieser Gelegenheit gleich die Grundlagen für die Aufgaben 6-10 und 6-11 gelegt wurden. Die Bibliotheksklasse Fibonacci kann nämlich auch für diese beiden Aufgaben nutzbringend eingesetzt werden.

```
//------------------------------------------------------------------
public class Fibonacci
//------------------------------------------------------------------
{
  public Fibonacci()
  { stelle = 1;
    aktuelle = 1;
    vorherige = 0;
  }

  /** rückt auf die nächste F.-Zahl vor und
      liefert diese Zahl; liefert -100, wenn
      die Obergrenze erreicht ist.
  */
  public int naechste()
  { if (stelle < 46)
    { int naechste = vorherige + aktuelle;
      vorherige = aktuelle;
      aktuelle = naechste;
      stelle = stelle + 1;
      return aktuelle;
    }
    else return -100;
  }

  /** geht auf die vorhergehende F.-Zahl zurück und
      liefert diese Zahl; liefert -100, wenn
      die Untergrenze erreicht ist.
  */
  public int vorherige()
  { if (stelle > 1)
    { int vorvorherige = aktuelle - vorherige;
      aktuelle = vorherige;
      vorherige = vorvorherige;
      stelle = stelle - 1;
      return aktuelle;
```

```java
    }
      else return -100;
  }

  /** liefert die F.-Zahl an der aktuellen Stelle
  */
  public int getAktuelle()
  { return aktuelle;
  }

  /** liefert die aktuelle Stelle
  */
  public int getStelle()
  { return stelle;
  }

  /** führt die Bewegung zur Stelle n durch und liefert
      die F.-Zahl an dieser Stelle.
  */
  public int geheZuStelle(int n)
  { int dummy = n - stelle;
    if (dummy > 0)
      for (int i = 0; i < dummy; i++) this.naechste();
    else
      if (dummy < 0)
        for(int i = 0; i < -dummy; i++) this.vorherige();
    return this.getAktuelle();
  }

  private int stelle, aktuelle, vorherige;
}


//-----------------------------------------------------------------------
public class FibonacciDieErstenN
//-----------------------------------------------------------------------
{
  public static void main(String[] args) throws Exception
  { IntIO io = new IntIO();
    Fibonacci fibo = new Fibonacci();
    char kommando = ' ';

    int n = io.readInt("n (1 bis 46): ");
    int i = 1;
    io.writeln(fibo.geheZuStelle(1));

    while (i < n)
    { io.writeln(fibo.naechste());
      i = i + 1;
    }
```

```
    }
  }
```

Aufgabe 6-12

```
  /** zerlegt eine positive ganze Zahl in ihre Primfaktoren.
      Die Methode naechsterFaktor liefert einen Faktor nach
      dem anderen. Wird als erster Wert die übergebene Zahl
      selbst geliefert, so handelt es sich um eine Primzahl.
      Die Lieferung der Faktoren wird stets mit dem Wert 1
      abgeschlossen (der selbst kein Faktor mehr ist).
   */
  //-----------------------------------------------------------------
  public class Faktorisierer
  //-----------------------------------------------------------------
  {
    public Faktorisierer(int zahl)
    { this.rest = zahl;
    }


    public int naechsterFaktor()
    { int i = 2;
      boolean geteilt = false;
      for (i = 2; i <= rest; i++)
        if (rest % i == 0)
        { rest = rest / i;
          geteilt = true;
          break;
        }
      if (geteilt) return i;
      else return 1;
    }

    private int rest;
  }


  //-----------------------------------------------------------------
  public class Primfaktorenzerlegung
  //-----------------------------------------------------------------
  {
    public static void main(String[] args) throws Exception
    { IntIO io = new IntIO();
      while(true)
      { int eingabe = io.readInt("Ganzzahl (Abbruch, wenn <= 0):");
        if (eingabe <= 0)
        { io.writeln("Programm wird beendet");
          break;
        }
```

```
       else
       { Faktorisierer fakt = new Faktorisierer(eingabe);
         int faktor = fakt.naechsterFaktor();
         if (faktor == eingabe) io.writeln("Primzahl");
         else
         { io.writeln("Primfaktoren:\n============");
           io.writeln(faktor);
           while (faktor != 1)
           { faktor = fakt.naechsterFaktor();
             if (faktor != 1) io.writeln(faktor);
           }
         }
       }
     }
    }
   }
  }
```

Aufgabe 6-13

In der folgenden Lösung wurde das Koordinatormuster verwendet. Die ausführbare Klasse
Mustererkennung koordiniert, die nicht ausführbare Klasse Zustandsverwalter bildet den
Kern der Anwendung.

```
//------------------------------------------------------------------------
public class Zustandsverwalter
//------------------------------------------------------------------------
{
  public void aktualisiere(char b)
  {
   if      (zustand == 0 && b == 'a') zustand=1;
   else if (zustand == 1 && b == 'e') zustand=2;
   else if (zustand == 2 && b == 'i') zustand=3;
   else if (zustand == 3 && b == 'o') zustand=4;
   else if (zustand == 4 && b == 'u') zustand=5;
  }

  public int getZustand()
  { return zustand;
  }

  private int zustand = 0;
}


//------------------------------------------------------------------------
public class Mustererkennung
//------------------------------------------------------------------------
{
    public static void main(String[] args)throws Exception
    {
      IntIO io = new IntIO();
```

```
      Zustandsverwalter z = new Zustandsverwalter();
      io.writeln("Geben Sie nun die Kleinbuchstaben ein:");

      while (true)
      {
        char c = io.readChar("nächster Buchstabe: ");
        z.aktualisiere(c);
        if (z.getZustand() == 5)
        { io.writeln("Buchstabenfolge enthalten");
          break;
        }
      }
    }
  }
```

Aufgaben 7-1 bis 7-3

Die Beispiellösung besteht aus einer nicht ausführbaren Klasse Rekursion und einer ausführbaren Klasse Rekursionstest, die jede Methode von Rekursion einmal aufruft.

```
//-----------------------------------------------------------------------
public class Rekursion
//-----------------------------------------------------------------------
{
  // Aufgabe 7-1
  // -----------
  public int aufrufe(int k)
  { if (k==1 || k==2) return 1;
    else return aufrufe(k-1) + aufrufe(k-2) + 1;
  }

  // Aufgabe 7-2
  // -----------
  public void sternchen(IntIO io, int n)
  { if (n==1) io.write("x");
    else
    { io.write("x");
      sternchen(io, n-1);
    }
  }

  // Aufgabe 7-3, rekursiv
  // ---------------------
  public int quersummeR(int z)
  { if (z<10) return z;
    else return z%10 + quersummeR(z/10);
  }

  // Aufgabe 7-3, iterativ
  // ---------------------
```

```
    public int quersummeI(int z)
    { int q = 0;
      while (z>0)
      { q = q + z%10;
        z = z/10;
      }
      return q;
    }
}


//------------------------------------------------------------------
public class Rekursionstest
//------------------------------------------------------------------
{
   public static void main(String[] args) throws Exception
   { Rekursion r = new Rekursion();
     IntIO io = new IntIO();

     r.sternchen(io,5);
     io.advance(3);
     io.writeln(r.quersummeR(123456));
     io.writeln(r.quersummeI(123456));
     io.advance(3);
     io.writeln(r.aufrufe(5));
   }
}
```

Aufgabe 9-9

Am einfachsten ist es, für die Namen der Prüfungen ein Array a von Strings zu verwenden.
Nach der Eingabe der Anzahl der Prüfungen können alle Namen in einer Schleife eingelesen und im Array abgelegt werden.

Bei der Ausgabe des Ergebnisses muss dann lediglich zu jedem Elemnt `mins[j]` einer Mins
auch das dazugehörige Element `a[mins[j]]` des String-Arrays ausgegeben werden.

Aufgabe 11-3

Das Programm besteht aus der bereits bekannten Klasse `Faktorisierer2`, welche die Zerlegung durchführt, und der Klasse `ZerlegungInPrimfaktorenG`, die als Koordinator fungiert
und die graphische Benutzeroberfläche bereitstellt.

```
import java.awt.*;
import java.awt.event.*;

public class ZerlegungInPrimfaktorenG
{
   public ZerlegungInPrimfaktorenG()
   { ClosableFrame f = new ClosableFrame();
```

```java
    f.setLayout(new GridLayout(4,1));
    f.setTitle("Primfaktorenzerlegung");
    f.setSize(300,200);
    Panel p1 = new Panel();
    Panel p2 = new Panel();
    Panel p3 = new Panel();
    start.addActionListener(new StartHoerer());
    eingabe.addActionListener(new StartHoerer());
    p1.add(new Label("Geben Sie bitte eine " +
                     "positive Ganzzahl ein "));
    p2.add(new Label("Zahl "));
    p2.add(eingabe);
    p2.add(start);
    p3.add(new Label("Primfaktoren: "));
    f.add(p1);
    f.add(p2);
    f.add(p3);
    f.add(ergebnis);
    f.show();
  }


  public static void main(String[] args)
  { ZerlegungInPrimfaktorenG z =
      new ZerlegungInPrimfaktorenG();
  }


  TextField eingabe = new TextField("          ");
  Button start = new Button("Starten");
  TextField ergebnis = new TextField();


  class StartHoerer implements ActionListener
  {
    public void actionPerformed(ActionEvent e)
    { int zahl = Integer.parseInt(eingabe.getText().trim());
      Faktorisierer2 f = new Faktorisierer2(zahl);
      int faktor = f.naechsterFaktor();
      if (faktor > 1 && faktor == zahl) ergebnis.setText("Primzahl");
      else
      { ergebnis.setText("" + faktor);
        while (faktor != 1)
        { faktor = f.naechsterFaktor();
          if (faktor != 1) ergebnis.setText(ergebnis.getText() + ", " +
faktor);
        }
      }
    }
  }
}
```

Aufgabe 12-1

```
public class VSTextUI
{
  public void belegungAus() throws Exception
  { int[][] b = v.belegung();
    io.advance(25);
    for (int i=1;i<4;i++)
    { for (int j=1;j<4;j++)
        if (b[i][j]!=9) io.write(b[i][j].5);
        else io.write("      ");
      io.advance(3);
    }
  }

  public void spiele() throws Exception
  { int wahl = 0;
    while (wahl != 9)
    { if (wahl == 0) v.neu();
      else v.schiebe(wahl);
      belegungAus();
      wahl = io.readInt("Zahl (neues Spiel:0; Ende:9): ");
    }
  }

  public static void main(String[] args) throws Exception
  { VSTextUI vSTextUI = new VSTextUI();
    vSTextUI.spiele();
  }

  private Verschiebespiel v = new Verschiebespiel();
  private IntIO io = new IntIO();

}
```

Lesetipps

Um ein kompletter Programmierer zu werden, sollten Sie Ihre Fertigkeiten in mehreren Richtungen weiterentwickeln:

- Java
- Algorithmen und Datenstrukturen
- Entwurf objektorientierter Anwendungen

Viele gute Informatikbücher sind in englischer Sprache abgefasst. Manche gibt es auch in deutscher Übersetzung, meiner Erfahrung nach sind Sie jedoch mit dem Original immer erheblich besser bedient. Der sehr spezielle Wortschatz dieser Bücher bereitet natürlich anfangs Probleme, aber nach kurzer Zeit bewegen Sie sich darin so sicher wie in deutschen Veröffentlichungen.

Java

Mein absoluter Favorit ist

> **C. Horstmann, G. Cornell**: Core Java 2, Volume 1: Fundamentals, 5th edition, Prentice Hall, 2000

Es gibt auch einen zweiten Band dazu, aber den sollten Sie sich zunächst nicht kaufen. Nicht, dass er schlecht wäre. Aber wenn Sie sich auf den Gebieten des ersten Bands gut auskennen, werden Sie vielleicht lieber Bücher anschaffen, die auf besondere Themen spezialisiert sind.

Auch sehr gut, wenngleich etwas gewöhnungsbedürftig formatiert, ist

> **B. Eckel**: Thinking in Java, 2nd edition, Prentice Hall, 2000

Als ergänzende Lektüre zu den genannten Büchern eignet sich

> **K. Arnold, J. Gosling**: The Java Programming Language, 3rd edition, Addison-Wesley, 2000

Es handelt sich hierbei nicht um ein Lehrbuch, sondern um eine Übersichtsdarstellung. Einer der Autoren (Gosling) ist Mit-Schöpfer der Sprache Java. Wie gut dieses Buch ist, werden Sie vielleicht erst im Laufe der Zeit merken. Ein Buch für Leute, die wirklich wissen wollen, was sie tun.

Algorithmen und Datenstrukturen

Da dieses Fachgebiet schon immer die Besten des Fachs angezogen hat, gibt es entsprechend viele gute Bücher. Ein wunderbares Buch ist

> **T. Cormen, S. Clifford, C. Leiserson, R. Rivest**: Introduction to Algorithms, 2nd edition, McGraw-Hill, 2001

Kaufen Sie sich möglichst die sehr schön gestaltete gebundene Ausgabe. Ebenfalls sehr gut sind

> **T. Ottmann, P. Widmayer**: Algorithmen und Datenstrukturen, 2. Auflage, BI Wissenschaftsverlag, 1993 (oder neuere Auflage)

> **M. Weiss**: Data Structures and Algorithm Analysis, Benjamin/Cummings, 1992

Entwurf objektorientierter Anwendungen

> **Bernd Oestereich**: Objektorientierte Softwareentwicklung. Analyse und Design mit der Unified Modeling Language, 5. Auflage, Oldenbourg, 2001

Dies ist das Buch eines Praktikers für Praktiker, das vor allem die Anwendung der Unified Modelling Language (UML) behandelt. Bei der UML handelt es sich um eine Sammlung von Methoden, die heute vorwiegend zur Entwicklung objektorientierter Anwendungen eingesetzt werden.

Verschiedene Gebiete

Ein ausgezeichnetes Buch, das zu allen genannten Gebieten Einführungen oder Übersichtsdarstellungen enthält, ist

> **H. Gumm, M. Sommer**: Einführung in die Informatik, 5. Auflage, Oldenbourg, 2002

Weitere Quellen

Eine wichtige Internetadresse für Java-Programmierer aller Kenntnisstufen ist

> **http://java.sun.com**,

wo Sie Neuigkeiten zu Java, ein Java-Tutorial und vor allem den JDK/SDK zum Herunterladen finden.

Informationen über den empfehlenswerten Editor Textpad finden Sie unter

> **http://www.textpad.com/**

Projektvorschläge

Etwa ab Mitte des Buchs kann man parallel zur Lektüre der Kapitel Projekte bearbeiten, die sich über einen längeren Zeitraum hinziehen und die sonst üblichen kleineren Aufgaben ersetzen. Wichtig dabei ist, dass in kürzeren Abständen lauffähige Zwischenlösungen erstellt und diskutiert werden.

Personal Organizer

Ein Personal Organizer wird simuliert, bestehend aus Taschenrechner (s. Kapitel 12), Notizbuch und Terminkalender.

Autonomer Roboter

Ausgehend von der primitiven Robotersimulation in Kapitel 4 wird ein eine Anwendung entwickelt, in der ein weitgehend autonomer Roboter simuliert wird. Dieser Roboter verfügt über Sensoren und kann Wände oder Hindernisse wahrnehmen, u.U. auch Lasten transportieren.

Der Weg des Roboters kann zunächst mit einer textorientierten Oberfläche dargestellt werden, später wird man dann auf eine eine graphische Oberfläche wechseln.

Alleine das Programmieren von **Wegfindungsalgorithmen** ist schon eine herausfordernde Aufgabe für Programmieranfänger. Wenn sie sich darauf konzentrieren wollen, um die algorithmischen Fähigkeiten zu schulen, so können Sie einen fertigen Simulationsrahmen dafür auf meiner Homepage

```
mitarbeiter.fh-heilbronn.de/~rauh/
```

finden. Bei sachkundiger Anleitung ist dieser Rahmen auch für Programmieranfänger nutzbar, die noch über keine Kenntnisse graphischer Benutzeroberflächen verfügen.

Kreuzworträtsel

Dieses Projekt erfordert zumindest Grundkenntnisse graphischer Oberflächen (Kapitel 10) und der dauerhaften Speicherung von Daten (Persistenz, s. Kapitel 14).

Im Rahmen dieses Projekts sind zwei Programme zu schreiben:

- ein Programm zum Eingeben und Speichern von Kreuzworträtseln
- ein Programm zum Abrufen und Lösen von Rätseln

Mögliche Erweiterungen: Generierung von Rätseln aus Wörterlisten, Speicherung der Rätsel in einer Datenbank.

Schnittstelle der Klasse IntIO

```
public IntIO()

public IntIO(String code)

public void advance(int n)

public void write(String s)

public void write(int i)

public void write(int i, int c)

public void writeln(String s)

public void writeln(int i)

public void writeln(int i, int c)

public void write(double d, int c, int n)

public void writeln(double d, int c, int n)

public void writeln()

public String readString(String s) throws IOException

public int readInt(String s) throws IOException

public char readChar(String s) throws IOException

public float readFloat(String s) throws IOException

public double readDouble(String s) throws IOException
```

Vollständiger Text der Klasse IntIO

Die Klasse IntIO ist dem Material zum Buch in zwei verschiedenen Versionen beigegeben:

- ohne Paketangabe
- als Hauptbestandteil des Pakets utilities

Abgesehen von der Paketangabe sind die beiden Versionen vollkommen identisch. In den Beispielen des Buchs wird IntIO durchwegs ohne Paketangabe verwendet. Der Unterordner drei des Ordners jprogramme enthält den Quelltext und die class-Datei dieser Version. In alle anderen Ordner mit Programmbeispielen wurde die class-Datei hineinkopiert.

Bitte beachten Sie, dass in IntIO Teile der Bibliothek java.io verwendet werden, die im Buch nicht behandelt werden. Es wird nicht erwartet (und es ist auch nicht nötig), dass Sie den Quelltext in allen Einzelheiten verstehen.

```java
package utilities;
import java.io.*;

/** Die Klasse IntIO stellt Methoden zum Einlesen und Ausgeben
 *  von int-, float-, double-, char- und String-Werten
 *  im DOS-Fenster zur Verfügung.
 *
 *  @author Dr. Otto Rauh
 *  @version 1.00 (Feb 2002)
 */

public class IntIO
{

  public IntIO()
  { try
    { keyb = new BufferedReader(new InputStreamReader(System.in, code));
      out  = new PrintWriter(new OutputStreamWriter(System.out, code), true);
    }
    catch(UnsupportedEncodingException e){}
  }


  public IntIO(String code)
  { this.code = code;
    try
      { keyb = new BufferedReader(new InputStreamReader(System.in, code));
        out  =
          new PrintWriter(new OutputStreamWriter(System.out, code), true);
      }
    catch(UnsupportedEncodingException e){}
  }
```

```java
/** gibt n Leerzeilen aus
 */
public void advance(int n)
{ for(int i=0;i<n;i++) this.writeln();
}


/** gibt den String s aus
 */
public void write(String s)
{ out.print(s);
  out.flush();
}


/** gibt die ganze Zahl i aus
 */
public void write(int i)
{ this.write("" + i);
}


/** schreibt die Ganzzahl i rechtsbündig in insgesamt c
 * Spalten; verbraucht mehr Spalten, wenn das angegebene Format
 * nicht reicht, die Zahl zu fassen
 */
public void write(int i, int c)
{ String s = "" + i;
  if (s.length() < c)
  { for (int j=1;j<=(c - s.length());j++)  // vorne
      write(" ");                          // auffüllen
    write(i);
  }
  else write(i);    // zu lange Zahl wird nicht beschnitten
}


/** gibt den String s aus; macht anschließend
 * einen Zeilenvorschub
 */
public void writeln(String s)
{ this.write(s + "\n");
}


/** gibt die ganze Zahl i aus; macht anschließend
 * einen Zeilenvorschub
 */
public void writeln(int i)
{ this.write(i);
```

```java
    this.writeln();
}
/** schreibt die ganze Zahl i rechtsbündig in insgesamt
 *  c Spalten und macht anschließend einen Zeilen-
 *  vorschub; verbraucht mehr Spalten, wenn die angegebene
 *  Spaltenzahl nicht reicht, die Zahl zu fassen
 */
public void writeln(int i, int c)
{ write(i, c);
  writeln();
}


/** schreibt die Kommazahl d rechtsbündig in insgesamt c
 *  Spalten mit n Nachkommastellen; verbraucht mehr Spalten,
 *  wenn das angegebene Format nicht ausreicht, die Zahl zu fassen
 */
public void write(double d, int c, int n)
{ String s = "" + d;
  StringBuffer b = new StringBuffer(s);
  int l = b.length();
  int p = 0;                                // Dezimalpunkt-
  while (p < l-1 && b.charAt(p) != '.') p++; // position
  int an = l-p-1;                           // Nachkommastellen
  if (an != n)
    if (an < n)
      for(int j=p; j<p+n-an;j++)  b.append("0");
    else
    { if (((int) b.charAt(p+n+1)-48) >= 5)   // runden
        b.setCharAt(p+n, (char)(1+(int)(b.charAt(p+n))));
      b.setLength(p+n+1);                    // abschneiden
    };
  for (int j=1; j<=(c - b.length());j++) write(" ");
  String s2= b.toString();
  this.write(s2);
}


/** schreibt die Kommazahl d rechtsbündig in insgesamt c
 *  Spalten mit n Nachkommastellen und macht anschließend einen
 *  Zeilenvorschub; verbraucht mehr Spalten, wenn die angegebene
 *  Spaltenzahl nicht ausreicht, die Zahl zu fassen
 */
public void writeln(double d, int c, int n)
{ this.write(d,c,n);
  this.writeln();
}


/** macht einen Zeilenvorschub
```

```java
  */
public void writeln()
{ this.writeln("");
}



/** gibt den String s aus und liest anschließend einen vom
 *  Benutzer eingegebenen String ein;
 */
public String readString(String s)throws IOException
{ this.write(s);
  return keyb.readLine();
}



/** gibt den String s aus und liest anschließend eine vom
 *  Benutzer eingegebene Ganzzahl ein
 */
public int readInt(String s)throws IOException
{ this.write(s);
  Integer i = new Integer(keyb.readLine());
  return i.intValue();
}



/** gibt den String s aus und liest anschließend einen vom
 *  Benutzer eingegebenen Buchstaben ein
 */
public char readChar(String s)throws IOException
{ this.write(s);
  return (keyb.readLine()).charAt(0);
}



/** gibt den String s aus und liest anschließend eine vom
 *  Benutzer eingegebene Double-Zahl ein
 */
public double readDouble(String s) throws IOException
{ return (new Double(this.readString(s)).doubleValue());
}



/** gibt den String s aus und liest anschließend eine vom
 *  Benutzer eingegebene Float-Zahl ein
 */
public float readFloat(String s) throws IOException
{ return (new Float(this.readString(s)).floatValue());
}
```

```
    private String code = "Cp850";
    private BufferedReader keyb;
    private PrintWriter out;
}
```

Lexikon der Fachbegriffe

Abgeschlossenheit: Ziel bei der Gestaltung von Klassen. Eine Klasse soll möglichst wenig Berührungspunkte mit der Umgebung haben.

Abstract Windowing Toolkit (AWT): Bibliothek von Java-Klassen zur Gestaltung graphischer Benutzeroberflächen.

abstrakte Klasse: Klasse, die mindestens eine abstrakte Methode enthält. Von einer abstrakten Klasse können keine Objekte erzeugt werden.

abstrakte Methode: Eine Methode, die zwar deklariert, aber nicht implementiert ist. Die Implementierung muss in Unterklassen der (abstrakten) Klasse geschehen.

abweisende Schleife: Schleifentyp, bei dem vor dem Eintreten in den Schleifenrumpf geprüft wird, ob die Voraussetzungen für die Durchführung bestehen.

annehmende Schleife: Schleifentyp, bei dem nach der Durchführung des Schleifenrumpfs geprüft wird, ob ein weiterer Schleifendurchlauf stattfinden soll.

Algorithmus: Detaillierte Vorschrift zur schrittweisen Lösung einer Aufgabe.

Anwendung: Programm.

Anwendungsfenster (Frame): Äußere Darstellungsfläche einer Anwendung. Hierzu existiert eine Klasse im AWT.

Architektur: In der OOP Aufbau der Klassen einer Anwendung und ihre Beziehungen zueinander.

Array: Einfach zu benutzender, vielseitiger Datenbehälter. Synonym: Feld.

ausführbare Klasse: Klasse, die eine Methode main() besitzt.

Ausnahme: Fehler, der bei der Ausführung eines Programms auftritt (engl. Exception)

Basisfall: Wird benutzt im Zusammenhang mit rekursiven Methoden und rekursiven Definitionen; Fall, der zu keinem Selbstaufruf mehr führt.

Bedingungsschleife: Schleife (Wiederholung), deren Ausführung an eine Bedingung geknüpft ist.

Behälterklasse: Allgemein eine Klasse, deren Objekte zur Aufbewahrung von Objekten benutzt werden. Synonym: Kollektorklasse.

Behälterklasse: In Java werden mit "container classes" Darstellungsflächen bezeichnet, die graphische Elemente aufnehmen können.

Benutzeroberfläche: das, was der Benutzer sieht, wenn das Programm abläuft.

Bezeichner: Ein Name, der ein Programmelement (Objekt, Methode, Klasse, Variable) innerhalb seines Namensraums identifiziert. Synonym: Name; engl. identifier.

Bibliothek: Sammlung von fertigen Klassen, die von Programmierern eingesetzt werden können.

Binärbaum: Baum, dessen Knoten jeweils höchstens zwei Nachfolger (Söhne) haben können.

Block: Eine Folge zusammen auszuführender Anweisungen, in Java von geschweiften Klammern eingeschlossen. Synonym: Verbundanweisung.

Compiler: Programm, das den Quelltext eines Programms in Maschinensprache übersetzt.

Darstellungsfläche: Fläche zur Darstellung graphischer Elemente der Benutzeroberfläche. Darstellungsflächen stehen als Klassen im AWT zur Verfügung (Frame, Window, Panel, Applet)

Datenbehälter: Objekt zur Aufbewahrung von Objekten, s. auch Behälterklasse.

Datentyp: Sprachelement, das der Erzeugung von Daten zugrundeliegt. In Java unterscheidet man zwei Arten von Datentypen: primitive D. und Klassen.

doppelt verkettete Liste: Liste, bei der jedes Element sowohl mit dem Vorgänger als auch mit dem Nachfolger verbunden ist.

Editor: Programm zum Eingeben und Speichern von Texten.

Entscheidungsbaum: Konzept zur graphischen Darstellung aufeinander aufbauender Entscheidungen.

Ereignis: Einwirkung des Benutzers auf ein Element der graphischen Benutzeroberfläche, auf die das Programm reagieren muss.

Escape-Sequenz: Folge von Symbolen, mit denen ein Zeichen geschrieben werden kann, das sonst in dem betreffenden Zusammenhang nicht geschrieben werden könnte (z.B. weil es nicht druckbar ist).

Feld: Einfach zu verwendende, vielseitige Behälterklasse. Synonym: Array

graphische Benutzeroberfläche: Eine Benutzeroberfläche, die graphische Elemente wie Schaltflächen, Auswahllisten und Zeichnungen zur Kommunikation mit dem Benutzer verwendet. Der Benutzer arbeitet meist mit der Maus. Engl.: graphical user interface (GUI).

Griff: Sinnbild für Variable. Eine Variable ermöglicht den Zugriff auf die Daten, auf die sie verweist und gleicht damit einem Griff an diesen Daten.

GUI: Abkürzung für graphical user interface (graphische Benutzeroberfläche).

Hörer: Objekt, das einem Interaktionselement eingepflanzt wird, um die dort ausgelösten Ereignisse aufzufangen und zu verarbeiten.

Hüllenklasse: Klasse, die genau einen Wert eines primitiven Datentyps aufnimmt

implementieren: ausprogrammieren, realisieren.

Infixnotation: Schreibweise für Ausdrücke, bei der der Operator zwischen die Operanden geschrieben wird.

Initialisierung: Variablen werden explizit mit einem Anfangswert versehen.

innere Klasse: Klasse, die innerhalb einer anderen Klasse deklariert wird.

Instanz: Jedes Objekt ist eine Instanz seiner Klasse. Die Erzeugung eines Objekts wird auch **Instanziierung** genannt.

Instanzenvariable: Variablen, die auf objektspezifische Werte verweisen. Instanzenvariablen werden außerhalb der Methoden deklariert und halten ihre Werte so lange, wie das Objekt existiert. Die Gesamtheit der Werte der Instanzenvariablen für ein Objekt repräsentiert dessen Zustand (Synonym: Objektvariable).

Interaktionselement: Element einer graphischen Oberfläche, das der Kommunikation mit dem Benutzer dient. Der AWT enthält Klassen für Interaktionselemente (Button, Choice, Checkbox, usw.)

interaktiv: Art der Rechnerbenutzung, bei der Ausgaben des Rechners und Eingaben des Benutzers einander abwechseln.

Interpreter: Programm, das ein Programm im Quelltext oder halbübersetzten Zustand (Bytecode) entgegennimmt und unmittelbar ausführt.

Iteration: Wiederholung, Schleifenbenutzung.

JDK: Java Development Kit. Sammlung von Werkzeugen und Bibliotheken zur Programmentwicklung (auch SDK).

Klasse: Bauplan für Objekte einer bestimmten Art; Basis für die Erzeugung von Objekten.

Klassendeklaration: Quelltext, in dem eine Klasse mit allen Methoden und Variablen deklariert wird.

Klassendiagramm: Graphische Darstellung, welche die Klassen einer Anwendung und ihre Beziehungen zueinander zeigt. Statische Betrachtungsweise.

Klassenmethode: Methode, die nicht von einem Objekt, sondern von der Klasse ausgeführt wird.

Klassenvariable: Variable, welche Daten bezeichnet, die für alle Objekte der Klasse gelten. In Java wird das Schlüsselwort static zur Deklaration von Klassenvariablen verwendet.

Kollaborationsdiagramm: Diagramm, das zeigt, wie die Objekte in einer Anwendung zusammenarbeiten. Dieser Diagrammtyp ist auch Bestandteil der UML.

Konstruktor: spezielle Methode zur Erzeugung eines Objekts aus einer Klasse (Instanziierung)

Koordinatormuster: ein Muster, nach dem die Objekte in einem Programm zusammenarbeiten können. Ein Objekt (der Koordinator) steuert die Verarbeitung und delegiert Teilaufgaben an andere Objekte.

langgestreckte Programmierung: Programmierung ohne Schleifen.

Layout-Manager: Objekt, mit dem eine Darstellungsfläche ausgestattet wird, um eine bestimmte Anordnung der darin enthaltenen Elemente zu erreichen. L. werden auf der Basis von Layout-Manager-Klassen erzeugt, die im AWT enthalten sind.

Liste: Folge von gleichartigen Elementen, kann geordnet oder ungeordnet sein.

lokale Variable: Variable, die innerhalb einer Methode deklariert ist und außerhalb dieser Methode nicht sichtbar ist. Auch die Variablen, die einer Methode als Parameter übergeben werden, zählen zu den lokalen Variablen.

Maschinensprache: aus primitiven Befehlen bestehende Sprache, die von der Hardware eines Rechners verstanden wird.

Mehrfachauswahl: Eine Fallunterscheidung. In Abhängigkeit vom Wert einer Variablen wird über den Weiterweg entschieden, wobei es mehr als zwei Möglichkeiten gibt.

Mehrfachvererbung: Es existieren Klassen, die mehr als eine direkte Oberklasse haben. M. ist in Java nicht erlaubt.

Methode: ein möglicher Auftrag an ein Objekt. Alle Methoden einer Klasse zusammen bilden den Verantwortungsbereich (Tätigkeitsbereich), in dem die Objekte dieser Klasse eingesetzt werden können.

Modell: vereinfachende (abstrahierende) Darstellung eines Systems, welche auf die wesentlichen Sachverhalte beschränkt ist.

Name: Bezeichner für ein Programmelement.

Namensraum: Der Teil eines Programms, in dem ein bestimmter Bezeichner bekannt ist. Nur innerhalb des Namensraums kann der Bezeichner angesprochen werden.

Oberklasse: Die Klasse, von der eine Klasse erbt, ist ihre Oberklasse.

Objekt: Instanz einer Klasse, kann Aufträge entgegennehmen und ausführen.

Objektklasse: s. Klasse

objektorientierte Programmierung: Programmierparadigma, das darauf beruht, dass in einem Programm Objekte zusammenarbeiten und einander Aufträge erteilen.

Paket: In Java eine Sammlung von inhaltlich zusammengehörigen Java-Klassen. Schlüsselwort: package.

Parameter: Daten, welche beim Aufruf einer Methode mitgegeben werden.

Persistenz: Dauerhaftigkeit, Beständigkeit. Eigenschaft von Daten, auch nach dem Programmlauf weiter zu bestehen.

Polymorphie: Vielgestaltigkeit. Bei Methoden besagt P., dass in den verschiedenen Klassen einer Vererbungshierarchie mehrmals eine Methode mit demselben Namen und denselben Parametern vorkommen, dass aber der Inhalt der Methode unterschiedlich sein kann. Auf Objekte bezogen bedeutet P., dass ein Objekt einer unteren Klasse in der Hierarchie sich stets auch wie ein Objekt der darüber liegenden Klassen verhalten kann.

Postfixnotation: Schreibweise für Ausdrücke, bei der der Operator hinter die Operanden gestellt wird.

primitiver Datentyp: Datentyp der keine Klasse darstellt; Bestandteil der Java-Sprachdefinition.

Programm: Javatext, der übersetzt und ausgeführt werden kann. Synonym: Anwendung.

Programmierparadigma: Grundsätzliche Art des Programmierens (objektorientiert, prozedurorientiert, funktional, logikorientiert, ...)

Programmlogik: Teil eines Programms, in dem es um die inhaltliche Ermittlung der Ergebnisse geht.

Programmierumgebung: Eine Sammlung von aufeinander abgestimmten Werkzeugen zur Programmentwicklung.

Quelltext: vom Programmierer mit Hilfe eines Editors geschriebener Programmtext.

Rekursion: Eine Methode wird wiederholt, indem sie sich selbst aufruft.

Robustheit: Fähigkeit eines Programms, auch auf unerwartete Eingaben des Benutzers gutmütig zu reagieren.

Rückgabewert: Wert, den eine Methode an den Auftraggeber liefert. Der Typ des Rückgabewerts wird in der Kopfzeile der Methode angegeben. Das Schlüsselwort void besagt, dass die Methode keinen Wert liefert.

Schlange: Datenbehälter, in den nur auf einer Seite eingefügt und nur auf der anderen Seite entnommen wird. Synonym: Fifo-Speicher (first in - first out).

Schleife: Sprachkonstrukt zur Wiederholung von Anweisungen.

Schlüsselwort: Ein Wort mit fest definierter Bedeutung. Kann nicht vom Programmierer mit einer anderen Bedeutung belegt werden.

Schnittstelle: In Java: Sprachkonstrukt, das einer abstrakten Klasse entspricht, welche ausschließlich abstrakte Methoden enthält.

Schnittstelle: Allgemein: Informationen, die ein Programmierer braucht, um eine Klasse benutzen zu können (Kopfzeilen der Methoden und kurze Beschreibung ihres Zwecks).

Serialisierung: Verfahren, das in Java Objekte dauerhaft (persistent) macht.

Sichtbarkeit: Umstand, dass ein Bezeichner in einem Bereich des Programms bekannt ist und angesprochen werden kann.

Simulation: Nachbildung von Vorgängen auf der Basis von Modellen.

Spezialisierung: Beziehung zwischen Klassen, die normalerweise der Vererbung zugrunde liegt. Die Objekte der einen Klasse (Unterklasse) sind eine spezielle Art der Objekte der anderen Klasse (der Oberklasse). Betrachtung der umgekehrten Blickrichtung: Verallgemeinerung, Generalisierung.

Spezialisierungshierarchie: Gesamtheit der über Spezialisierung verbundenen Klassen.

Stapel: Datenbehälter, in den nur an einem Ende Elemente hinzugefügt und entnommen werden können. Synonym: Lifo-Speicher (last in - first out).

Steueranweisung: Anweisung, die den Fortgang der Verarbeitung steuert, z.B. Verzweigung oder Schleife.

String: eine Zeichenkette; in Java auch der Name der Klasse, deren Objekte Zeichenketten repräsentieren.

Swing: Neue Bibliothek von Elementen für graphische Benutzeroberflächen; gefälliger als die des AWT.

Syntax: Gesamtheit der Vorschriften zur Bildung der Ausdrücke einer Sprache (Synonym: Grammatik)

System: Ein abgegrenztes Gefüge aus zusammenwirkenden Teilen.

textorientierte Benutzeroberfläche: Benutzeroberfläche, die auf einer zeilenweisen Eingabe und Ausgabe beruht. Der Benutzer kommuniziert typischerweise über die Tastatur mit dem Programm.

Trace: Tabelle zur Veranschaulichung des Ablaufs, insbesondere der Abarbeitung von Schleifen.

Typumwandlung: Aus einem Wert eines Typs wird ein Wert eines anderen Typs erzeugt. Meist ist dies derselbe Wert; es kann jedoch zu Informationsverlusten kommen, wenn der neue Typ den alten Wert nicht ganz fassen kann. In allen Fällen, in denen ein Informationsverlust grundsätzlich möglich ist, wird in Java die Anwendung des Umwandlungsoperators verlangt (casting).

Überladen: In einer Klasse wird derselbe Methodenname mehrmals verwendet, jedoch mit unterschiedlicher Parameterliste.

Überschreiben: Bei Vererbung: Eine Methode der Oberklasse wird in der Unterklasse neu geschrieben; sie hat dort dieselbe Kopfzeile wie in der Oberklasse.

Übersetzer: Ein Programm, das den Quelltext eines Programms in ausführbare Form übersetzt. Übersetzer können Compiler, Interpreter oder Mischungen aus beidem sein.

UML: Unified Modeling Language. Eine Sammlung von zumeist graphischen Modellierungsmethoden zur Entwicklung objektorientierter Software.

Unicode: Codierung für die Darstellung von Zeichen im Rechner. Für jedes Zeichen werden 16 Bit benötigt.

Unterklasse: Klasse, die von einer anderen erbt (Schlüsselwort: extends).

Variable: Name, der Daten bezeichnet. Bildlich: Griff, der an Daten befestigt ist.

Verbundanweisung: Folge von Anweisungen, die zusammen ausgeführt werden sollen. Synonym: Block.

Vererbung: Eine Klasse (die Unterklasse) übernimmt Variablen und Methoden einer anderen Klasse (der Oberklasse). Schlüsselwort: extends. Grundlage der Vererbung ist normalerweise eine Spezialisierungsbeziehung zwischen den Klassen.

Verhalten: Agieren und Reagieren eines Objekts, geprägt durch die Definition der Methoden seiner Klasse.

verkettete Liste: Liste, in der jedes Element Zugriff auf seinen Nachfolger hat.

Verkettung: Technik zur Gestaltung von Datenbehältern; die Elemente werden verbunden, indem Elemente einen Verweis auf ein oder mehrere andere Elemente führen.

Verzweigung: Sie besteht aus einem logischen Ausdruck (der Bedingung) und zwei Möglichkeiten der Fortsetzung (Zweige). Bei der unvollständigen Verzweigung fehlt ein Zweig. Schlüsselwörter: if, else.

Virtuelle Java-Maschine: Laufzeitumgebung zur Durchführung von Java-Programmen, bestehend aus einem Verifizierer, der die Korrektheit des Programms prüft, einem Lader, welcher die benötigten Klassen lädt, und einem Übersetzer. Engl.: Java Virtual Machine (JVM)

virtuelle Maschine: Maschine, deren Funktionalität nicht allein auf Hardware beruht, sondern auch auf Software.

Wartbarkeit: Ein Ziel der Softwareentwicklung ist, Programme mit möglichst geringem Aufwand warten, d.h. an neue Umgebungen und neue Anforderungen anpassen zu können.

Warteschlange: s. Schlange

Wiederverwendbarkeit: W. ist gegeben, wenn Software ganz oder teilweise für neue Anforderungen wieder verwendet werden kann.

Zählschleife: Besondere Art der Schleife, bei der die Anzahl der Durchläufe bereits vor dem ersten Eintritt in die Schleife bekannt ist. Schlüsselwort: for.

Zustand: Die Gesamtheit der Werte der Instanzenvariablen eines Objekts zu einem bestimmten Zeitpunkt.

Zuweisung: Zuordnung eines Werts zu einer Variablen. In Java dient = als Zuweisungsoperator.

Index

Karriere-Bausteine

Rainer Bischoff/Uta Elisabeth Klein/Thomas Meuser/Omar
Moudden/Wilhelm Mülder/Kornelia Spohn/Wilhelm Walter (Hrsg.)
Studienführer IT an Fachhochschulen
Studieren mit erfolgreicher Praxis

2002. 259 S. mit 36 Abb. Br. € 14,90   ISBN 3-528-05783-1

Inhalt: Bildungsauftrag der Fachhochschule - Gestaltung der Praxis-
nähe - FH-Professoren: Erreichbare Coaches - IT-Studiengänge an der
Fachhochschule - Praktika, Persönliche Qualifizierung - Tipps für
Studium und Berufseinstieg - Erfolgs-Stories von IT-Praktikern mit
FH-Abschluß - Fachhochschulen stellen sich vor - Unternehmen stellen
sich vor

Der Student erhält eine zuverlässige und detaillierte Übersicht über
das konkrete Studienangebot der Fachhochschule.

Peter Mertens/Dieter Ehrenberg/Peter Chamoni/Joachim Griese/
Lutz J. Heinrich/Karl Kurbel (Hrsg.)
Studienführer Wirtschaftsinformatik
Das Fach, Das Studium, Die Universitäten, Die Perspektiven

3., akt. und überarb. Aufl. 2002. ca. X, 396 S. Br. ca. € 14,90

ISBN 3-528-25539-0

Horst G. Kaltenbach
Career Engineering
Wie Sie in IT- und Ingenieurberufen Karriere machen

2001. 168 S. mit 17 Abb. Geb. € 24,00   ISBN 3-528-05777-7

Abraham-Lincoln-Straße 46
65189 Wiesbaden
Fax 0611.7878-400   Stand 15.3.2002. Änderungen vorbehalten.
www.vieweg.de   Erhältlich im Buchhandel oder im Verlag.

Weitere Titel aus dem Programm

Dietmar Abts
Grundkurs JAVA
Von den Grundlagen bis zu Datenbank- und Netzanwendungen
3., überarb. u. erw. Aufl. 2002. X, 388 S. Br. ca. € 24,90

ISBN 3-528-25711-3

Inhalt: Grundlagen der Sprache: Klassen, Objekte, Interfaces und Pakete - Ein- und Ausgabe - Thread-Programmierung - Grafische Oberflächen (Swing) - Applets - Datenbankzugriffe mit JDBC - Kommunikation im Netzwerk mit TCP/IP und HTTP

Peter P. Bothner/Wolf-Michael Kähler
Ohne C zu C++
Eine aktuelle Einführung für Einsteiger ohne C-Vorkenntnisse
in die objekt-orientierte Programmierung mit C++
2001. XII, 337 S. mit 102 Abb. Br. € 19,90   ISBN 3-528-05780-7
Klassen-Konzept, Polymorphie, Einfach- und Mehrfachvererbung - überladene und virtuelle Funktionen - Klassen-Funktionen und Klassen-Variablen - friend- und template-Funktionen - Ausnahmebehandlung - Erzeugung grafischer Benutzeroberflächen mittels Visual C++ - ereignis-gesteuerte Kommunikation und Document/View-Konzept

Roland Schneider
Prozedurale Programmierung
Grundlagen der Programmkonstruktion
2002. XII, 210 S. mit 121 Abb. Br. € 19,90   ISBN 3-528-05653-3
Inhalt: Die vier Programm-Modelle - Einphasenprogramme und Mehrphasenprogramme - Stapelverarbeitungsprogramme - Dialogprogramme als Mehrphasenprogramme

Abraham-Lincoln-Straße 46
65189 Wiesbaden
Fax 0611.7878-400
www.vieweg.de

Stand 15.3.2002. Änderungen vorbehalten.
Erhältlich im Buchhandel oder im Verlag.